高等职业院校"三教改革"成果系列教材

机 械 常 识

主　编　朱仁盛　王光勇
副主编　陈红琴　王　迪
参　编　韩玉娟　仇向华　李荣芳　王晓娟
　　　　顾永广　朱　斌　孙华芳　高　荣
主　审　张国军

北京理工大学出版社
BEIJING INSTITUTE OF TECHNOLOGY PRESS

内 容 简 介

本教材是高等职业院校"三教改革"之"教材"改革成果系列之一,是根据教育部新一轮职业教育教学改革成果——最新研发的电气自动化技术专业人才培养方案中"机械常识",结合国家启动的 1+X 证书制度精神,并参照相关最新国家职业标准及有关行业的职业标准规范编写而成的。

通过本课程的学习,将使学生较全面地了解机械产品的生产过程和机械制造的相关知识;能熟悉机械制图国家标准,具备识读一般复杂机械零件图和常用低压电器装配图的能力;能根据工程要求正确选用常用材料及钢的热处理方式;能熟悉手工加工及常用机械加工方法;了解金属切削机床及其加工范围;能正确制定各类典型零件的加工工艺路线;掌握安全生产、节能环保的相关知识;具备分析和检测机械制造产品质量的能力。

本书可作为高等职业院校电气自动化技术专业及其他非机类专业的教材,也可作为相关行业岗位培训教材及有关人员自学用书。

版权专有　侵权必究

图书在版编目(CIP)数据

机械常识 / 朱仁盛,王光勇主编. —北京:北京理工大学出版社,2021.2 (2023.8 重印)

ISBN 978-7-5682-9561-1

Ⅰ. ①机… Ⅱ. ①朱… ②王… Ⅲ. ①机械学-高等学校-教材 Ⅳ. ①TH11

中国版本图书馆 CIP 数据核字(2021)第 029459 号

出版发行 / 北京理工大学出版社有限责任公司	
社　　址 / 北京市海淀区中关村南大街 5 号	
邮　　编 / 100081	
电　　话 / (010)68914775(总编室)	
(010)82562903(教材售后服务热线)	
(010)68944723(其他图书服务热线)	
网　　址 / http://www.bitpress.com.cn	
经　　销 / 全国各地新华书店	
印　　刷 / 三河市天利华印刷装订有限公司	
开　　本 / 787 毫米 × 1092 毫米　1/16	
印　　张 / 20.5	责任编辑 / 多海鹏
字　　数 / 502 千字	文案编辑 / 多海鹏
版　　次 / 2021 年 2 月第 1 版　2023 年 8 月第 3 次印刷	责任校对 / 周瑞红
定　　价 / 59.00 元	责任印制 / 施胜娟

图书出现印装质量问题,请拨打售后服务热线,本社负责调换

前　言

　　党的二十大报告指出，坚持把发展经济的着力点放在实体经济上，推进新型工业化，加快建设制造强国、质量强国、数字中国，推动制造业高端化、智能化、绿色化发展。电气自动化技术专业是装备制造大类自动化类的重要的高职专业，《机械常识》是本专业的核心课程之一，本课程与其他后续课程有着紧密的联系，是一门综合性较强的技术基础课程和实用课程。

　　本教材是高等职业院校"三教改革"之"教材"改革成果系列之一，来自高等职业院校教学工作一线的骨干教师和学科带头人，在专业建设指导委员会指导之下，通过社会调研，对劳动力市场人才需求分析和进行课题研究，在企业有关人员的积极参与下，研发了电气自动化技术专业的人才培养方案，并制定了相关核心课程标准。本教材是根据最新制定的"机械常识"核心课程标准；结合国家启动的 1＋X 证书制度精神；参照相关最新国家职业标准及有关行业的职业标准规范编写的知识与技能常识。

　　本课程打破了原来各学科体系的框架，将各学科的内容按"综合化"、"融合发展"要求进行了整合。考虑到了理论与实践一体化的教学内容的有机结合。本课程体现了职业教育新时代高质量发展的发展理念，关注课程思政要求。即不仅强调职业岗位的知识与能力的要求，还强调培养学生的专业情怀，培养学生团结协作、乐于奉献的职业道德。本课程的设计兼顾了企业和个人两者的需求，以"适合"为度，兼顾到学生的可持续发展，即以培养全面素质为基础，以提高综合职业能力为核心。

　　教材编写特色：

　　（1）充分体现"岗课赛证"融通理念。邀请了行业企业技术人员、能工巧匠深度参与教材编写，确保理论知识和技能点的选取与国家职业技能标准，行业、企业职业技能鉴定规范和岗位要求紧密对接。

　　（2）本课程的教学内容是紧紧围绕最新的课程标准要求，依据学时总数，结合非机类相关专业"够用、适用、兼顾学生的可持续发展"的原则，选择相关基础知识理论为教学内容，以满足本课程应达到的具体要求，总学时数为 112 学时。

　　（3）教材中的见习或实训内容，新教材增加了部分微课视频内容，主要目的是帮助学生学习本学科时加深对某些知识的理解，建议在教学过程中，将实训内容穿插在理论教学过程中进行。充分体现"做中教、做中学"的职教理念。

　　（4）科学合理地协调好基本理论知识与基本技能的关系，贯彻课程建设综合化思想，将原教学内容中难、繁、深、旧的部分删除，增加了"新知识、新技术、新规范、新成果"内容，实现了多门学科的整合，减少教材数量，减轻学生负担。

（5）注重"通用教学内容"与"特殊教学内容"的协调配置，体现出新编教材对各类不同专业既有"统一性"要求，又有"差异性"要求，能够满足不同专业的特性教学要求。

（6）机械制造概述、机械识图、常用工程材料内容，以理论教学为主，同时有见习实训参观要求，通过现场教学、教学模型、演示、交流与探讨等教学活动，帮助学生理解和消化知识。机械产品加工工艺常识、典型零件加工与品质检验技术基础内容，教学过程中采用理实一体化的教学模式，教学做合一，注重学生能力的培养。

（7）教材编写形式做了较大改革，采用任务驱动的教学思路，按照实际教学时数，考虑学生接受能力及自主学习要求，按学时阅读思考学习内容，教材中采用了二维码扫码帮助学生获取相关学习信息，包括微课视频、作图步骤、习题解答等，每个单元最后都配有一定量的单元检测，帮助学生理解和消化所学知识。

2. 学时分配建议

序号	单元	课时
1	单元一　机械制造概述	12
2	单元二　机械识图	36
3	单元三　机械工程材料	20
4	单元四　机械产品加工工艺常识	20
5	单元五　典型零件加工与品质检验技术基础	20
8	机动	4
合计		112

本书共分为五个单元，由江苏联合职业技术学院泰州机电分院朱仁盛、江苏联合职业技术学院江宁分院王光勇主编，江苏联合职业技术学院扬州分院陈红琴、江苏联合职业技术学院淮安分院王迪、韩玉娟、顾永广，江苏省启东中等专业学校仇向华、江苏省无锡交通高等职业技术学校李荣芳、王晓娟，江苏联合职业技术学院南通分院朱斌、江苏联合职业技术学院江宁分院孙华芳，江苏省丹阳中等专业学校高荣参编。全书由江苏盐城机电高等职业技术学校张国军审稿，他们对书稿提出了许多宝贵的修改意见和建议，提高了书稿质量，在此一并表示衷心的感谢！

本书作为"教材"改革成果系列之一，在推广使用中，非常希望得到其教学适用性反馈意见，以便不断改进与完善。由于编者水平有限，书中错漏之处在所难免，敬请读者批评指正。

编　者

目　　录

单元一　机械制造概述 ··· 1
　　任务一　"工业 4.0"与《中国制造 2025》概述 ································· 1
　　任务二　机械产品生产过程简介 ·· 6
　　任务三　机械加工工种分类简介 ·· 11
　　任务四　制造企业安全生产、节能环保与"5S"管理常识简介 ············· 20
　　单元检测 ·· 26

单元二　机械识图 ··· 29
　　任务一　熟悉机械制图常用国家标准的有关规定 ······························ 29
　　任务二　掌握机械图样的表达方法 ·· 63
　　任务三　读懂简单的典型机械零件的零件图 ···································· 89
　　任务四　识读常用低压电器装配图 ·· 101
　　单元检测 ·· 107

单元三　机械工程材料 ··· 115
　　任务一　熟悉常见金属材料的分类、标识及应用 ······························ 115
　　任务二　了解钢的热处理常识 ··· 146
　　任务三　认识其他常用工程材料 ·· 156

单元四　机械产品加工工艺常识 ·· 172
　　任务一　熟悉钳工加工技术基础 ·· 172
　　任务二　熟悉切削加工与刀具 ··· 216
　　任务三　了解金属切削机床 ·· 224
　　任务四　熟悉机械加工方法 ·· 235
　　单元检测 ·· 248

单元五　典型零件加工与品质检验技术基础 ·· 252
　　任务一　熟悉轴类零件的机械加工与品质检验技术基础 ·················· 252
　　任务二　熟悉套类零件的机械加工与品质检验技术基础 ·················· 273

任务三　了解平面类零件的机械加工与品质检验技术基础……………………………294
任务四　了解箱体类零件的机械加工与品质检验技术基础……………………………306
单元检测………………………………………………………………………………………316

参考文献………………………………………………………………………………………321

单元一　机械制造概述

单元导入

通过一段微视频《机械工业革命发展史》的观看，让学生了解到我国制造业的发展历程，看到今天我国的制造业与发达国家的差距，激发学生的学习热情。在进行本课程教学之前，教师组织学生参观学校实训场地，有条件的学校可以组织学生参观现代制造企业，让学生初步了解机械产品的生产过程，认识各类加工工种，熟悉企业的安全生产和节能环保常识。

任务一　"工业 4.0"与《中国制造 2025》概述

任务导入

通过学习，让学生了解"工业 4.0"、《中国制造 2025》、机械制造在国民经济中的重点地位、作用及其发展趋势，使学生感受中国制造业发展成就及中国如何由"中国制造"发展成"中国创造"的伟大历程。

任务实施

阅读材料一："工业 4.0"

德国"工业 4.0"是德国政府提出的一项高科技战略计划，于 2013 年 4 月的汉诺威工业博览会上正式推出。该计划是德国高科技战略的重要组成部分，也是德国引领新的产业变革的关键政策，旨在提升制造业的智能化水平，提高德国工业的竞争力，在新一轮工业革命中占领先机。

为了让德国"工业 4.0"计划落地落实，2015 年，德国联邦教育和研究部发起"'工业 4.0'：从科研到企业落地"计划，旨在帮助中小企业解决"工业 4.0"在实际生产中的应用问题，取得了积极进展，有效推动了德国"工业 4.0"的战略实施。

"工业4.0"主要分为三大主题：一是"智能工厂"，重点研究智能化生产系统及过程，以及网络化分布式生产设施的实现；二是"智能生产"，主要涉及整个企业的生产物流管理、人机互动以及三维技术在工业生产过程中的应用等。该计划将特别注重吸引中小企业参与，力图使中小企业成为新一代智能化生产技术的使用者和受益者，同时也成为先进工业生产技术的创造者和供应者；三是"智能物流"，主要通过互联网、物联网、物流网，整合物流资源，充分发挥现有物流资源供应方的效率，而需求方则能够快速获得服务匹配和物流支持。"互联网＋制造"就是"工业4.0"。

"工业4.0"是基于工业发展的不同阶段作出的划分，按目前的共识，"工业1.0"是蒸汽机时代，"工业2.0"是电气化时代，"工业3.0"是信息化时代，"工业4.0"是利用信息化技术促进产业变革的时代，也就是智能化时代。"工业4.0"融合了物联网、大数据、云计算、连接、分析、人工智能、增强现实等热门技术，彻底改变了下一次工业革命的基础。通过连接现实与数字世界，"工业4.0"能够让企业更好地控制和了解工厂运营的各个方面，从而使他们得以利用实时数据提高生产力、优化流程并促进业务增长。"工业4.0"为制造业提供了一种互联的整体解决方案。这种连接能够让各部门、合作伙伴、供应商乃至产品与人之间更好地协作和沟通，而且借助"工业4.0"，制造企业不仅能够优化流程并加快流程的自动化，还可以发现新商机，同时革新商业模式。

目前，中国版的"工业4.0"全面来临。中国正在全力推动制造业向智能制造转型升级。为了搭乘"工业4.0"的时代快车，在未来的产业竞争中占据优势，制造企业也正加紧向智能化、自动化和数字化转型之路迈进。

> **温馨提示**
>
> 德国"工业4.0"，在美国叫"工业互联网"，在中国叫《中国制造2025》。表面上，"工业4.0"似乎与《中国制造2025》相似，但《中国制造2025》涵盖范围更广。请查阅这方面的知识，作为课外阅读提示内容。

> **阅读思考**
>
> （1）"工业4.0"最早是由_____政府提出的一个高科技战略计划，旨在帮助_____企业解决"工业4.0"在实际生产中的应用问题。
> （2）"工业4.0"分_____、_____、_____三大主题。
> （3）工业发展阶段分别是_____时代、_____时代、_____时代和_____时代。

阅读材料二：《中国制造2025》

制造业是国民经济的支柱产业，是工业化和现代化的主导力量。当前，世界经济和产业格局正处于大调整、大变革和大发展的新的历史时期，全球新一轮科技革命和产业变革酝酿新突破，特别是新一代信息技术与制造业深度融合，加上新能源、新材料、生物技术等方面的突破，正在引发影响深远的产业变革。发达国家纷纷实施"再工业化"战略，强化制造业创新，重塑制造业竞争新优势；一些发展中国家也在加快谋划和布局，积极参与全球产业再分工，谋求新一轮竞争的有利位置。面对全球产业竞争格局的新调整和抢占未来产业竞争制高点的新挑战，我们必须前瞻布局、主动应对，在新一轮全球竞争格局中赢得主动权。

2015年5月19日,国务院正式印发了《中国制造2025》。《中国制造2025》将推动制造业由大变强。改革开放以来,制造业对经济增长的贡献率基本保持在40%左右,工业制成品出口占全国货物出口总量的90%以上,是拉动投资、带动消费的重要领域。当前我国经济发展进入新常态,正处于爬坡过坎的重要关口,制造业发展的水平和质量显得尤为重要。要实现我国经济发展换挡但不失速,推动产业结构向中高端迈进,重点、难点和出路都在制造业。《中国制造2025》将应对这一系列变化带来的深刻影响,在现有的工业制造水平和技术上,通过"互联网+"这种工具的应用,瞄准创新驱动、智能转型、强化基础和绿色发展等关键环节,实现结构的变化和产量的增加,推动制造业实现由大变强。

《中国制造2025》立足当前,面向制造业转型升级、提质增效,提出了九大战略任务(一是提高国家制造业创新能力;二是推进信息化与工业化深度融合;三是强化工业基础能力;四是加强质量品牌建设;五是全面推行绿色制造;六是大力推动重点领域突破发展;七是深入推进制造业结构调整;八是积极发展服务型制造和生产性服务业;九是提高制造业国际化发展水平)、五项重点工程(国家制造业创新中心建设、智能制造、工业强基、绿色制造、高端装备创新)和若干重大政策举措。

《中国制造2025》建设制造强国"三步走",以十年为一个阶段,通过"三步走"实现制造强国建设。第一步,到2025年中国制造业迈入制造强国行列;第二步,到2035年中国制造业整体达到世界制造强国阵营中等水平;第三步,到2045年,乃至中华人民共和国成立一百周年时,我国制造业大国地位更加巩固,综合实力进入世界制造强国前列。

问题解决

大国制造,步履铿锵

回望新中国成立之初,我国工业基础薄弱、技术落后,只能生产少量粗加工产品。经过建国70多年,特别是改革开放以来的快速发展,我国制造业取得了举世瞩目的成就,已经成为支撑国民经济持续快速发展的重要力量,在重要领域形成了一批产能产量居世界前列的工业产品。

大国制造,
步履铿锵

"十三五"期间,中国制造业实现产业结构优化升级,创新能力显著增强。一是传统产业转型升级加速,绿色制造体系初步形成;二是战略性新兴产业加快发展,前沿领域不断取得新的突破。2020年,高技术制造业和装备制造业成为引领带动产业结构优化升级的重要力量。三是产业创新能力明显增强,一批关键技术和产品取得重大突破。

对于制造企业来说,创新是必经之路,用创新带动国家竞争力的提升。如今,我国创建了门类齐全、具有一定技术水平的现代工业体系,自航绞吸船"天鲲号"投产,国产大飞机C919、AG600水陆两栖飞机相继成功首飞,"奋斗者"号万米深潜……特别是党的十八大以来,一批批装备制造业领域的国之重器亮相,从逐梦深蓝到砺剑长空,从技术攻克到应用探索,每一项突破都是自主创新的有力见证,映照了一国制造的步履铿锵。2017年,我国成为第二大国际专利申请国;2019年,我国位列全球创新指数排名第14位……

一个个闪亮的数字背后，是中国制造创新能力、发展实力的不断攀升。

风雨兼程，大国制造步履铿锵。坚持新发展理念，坚定创新升级，新起点上，中国制造在实现高质量发展的路上奋力前行。展望未来，在《中国制造2025》带动下，中国制造业发展速度和质量必将显著提升，逐步迈向中高端，为全球经济稳定和增长提供持续强大的动力。同时，中国的发展也是开放的、包容的，中国愿同世界各国分享转型中经验和成果，助力各国产业发展和升级，引领全球经济朝着一体化方向迈进。

> ❖ **阅读思考**
>
> （1）"十三五"期间，中国制造业传统产业转型升级加速，_____体系初步形成；_____产业加快发展，前沿领域不断取得新的突破；_____能力明显增强，一批关键技术和产品取得重大突破。
>
> （2）通过阅读及查找资料，找出中国制造中"逐梦深蓝"和"砺剑长空"的典型代表。

阅读材料三：机械制造工业的地位、作用及发展趋势

物质生产始终是人类社会生存发展的基础。机械制造业是人类财富在20世纪空前膨胀的主要贡献者，没有机械制造业的发展就没有今天人类的现代物质文明。据统计，美国财富的68%来自机械制造业，日本国民生产总值的49%来自机械制造业，我国有超过40%的财政收入也来自机械制造业。世界大部分发达国家和发展中国家都把机械制造业放在工业的中心位置，特别是装备制造业，它是一个国家国民经济持续发展的基础，为国民经济各部门的发展提供各种必要的技术装备，是工业化、现代化建设的发动机和动力源，也是参与国际竞争取胜的法宝，是技术进步的主要舞台，是提高人均收入的财源，是发展现代文明的物质基础，是一个国家经济实力和科学技术发展水平的重要标志。因而世界各国均把发展机械制造工业作为振兴和发展国民经济的战略重点之一。美国早在1994年的《21世纪制造企业战略》报告中，就把自己的制造业定位于要处于世界领先地位；而日本自20世纪50年代以来的经济高速发展，就得益于制造技术的大力支持。

中华人民共和国成立前，我国的机械工业十分落后，中华人民共和国成立后，特别是改革开放以来，我国制造业有了显著的发展，无论是制造业总量还是制造业技术水平都有了很大的提高。中华人民共和国成立初期，以万吨水压机等为代表的各种重型装备的研制成功标志着国民经济有了自己的脊梁；"两弹一星"的问世表明我国综合国力的提高并使我国跻身于世界大国的行列。目前，全国电力、钢铁、石油、交通、矿山等基础工业部门所拥有的机电产品总量中，约有80%是我国自己制造的，其中6 000 m电驱动沙漠钻机已达到国际先进水平，300 MW和600 MW火电机组已成为国家电力工业的主力机组。到20世纪末，我国的发电设备年产1 600万kW，汽车年产207万辆，金属切削机床年产15万台（机床产值的数控化率达30%），许多与人民生活密切相关的主要耐用消费机械产品的产量（电冰箱年产1 045万台、家用空调机年产9 800万台、摩托车年产1 153万辆）已位居世界前列，我国已成为名副其实的机械工业制造大国。

近十年来，我国充分利用国内外的技术资源优势，在引进、消化、吸收的基础上进行

自主创新，使机械制造技术得到了突飞猛进的发展。伴随着载人神舟飞船的上天、嫦娥探月工程的实施，我国机械制造技术的发展令世界瞩目。但与美国、德国、日本等世界发达国家相比，我国的机械制造业无论是从产品研发、技术装备还是加工能力等方面都还有很大的欠缺，具有独立自主知识产权的品牌产品还不多。像海尔、海信、TCL 等企业的品牌虽然已经"国产化"，但有些核心部件还需要进口。面对 21 世纪世界经济一体化的挑战，我国的机械制造业还存在许多的问题。据统计，我国优质低耗工艺的普及率还不及 10%，数控机床等精密设备还不足 5%，90% 以上的高档数控机床、98% 的光纤制造设备、85% 的集成电路制造设备、80% 的石化设备、70% 的轿车工业装备还依赖进口。制造业"大而不强"的现状还比较严重，从"制造强国"发展成为"创造强国"的路还很长，因此，走自主创新之路，大力发展机械制造技术，赶超世界先进水平，建设创新型国家，已成为机械制造工业的头等大事。

机械制造工业的发展和进步，在很大程度上取决于机械制造技术的水平和发展。在科学技术高度发展的今天，现代工业对机械制造技术提出了更高的要求，特别是计算机科学技术的发展，使得常规机械制造技术与信息技术、数控技术、传感技术、液气光电等技术有机结合，给机械制造技术的发展带来了新的机遇，也给予机械制造技术许多新的技术和新的概念，使得机械制造技术的智能化、柔性化、网络化、精密化、绿色化和全球化成为趋势。

问题解决

21 世纪机械制造技术发展的总趋势：

1. 向高柔性化、高自动化方向发展

随着国际、国内市场的不断发展变化，竞争已趋白热化，机电类产品发展迅速且更新换代越来越快，多品种中小批量生产已成为今后生产的主要类型。目前，以解决中小批量生产自动化问题为主要目标的计算机数控（CNC）、加工中心（MC）、计算机辅助设计/计算机辅助制造（CAD/CAM）、柔性制造系统（FMS）、计算机集成制造系统（CIMS）等高新技术的发展使产品的加工缩短了生产周期，提高了生产效率，保证了产品质量，产生了良好的经济效益。

2. 向高精度化方向发展

在科学技术发展的今天，对产品的精度要求越来越高，精密加工和超精密加工已成为必然。航空航天、军事等尖端产品的加工精度已达纳米级（0.001 μm），所以必须采用高精度、通用可调的数控专用机床，高精度、可调式组合夹具以及与之相配套的高精度的刀具、量具和检测技术。在未来的激烈竞争中，是否掌握精密和超精密的加工技术是一个国家制造水平的重要标志。

3. 向高速度、高效率方向发展

高速切削、强力切削可极大地提高加工效率，降低能源消耗，从而降低生产成本，但要具有与之相配套的加工设备、刀具材料、刀具涂层和刀具结构等才能实现。

4. 向绿色化方向发展

减少机械加工对环境的污染、减少能源的消耗及实现绿色制造是国民经济可持续发展的需要，也是机械制造工业面临的新课题。目前，在一些先进数控机床上已采用了低温空气、负压抽吸等新型冷却技术，通过对废液、废气、废油的再利用等来减少对环境的污染；另外，绿色制造技术在汽车、家电等行业中也得到了应用，相信未来会有更多的行业在绿色制造领域中有大的作为。

> ◈ 阅读思考
>
> （1）中华人民共和国成立初期，以_____等为代表的各种重型装备的研制成功标志着国民经济有了自己的脊梁；"_____"的问世表明我国综合国力的提高并使我国跻身于世界大国的行列。
>
> （2）现代工业给机械制造技术的发展带来了新的机遇，也给予机械制造技术许多新的技术和新的概念，使机械制造技术的_____化、_____化、_____化、_____化、_____和全球化方向发展成为趋势。

任务二　机械产品生产过程简介

任务导入

通过学习，让学习者了解机械产品的生产过程及工艺过程，能够正确判断工艺过程中的工序、工步与工位，认识生产系统三个层次的地位和作用，掌握生产过程与工艺过程的区别，了解生产系统的含义。

任务实施

阅读材料一：生产过程与工艺过程

任何机械或部件都是由许多零件按照一定的设计要求加工制造和装配而成的，机械产品的生产过程如图 1-1 所示。

图 1-1　机械产品的生产过程

机械产品制造是信息收集、产品设计、生产、销售、售后服务、信息反馈与设计改进等环节和过程的一个有机的、集成的生产系统。其中，机械产品的生产过程是核心，也是机械产品由设计向产品转化的关键环节，这一环节直接影响到产品的质量。

1. 生产过程

从广义上讲，生产过程是指将自然界的资源经过人们的劳动，生产成有用产品的过程。所以任何机械产品的生产过程都可理解为从采矿开始，经冶炼、浇铸、辗压、零件机械加工、装配调试和检验的全过程。此过程是一个庞大的生产系统，因此为提高其生产率和经济性，需采用各种专业化生产。

机械制造厂的生产过程是指将原材料转变为成品的全过程。它包括产品设计、生产组织和技术准备，原材料购置、运输和保存，以及毛坯制造、零件加工、产品装配和试验、销售和服务等一系列工作。生产过程是错综复杂的，它不仅包括直接作用于生产对象的工作，还包括生产准备工作和生产辅助工作。

在现代化的大生产过程中，一种产品的生产过程往往由若干部门或车间联合完成，因此一个车间或部门的生产过程往往是整个生产过程的一部分，由此就构成了各部门的生产过程。一个车间生产过程采用的原材料或半成品可能是另一车间生产过程的成品，而它生产的成品又可能是其他车间生产过程的原材料或半成品。一个综合性的机械制造厂，通常设有铸工、锻工、焊接、冲压、普通机械加工、数控加工、特种加工、热处理、表面处理和装配与调试等若干车间或工段，由它们分别去完成有关的生产工作。

2. 工艺过程

在机械制造的生产过程中，直接改变生产对象的形状、尺寸及相对位置和性质等，使其成为成品或半成品的过程称为工艺过程。工艺过程包括毛坯制造、零件加工、热处理，以及产品的装配和试验等。由于工艺过程是指直接作用于生产对象上的那部分劳动过程，所以工艺过程在生产过程中占有重要的地位。

生产过程与工艺过程的关系如图 1-2 所示。

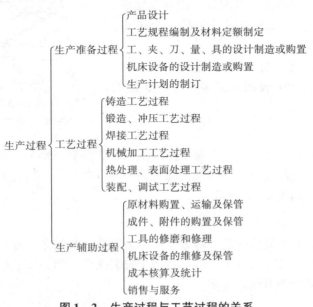

图 1-2 生产过程与工艺过程的关系

为完成零件的机械加工工艺过程，在车间内一般划分为相应的工作地点，由一个工人或一组工人在该处完成有关的工作。一个零件的工艺过程通常需要经过若干个工作地点才能完成。

问题解决

工艺过程的组成：

1. 工序

工序是指一个或一组工人，在一个工作地点或一台机床上，对同一个或同时对几个工件所连续完成的那一部分工艺过程。当加工对象更换，或设备和工作地点改变，或完成工艺工作的连续性有改变时，则形成另一道工序。如一批轴的加工，当它的外圆表面粗车与精车连续进行时则为一道工序；如果一端先粗车，然后再掉头装夹精车，即为另一道工序。

一般情况下，判断一系列的加工内容是否属于同一个工序，主要依据是工件加工过程中的工作地点是否发生变动。生产类型不同、选用的机床不同，工序的划分也不同。

一般情况下，即使是同一种零件，单件生产和成批生产时的工序划分也不相同。在机械厂中，在保证零件质量的前提下，生产效率越高越好。成批生产由于设备多，生产技术工人只长期从事某一种或某几种零件的某一道或某几道工序的加工，所以加工质量更易得到保证，生产效率更高。

2. 工步

工步是工序的一部分，它是指在同一个工序中，当加工表面和切削工具不变的情况下，所连续完成的那部分工艺过程。当构成工步的任一因素改变后，即成为新的工步。一个工序可以只包括一个工步，也可以包括几个工步。

在机械加工中，有时会出现用几把不同的刀具同时加工一个零件的几个表面的工步，称为复合工步，如图1-3所示。

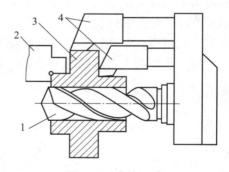

图1-3 复合工步
1—钻头；2—夹具；3—工件；4—刀具

3. 走刀

走刀是指切削工具在加工表面上每切削一次所完成的那一部分工步。如果加工表面被切去的金属层较厚，则需要分几次切削，每切去一层材料称为一次走刀。一个工步可以包括一次或几次走刀，如图1-4所示。

4. 安装

工件经一次装夹后所完成的那一部分工序称为安装。在一个工序中，零件可以包括一个或几个安装。工件在加工过程中，应尽量减少安装次数，因为安装次数越多，误差就越大，而且安装工件的辅助时间就越多。

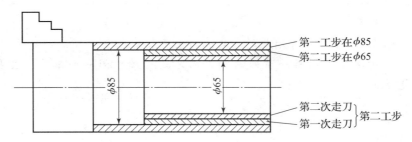

图 1-4 棒料加工阶梯轴分几次走刀示意图

5. 工位

为了减少安装次数，常采用转位（移位）夹具、回转工作台使零件在一次安装中先后处于几个不同的位置进行加工。零件在机床上所占据的每一个加工位置称为工位。图 1-5 所示为回转工作台上一次安装完毕即可进行钻孔、扩孔、铰孔的加工。采用这种多工位加工方法可以提高加工精度和生产率。

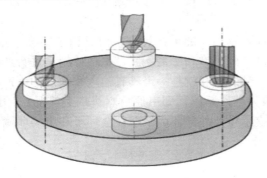

图 1-5 多工位加工

在同一工序中，工位和安装的改变是为了完成工件上不同部位表面的加工工作，不同之处在于从一次安装到另一次安装需松开工件并要重新夹紧固定，但在工位改变时工件则不需要重新夹紧固定（指工件在夹紧状态下改变位置）。所以利用改变工位的方法一般便于保证加工质量、提高生产率，并易于实现自动化。

> **温馨提示**
>
> **对工艺过程的基本要求**
>
> 任何一种机械产品都是根据用户的要求设计的，而对于产品中的零件则是根据它在产品中的功能而规定其质量要求的。对工艺过程的基本要求是在符合零件设计质量的前提下，要保证单位时间内的产品数量，即劳动生产率。换句话说，工艺过程必须满足优质、高产和低消耗的要求。
>
> 工艺过程是一个复杂的过程，里面存在着质量和产量、加工技术与设备能力、加工要求与操作技术水平等诸方面的矛盾，但最主要的矛盾还是质量与产量的矛盾。要解决这些矛盾，关键是要选用先进的设备、采用更加科学合理的工艺手段。

机械常识

> ❖ **阅读思考**
> （1）机械产品制造是_____、_____、生产、销售、_____、信息反馈与_____等环节和过程的一个有机的、集成的生产系统。
> （2）一般情况下，判断一系列的加工内容是否属于同一个工序，主要依据是_____是否发生变动。

问题解决

生产系统的三个层次：

机械制造企业作为一个生产单位，为了实现最有效的经营管理，以获得最高的经济效益，不仅要把原材料、毛坯制造、机械加工、热处理、装配、喷漆、试车、运输和保管等作为"物质"因素来考虑，还必须把技术情报、经营管理、劳动力调配、资源和能源利用、环境保护、市场动态、经济政策、社会问题和国际因素等信息作为影响系统效果的重要因素来考虑。

一般情况下，企业应根据国家的生产计划、市场销售情况、企业的生产情况及设备、人员等综合因素来决定产品的类型和产量，制订生产计划，进行产品设计、制造、装配和输出等，所有这些生产活动的总和就是一个具有输入和输出的生产系统，如图1-6所示。图1-6中双点画线框内为生产系统，即由原材料进厂到产品出厂的整个生产、经营、管理过程；双点画线框外表示企业外部环境，即社会环境和市场环境。

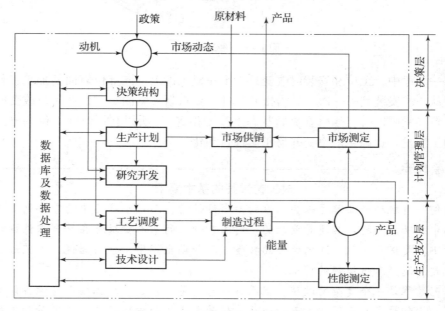

图1-6 机械加工企业的生产系统

整个生产系统由三个层次组成，即决策层、计划管理层和生产技术层。

1. 决策层

决策层为企业的最高领导机构,他们根据国家的政策、市场信息和企业自身的条件进行分析、研究,就产品的类型、产量及生产方式等做出决策。

2. 计划管理层

计划管理层根据企业的决策,结合市场信息和本部门实际情况进行产品开发、研究,制订生产计划并进行经营管理。

3. 生产技术层

生产技术层是直接制造产品的部门,根据有关计划和图样进行生产,将原材料直接变为生产过程,包括毛坯的制造、机械加工、装配、检验和物料的储存、运输等所有工作。

在整个机械加工制造的大系统中存在着以生产对象和工艺装备为主体的"物质流"、以生产管理和工艺指导等信息为主体的"信息流"以及为了保证生产活动正常进行而必需的"能量流",如图1-7所示。整个系统中的各个环节之间相互关联、互相依赖和共同配合,实现预定的机械加工功能。

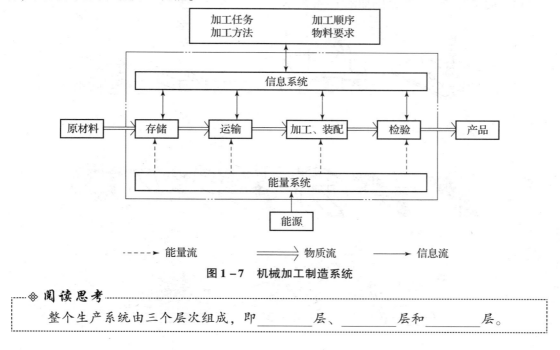

图1-7 机械加工制造系统

❖ 阅读思考

整个生产系统由三个层次组成,即_____层、_____层和_____层。

任务三 机械加工工种分类简介

任务导入

工种是对劳动对象的分类称谓,也称工作种类。通过学习让学生熟悉机械加工工种的类型,除了知晓常见的冷加工工种、熟悉各工种的加工工艺范围外,重点了解热加工工种及其他加工工种。

任务实施

阅读材料一：冷加工工种

1. 钳工

钳工是制造企业中不可缺少的一个用手工方法来完成加工的工种，主要用于加工零件、装配、设备维修及工具的制造和修理等。

钳工工种按专业工作的主要对象不同又可分为普通钳工、装配钳工、模具钳工和修理钳工等。不管是哪一种钳工，要完成好本职工作，首先要利用好钳工台、台虎钳、钻床、砂轮机等工具，并掌握好钳工的各项基本操作技术，主要包括划线、錾削、锯割、锉削、钻孔、扩孔、锪孔、铰孔、攻螺纹和套螺纹、刮削、研磨、测量、装配和修理等。

钳工的主要加工工艺范围如图1-8所示。

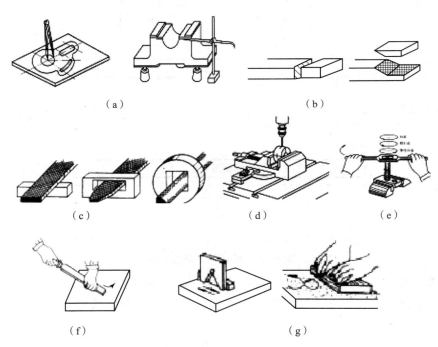

图1-8 钳工的主要加工工艺范围
(a) 划线；(b) 锯削；(c) 锉削；(d) 孔加工；(e) 螺纹加工；(f) 刮削；(g) 研磨

2. 车工

卧式车床的加工工艺范围如图1-9所示。

车削加工是一种应用最广泛、最典型的加工方法。车工是指操作车床（车床按结构及其功用可分为卧式车床、立式车床、数控车床以及特种车床等）对工件旋转表面进行切削加工的工种。

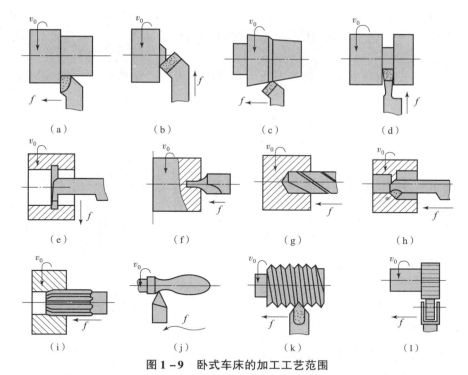

图 1-9　卧式车床的加工工艺范围

(a) 车外圆；(b) 车端面；(c) 车锥面；(d) 切槽、切断；(e) 切内槽；(f) 钻中心孔；
(g) 钻孔；(h) 镗孔；(i) 铰孔；(j) 车成形面；(k) 车外螺纹；(l) 滚花

车削加工的主要工艺内容为车削外圆、内孔、端面、沟槽、圆锥面、螺纹、滚花和成形面等。

3. 铣工

铣床加工的工艺范围如图 1-10 所示。

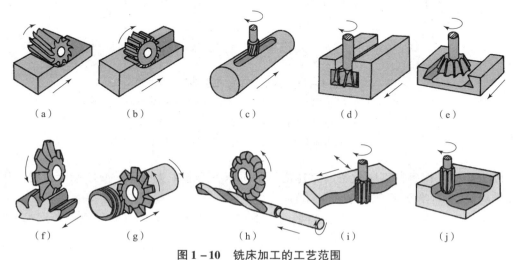

图 1-10　铣床加工的工艺范围

(a) 铣水平面；(b) 铣垂直面；(c) 铣键槽；(d) 铣T形槽；(e) 铣燕尾槽；
(f) 铣齿轮；(g) 铣螺纹；(h) 铣螺旋槽；(i)、(j) 铣曲面

铣工是指操作各种铣床设备（铣床按结构及其功用可分为普通卧式铣床、普通立式铣床、万能铣床、工具铣床、龙门铣床、数控铣床和特种铣床等），对工件进行铣削加工的工种。

铣削加工的主要工艺内容为铣削平面、台阶面、沟槽（键槽、T形槽、燕尾槽、螺旋槽）以及成形面等。

4. 刨工

刨削加工的工艺范围如图1-11所示。

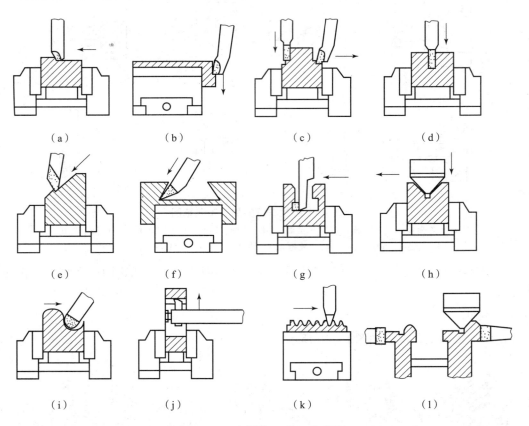

图1-11 刨削加工的工艺范围

(a) 刨平面；(b) 刨垂直面；(c) 刨阶台；(d) 刨直角沟槽；(e) 刨斜面；
(f) 刨燕尾槽；(g) 刨T形槽；(h) 刨V形槽；(i) 刨曲面；
(j) 孔内加工；(k) 刨齿条；(l) 刨复合表面

刨工是指操作各种刨床设备（常用的刨削机床有普通牛头刨床、液压刨床、龙门刨床和插床等），对工件进行刨削加工的工种。

刨削加工的主要工艺内容为刨削平面、垂直面、斜面、沟槽（V形槽、燕尾槽）、成形面等。

5. 磨工

常用的磨削加工方法见表1-1。

表 1-1　常用的磨削加工方法

磨削类型	磨削方法	图例
外圆磨削	纵磨法	
内圆磨削	纵磨法	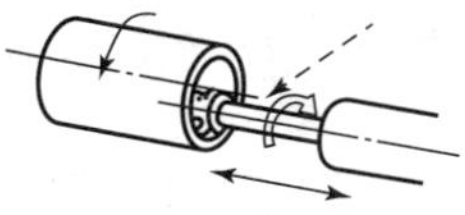
平面磨削	周磨法	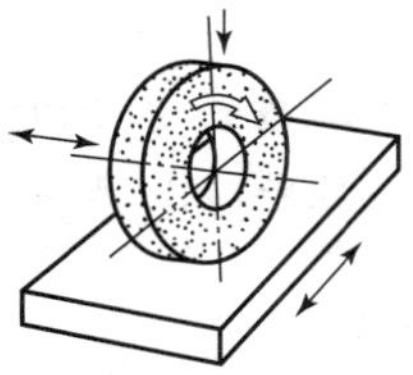
	端磨法	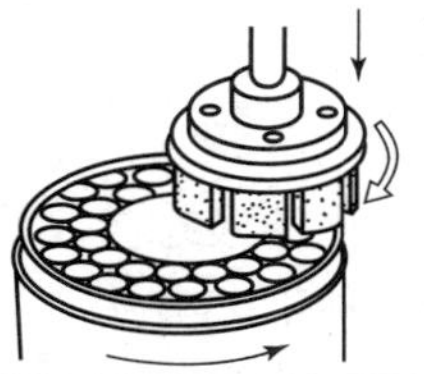
无心磨削	通磨法	
成形磨削	螺纹磨削	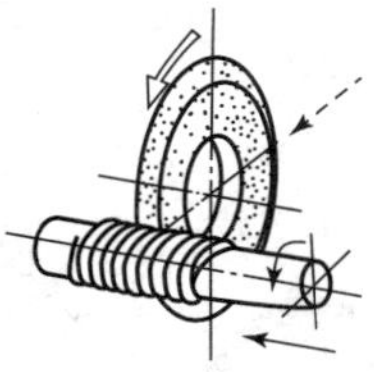
	齿轮磨削	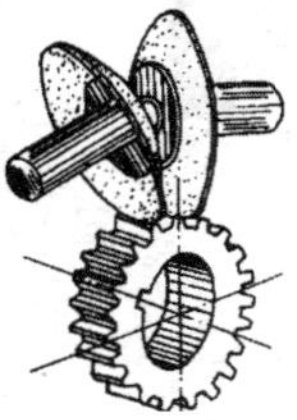
	花键磨削	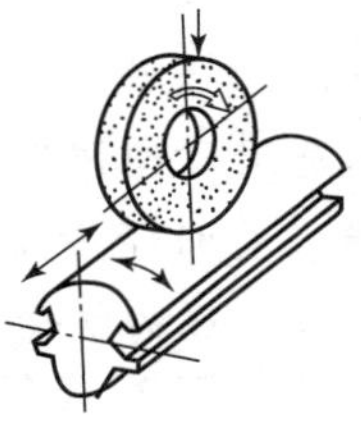

磨工是指操作各种磨床设备（常用的磨床有普通平面磨床、外圆磨床、内圆磨床、万能磨床、工具磨床、无心磨床以及数控磨床、特种磨床等），对工件进行磨削加工的工种。

磨削加工的主要工艺内容为磨削平面、外圆、内孔、圆锥、槽、斜面、花键、螺纹和特种成形面等。

除上述工种外，常见的冷加工工种还有钣金工、镗工、冲压工、剪切工和制齿工等。

> ❈ 温馨提示
> 各冷加工工种设备较多，请查阅资料并收集这方面的知识，作为课外阅读提示内容。

> ❈ 阅读思考
> （1）机械加工工种一般分为_____、_____和其他工种三大类。
> （2）你是如何理解冷加工工种的概念的？常见的冷加工工种有哪些？

阅读材料二：热加工工种

1. 铸造工

铸造是将经过熔化的液态金属浇注到与零件形状、尺寸相适应的铸型中，冷却凝固后获得毛坯或零件的一种工艺方法。

图1-12所示为齿轮毛坯的砂型铸造示意图，砂型铸造在各种铸造方法中应用最广。

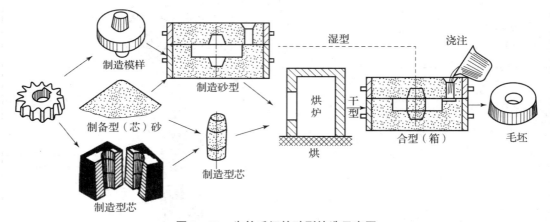

图1-12 齿轮毛坯的砂型铸造示意图

> ❈ 视野拓展
>
> ### 铸造的方法
> （1）砂型铸造：砂型铸造是以砂为主要造型材料制备铸型的一种铸造方法。目前90%以上的铸件都是用砂型铸造方法生产的。
> （2）特种铸造：特种铸造是指砂型铸造以外的其他铸造方法。常用的方法有金属砂型铸造、熔模铸造、压力铸造、离心铸造和壳型铸造等。

❖ **视野拓展**

铸造的特点

（1）成型方便，适应性强：利用液态成型，适应各种形状、尺寸及不同材料的铸件。
（2）生产成本低，较为经济：节省金属，材料来源广泛，设备简单。
（3）铸件组织性能差：铸件晶粒粗大，力学性能差。

2. 锻造工

锻造工是指操作锻造机械设备及辅助工具，进行金属工件的镦粗、拔长、冲孔、弯曲、切割等锻造加工的工种，如图1-13所示。

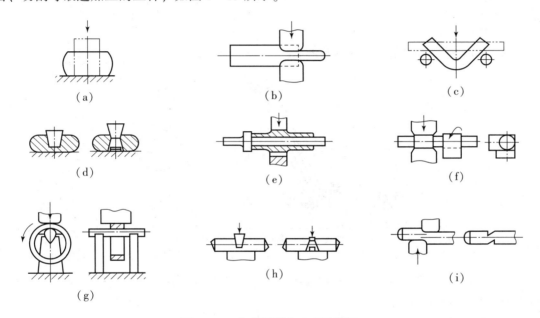

图1-13　自由锻基本工序示意图

(a) 镦粗；(b) 拔长；(c) 弯曲；(d) 冲孔；(e) 芯轴拔长；(f) 扭转；(g) 马杠扩孔；(h) 切割；(i) 错移

锻压是借助于外力作用，使金属坯料产生塑性变形，从而获得所要求形状、尺寸和力学性能的毛坯或零件的一种压力加工方法。

❖ **视野拓展**

锻压加工的分类

（1）自由锻造：利用冲击力或静压力使经过加热的金属在锻压设备的上、下砧铁之间发生塑性变形并自由流动的锻造方法。
（2）模样锻造：把金属坯料放在锻模模膛内并施加压力使其变形的一种锻造方法，又简称模锻。
（3）板料冲压：将金属板料置于冲模之间，使板料产生分离或变形的加工方法。通常在常温下进行，也称冷冲压。

> **✥ 视野拓展**
>
> **锻压的特点**
>
> （1）改善金属组织、提高力学性能。锻压的同时可消除铸造缺陷，均匀成分，形成纤维组织，从而提高锻件的力学性能。
>
> （2）节约金属材料，比如在热轧钻头、齿轮、齿圈及冷轧丝杠时节省了切削加工设备和材料的消耗。
>
> （3）具有较高的生产率，比如在生产六角螺钉时采用模锻成形就比切削加工效率约高50倍。
>
> （4）锻压主要生产承受重载荷零件的毛坯，如机器中的主轴、齿轮等，但不能获得形状复杂的毛坯或零件。

3. 焊接工

图1-14所示为焊条电弧焊示意图。

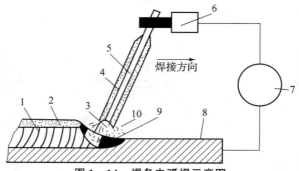

图1-14 焊条电弧焊示意图

1—焊缝；2—渣壳；3—熔滴；4—焊条涂料；5—焊条芯；6—焊钳；7—弧焊机；8—焊件；9—熔池；10—电弧

焊接是通过加热或加压（或两者并用），并且用（或不用）填充材料，使焊件的原子间相结合的连接方法。

> **✥ 视野拓展**
>
> **焊接的种类**
>
> （1）熔化焊：将待焊处的母材金属熔化以形成焊缝的焊接方法，主要有电弧焊、气焊、电渣焊、等离子弧焊、电子束焊、激光焊等。
>
> （2）压力焊：通过加压和加热的综合作用，以实现金属接合的焊接方法，主要包括电阻焊、摩擦焊、爆炸焊等。
>
> （3）钎焊：以熔点低于被焊金属熔点的焊料填充接头形成焊缝的焊接方法，主要包括软钎焊和硬钎焊。

> **✥ 视野拓展**
>
> **焊接的特点**
>
> （1）焊接与其他连接方法有本质的区别，不仅在宏观上建立了永久性的联系，在微观上也建立了组织之间的原子级的内在联系。

(2) 焊接比其他连接方法具有更高的强度和密封性，且质量可靠、生产率高，便于实现自动化。

(3) 节省金属，工艺简单，可以很方便地采用锻—焊、铸—焊等复合工艺生产大型、复杂的机械结构和零件。

(4) 焊接是一个不均匀加热的过程，焊后的焊缝易产生焊接应力及引起变形。

4. 热处理工

金属材料可通过热处理改变其内部组织，从而改善材料的工艺性能和使用性能，所以热处理在机械制造业中占有非常重要的地位。

热处理工是指操作热处理设备，对金属材料进行热处理加工的工种。根据不同的热处理工艺，一般可将热处理分成整体热处理、表面热处理、化学热处理和其他热处理四类。

※ 阅读思考

（1）砂型铸造的工艺过程一般由_____、_____、_____、合型（合箱）、浇注、_____、_____及_____等组成。

（2）锻造工是指操作锻造机械设备及辅助工具，进行金属工件的_____、拔长、_____、_____、_____等锻造加工的工种。

阅读材料三：其他工种

1. 机械设备维修工

机械设备维修工是指从事设备安装、维护和修理的工种，其从事的工作主要包括：
（1）选择测定机械设备安装的场地、环境和条件；
（2）进行设备搬迁和新设备的安装与调试；
（3）对机械设备的机械、液压、气动故障和机械磨损进行修理；
（4）更换或修复机械零、部件，润滑、保养设备；
（5）对修复后的机械设备进行运行调试与调整；
（6）巡回检修，到现场排除机械设备运行过程中的一般故障；
（7）对损伤的机械零件进行钣金和钳加工；
（8）配合技术人员预检机械设备故障，编制大修理方案，并完成大、中、小型修理；
（9）维护与保养工、夹、量具及仪器仪表，排除使用过程中出现的故障。

2. 维修电工

维修电工是从事工厂设备的电气系统安装、调试与维护、修理的工种，其从事的工作主要包括：
（1）对电气设备与原材料进行选型；
（2）安装、调试、维护和保养电气设备；
（3）架设并接通送、配电线路与电缆；

(4) 对电气设备进行修理或更换有缺陷的零部件；
(5) 对机床等设备的电气装置、电工器材进行维护、保养与修理；
(6) 对室内用电线路和照明灯具进行安装、调试与修理；
(7) 维护与保养电工工具、器具及测试仪器仪表；
(8) 填写安装、运行、检修设备技术记录。

3. 电加工设备操作工

在机械制造中，为了加工各种难加工的材料和各种复杂的表面，常直接利用电能、化学能、热能、光能和声能等进行零件加工，这种加工方法一般称为特种加工。其中操作电加工设备进行零件加工的工种，称为电加工设备操作工。常用的加工方法有电火花加工、电火花线切割加工和电解加工等。

> ❈ 温馨提示
>
> 现代工业生产中特种加工工种的应用已越来越多，请查阅并收集这方面的知识，作为课外阅读提示内容。

> ❈ 阅读思考
>
> (1) 其他加工工种主要包括哪些？
> (2) 你能查到的特种加工工种有哪些？

任务四　制造企业安全生产、节能环保与"5S"管理常识简介

任务导入

通过学习，使学习者熟悉机械制造企业的安全生产和节能环保知识；熟悉"5S"管理的内容，提高安全生产、节能环保与文明生产的意识。

任务实施

阅读材料一：安全生产知识

> ❈ 想一想
>
> 机械制造实习女生赵某本周开始机加工实习，今天开始车工实习。赵某穿工装服和防扎鞋，戴防护眼镜和工作帽。可是，她嫌裤子难看，便穿了自己的休闲裤。自己的头发觉得刚到肩膀也不长，平时不喜欢扎头发，就这样披着，戴上帽子也看不出来。另外，车削加工，她觉得零件太脏了，还是戴上手套比较干净。请问，如果你是车间安全人员，赵某能进入车间实习吗？为什么？

所谓"安全生产",就是指在生产经营活动中,为避免造成人员伤害和财产损失的事故而采取相应的事故预防和控制措施,以保证从业人员的人身安全和生产经营活动得以顺利进行的相关活动。安全生产是安全与生产的统一,其宗旨是安全促进生产,生产必须安全。搞好安全工作,改善劳动条件,可以调动职工的生产积极性;减少职工伤亡,可以减少劳动力的损失;减少财产损失,可以增加企业效益,无疑会促进生产的发展;而生产必须安全则是因为安全是生产的前提条件,没有安全就无法生产。

机械制造企业的安全生产主要是指人身安全、设备安全和用电安全,防止生产中发生意外安全事故,保证生产的有序进行。《中华人民共和国安全生产法》确定的安全生产管理基本方针为"安全第一、预防为主",这就要求在"以人为本"的前提下,安全生产要做到"五原则""四建设"。

1. 五原则

1)"管生产必须管安全"的原则

在机械制造企业负责生产的领导必须也负责安全,因为安全与生产是一个有机的统一体,两者不能分割,更不能对立,应将安全寓于生产之中。

2)"安全具有否决权"的原则

安全工作是衡量生产的一项重要指标。安全指标没有实现,即使其他指标顺利完成,仍无法实现最优,安全具有一票否决权。

3)"五同时"原则

机械制造企业的生产组织及领导者在计划、布置、检查、总结、评比生产工作的同时,必须同时计划、布置、检查、总结、评比安全工作。

4)"四不放过"原则

生产中出现安全事故原因未查清不放过,当事人和职工没有受到教育不放过,事故责任人未受到处理不放过,没有制定切实可行的预防措施不放过。

5)"三同步"原则

安全生产与经济建设、深化改革、技术改造同步规划、同步发展、同步实施。

2. 四建设

1)安全文化建设

要紧紧围绕"一个中心"(以人为本)、"两个基本点"(安全理念渗透、安全行为养成),内化思想,外化行为,不断提高企业职工的安全意识和安全责任,把安全第一变为每个职工的自觉行为,要做到职工不进行安全培训不上岗、培训不合格不上岗、没有养成安全行为不上岗。

2)安全制度建设

机械制造企业要建立长效的安全制度,坚持用制度管人。车间、班组都要建立安全规则,要张贴各种机床设备安全操作规程;特殊工种操作人员必须持有特殊工种安全操作证方能上岗;班前、班后要建立安全讲评制度;机床设备要建立维护、保养及定期检修制度等。要切实按制度办事,避免和减少事故发生。

3)安全责任建设

在机械制造企业中,安全责任要层层落实,从企业长到车间主任,从班组长到企业职工，应逐级签订安全生产责任书，具体落实安全的责任、措施、奖罚。

4）安全科技建设

要提高安全管理水平，机械制造企业必须加大安全科技投入，运用先进的科技手段来监控安全生产全过程。如安装闭路电视监控系统、消防喷淋系统、X射线安全检查机、卫星定位仪等，把现代化、自动化、信息化全部应用到安全生产管理中。

> ❖ **判一判**
>
> 通过学习，大家已知晓安全是生产的前提条件，没有安全就无法生产。实习生赵某的行为存在安全隐患，需按要求穿工装套装，否则容易被高温铁屑烫穿。另外，她需盘发、戴工作帽，不许戴手套，否则机器运转时如果钩到手套和头发，就有可能把手和头发带到旋转的机器上去，造成严重后果。大家一定要提高安全意识和安全责任意识，把安全第一变为每个人的自觉行为。

> ❖ **阅读思考**
>
> 《中华人民共和国安全生产法》确定的安全生产管理基本方针为"安全第一、预防为主"，这就要求在"以人为本"的前提下，安全生产要做到_____、_____、_____、_____、_____五原则，_____、_____、_____、_____四建设。

阅读材料二：节能环保知识

1. 节能

节能是节约能源的简称，就是尽可能地减少能源消耗量，生产出与原来同样数量、同样质量的产品；或者是以原来同样数量的能源消耗量，生产出比原来数量更多或数量相等但质量更好的产品。

随着社会的不断进步与科学技术的不断发展，现在人们越来越关心我们赖以生存的地球，世界上大多数国家也充分认识到了环境对人类发展的重要性。各国都在采取积极有效的措施改善环境，减少污染。这其中最为紧迫的就是能源问题，要从根本上解决能源问题，除了寻找新的能源外，节能是最关键、最直接有效的措施。2008年4月1日施行的《中华人民共和国节约能源法》规定：节约资源是我国的基本国策。国家实施节约与开发并举、把节约放在首位的能源发展战略。

1）能源

能源是可以直接或通过转换提供人类所需的有用的资源，一般分为一次能源、二次能源和可再生能源。

（1）一次能源。从自然界取得的未经任何改变或转换的能源，如流过水坝的水，采出的原煤、原油、天然气和天然铀矿等。

（2）二次能源。一次能源经过加工或转换得到的能源，如电力、各种石油制品、焦炭、煤气、热能等。一次能源转换成二次能源总会有转换损失，但二次能源有更高的终端利用效率，也更清洁和方便使用。

(3）可再生能源。主要指风能、太阳能、水能、生物质能、地热能、海洋能等非化石能源。它们都可以循环再生，不会因长期使用而减少，是有利于人与自然和谐发展的重要能源。

2）能源利用的现状

我国是发展中国家，人口多、底子薄，常规能源（石油、天然气、煤炭等）明显不足。目前我国石油探明可储量只占世界的2.4%，天然气占1.2%；中国人均能源占有量远比世界平均值要低，我国人均石油、天然气可采储量分别为世界平均值的10%和5%；在中国的能源结构中，煤炭消耗量比重比世界平均值高41.5%，石油低16%，天然气低20.5%。

对于整个世界而言，能源紧缺也是一个大问题。目前世界各国在节能的同时也在积极进行开源，即大力开发和利用可再生能源，如风能、太阳能、生物质能和核能等。虽然各国利用情况并不理想、发展并不均衡，但这是一条发展之路。

3）节约能源的途径

节约能源的基本原理是合理利用能量，提高能源的利用率，减少各种能量损失，设法对余能资源进行重复利用和回收利用。

常见的节能途径有五种：一是调整节能，即国家通过调整经济结构、调整工业布局、调整产品结构等节约能源；二是管理节能，即通过机械制造企业的科学有序的管理，节约一度电、一滴油、一块钢，使能源充分利用，减少消耗，降低能耗，降低成本；三是技术节能，即通过采用新技术、新工艺、新设备、新材料及先进操作方法达到提高产量、产值，降低消耗的目的；四是回收节能，即通过对已经利用的余热和未经利用的废热或生产过程中的废料、余渣和伴生物，进行收集再加工，使其成为有用的新原料、新产品，增加产值，达到对能源的间接回收利用；五是多开发利用新的能源，如风能、太阳能、生物质能和核能等。

2. 环保

环保是环境保护的简称，是指人类为解决现实的或潜在的环境问题，协调人类与环境的关系，保障经济社会的持续发展而采取的各种行动的总称。我国历来特别重视对环境的保护，保护环境已成为我国的一项基本国策。为推进"十二五"期间环境保护事业的科学发展，加快资源节约型、环境友好型社会建设，我国制定了《国家环境保护"十二五"规划》，目的就是保护环境，减少环境污染，协调人与环境的关系。主要包括以下两方面的内容：

1）防止生产和生活的污染

目前环境污染主要是由生产和生活的污染引起的，所以要进行环境保护，首先要减少生产和生活的污染。对于机械制造企业来说，产生的废水、废油、废气、废渣等不能直接进行排放，而要采用专门的设备进行沉淀、过滤、回收，进行二次利用，不能利用的要处理后达到国家相关标准才能排放；产生的噪声、振动、电磁微波辐射要根据相关要求进行隔声、减振、防辐射处理；产生的污染物、垃圾等要进行无公害处理后按规定深埋，以免造成环境污染。

2）防止由建设和开发活动引起的环境破坏

包括防止由大型水利工程、铁路、公路干线、大型港口码头、机场和大型工业项目等工程建设对环境造成的污染和破坏；防止农垦和围湖造田活动，海上油田、海岸带和沼泽地的开发,森林和矿产资源的开发等对环境的破坏和影响;防止新工业区、新城镇的设置和建设等对环境的破坏、污染和影响。

> ❖ 阅读思考
>
> （1）_____年_____月_____日施行的《中华人民共和国节约能源法》规定:节约资源是我国的基本国策。国家实施_____、把节约放在首位的能源发展战略。
>
> （2）节约能源的途径有_____、_____、_____、_____、_____。

阅读材料三:"5S" 管理常识

现代制造企业特别强调生产管理,任何管理上的松懈都无法生产出合格的产品,只有每一个生产环节都强调科学合理的管理,才能生产出一流的产品,所以生产管理是企业质量管理的前提和基础。

所谓生产管理就是企业对其生产活动的管理。企业生产管理的基本任务就是在生产活动中,根据经营目标、组织、控制等职能,将输入生产过程的人、财、物、信息等生产要素有机结合起来,经过生产转换过程,以尽可能少的投入生产出尽可能多的符合市场和消费需要的产品和服务,并取得最佳的经济效益。

生产管理的方式很多,但现代企业应用较多的是5S管理方式,许多的企业又在此基础上扩展为6S、7S管理等。5S管理起源于日本。5S就是整理、整顿、清扫、清洁和素养,这五个词在日语中罗马拼音的第一个字母均以"S"开头,故简称为5S。5S管理活动是指对生产现场各要素(主要指物的要素)所处的状态不断进行整理、整顿、清扫、清洁和提高素养的活动,如图1-15所示。

图1-15 5S活动

1. 5S管理活动的意义

开展5S管理活动能创造良好的工作环境,提高员工的工作效率;整齐、清洁、有序的环境能使企业及员工提高对质量的认识,降低产品成本,获得顾客的信赖和社会的赞誉,提高员工的工作热情,提升企业形象,增强企业竞争力等。

2. 5S管理活动的具体要求

1) 整理

整理活动的核心内容就是对生产现场的物品加以分类,区分要与不要的东西,在生产现场除了要用的东西以外,一切都不放置,将"空间"腾出来。通过整理,可以改善和增加生产面积,减少由于物品乱放、好坏不分而造成的差错,使库存更合理,消除浪费,节约资金，保障安全生产，提高产品质量。

2）整顿

整顿就是将整理后需要的物品按规定位置、规定方法摆放整齐，明确数量，明确标示，不浪费"时间"找东西。整顿是生产现场改善的关键，也是5S的重点。通过整顿，使物品摆放科学合理，以使得寻找时间和工作量最少。

3）清扫

清扫就是清除生产现场内的脏污，并防止污染的发生，保持生产现场干净、明亮。清扫又可称为点检，企业员工在清扫时可以发现许多不正常的地方，如能发现机器漏油、螺钉松动等问题，进而能够及时排除故障。

4）清洁

清洁是将整理、整顿和清扫以后的生产现场状态进行保持，并使这种做法制度化、规范化，维护其成果。要做到生产现场的环境整齐、无垃圾、无污染源；设备、工具和物品干净整齐；各类人员着装、仪表和仪容整洁，精神面貌积极向上。

5）素养

素养是培养企业员工文明礼貌的习惯，按规定行事，养成良好的工作习惯、行为规范和高尚的道德品质。素养是一种作业习惯和行为规范，是5S活动的最终目标。5S活动始于素养、终于素养。

5S活动是一个按整理、整顿、清扫、整洁和素养的顺序依次进行、不断循环的过程，其核心是提高素养，每经过一轮循环，素养就得到一次提升，如此往复，使企业的素养得到不断的提高，形成团队精神和企业文化。

❖ 阅读思考

5S管理起源于日本，5S就是_____、_____、_____、_____和_____，这五个词在日语中罗马拼音的第一个字母均以"S"开头，故简称为5S。

❖ 思政园地

大国重器：世界第一台新型五轴混联机床

齐齐哈尔第二机床集团成功研制世界第一台新型五轴混联机床——XNZ2430新型大型龙门式五轴混联机床和亚洲最大的SKCR165/1200型数控纤维缠绕机。

目前，国外在大型五轴联动数控机床上对中国实行技术封锁，我国每年需要花大量外汇从国外进口此类装备。该机床的研制成功打破了西方的技术封锁，为我国的国防工业发展提供了强大技术和装备保障。

单元检测

课前检测

一、填空题

1. "工业4.0"分_____、_____、_____主题。
2. 《中国制造2025》的"三步走"：第一步，到_____年，迈入制造强国行列；第二步，到_____年，达到世界制造强国阵营中等水平；第三步，到_____年，乃至建国一百周年时，进入世界制造强国前列。
3. 整个生产系统由_____层、_____层和_____层组成。
4. 机械加工工种可分为_____、_____、_____。

二、选择题

1. "工业4.0"是_____国政府提出的一个高科技战略计划。
   A. 中国　　　　　　B. 德国　　　　　　C. 美国　　　　　　D. 日本
2. 根据不同的热处理工艺，一般可将热处理分成整体热处理、_____、化学热处理和其他热处理四类。
   A. 局部热处理　　　B. 调质热处理　　　C. 表面热处理　　　D. 高频热处理
3. 5S管理最早起源于_____。
   A. 罗马　　　　　　B. 中国　　　　　　C. 美国　　　　　　D. 日本

三、判断题

1. 一个综合性的机械制造企业，通常设有若干车间或工段，由它们分别去完成有关的生产工作。（　　）
2. 工件在加工过程中，只要安装好保证加工质量即可，安装次数无所谓。（　　）
3. 一般情况下，企业应根据国家的生产计划、市场销售情况、企业的生产情况及设备、人员等综合因素来决定产品的类型和产量。（　　）
4. 安全是生产的前提条件，没有安全就无法生产。（　　）

四、综合题

1. "工业4.0"是基于工业发展的不同阶段作出的划分，介绍其几个发展阶段？
2. 机械产品的生产过程一般包括哪些主要环节？
3. 冷加工可分为哪几大类？各加工方法主要采用了哪些设备？
4. 砂型铸造一般要经过哪几步？
5. 什么是能源？能源分为哪几种？

课中检测

一、填空题

1. 现代工业给机械制造技术的发展带来了新的机遇，也给予机械制造技术许多新的技术和新的概念，使机械制造技术向_____化、_____化、_____化、_____化、_____化和全球化方向发展成为趋势。
2. 机械产品制造是_____、_____、生产、销售、_____、信息反馈和

_____等环节和过程的一个有机的、集成的生产系统。

3. 在机械厂中，在保证零件质量的前提下，生产效率越_____越好。

4. 5S 是指_____、_____、_____、_____和_____。

二、选择题

1. 生产过程包括_____、生产准备过程和生产辅助过程。
   A. 工艺过程　　　　B. 装配过程　　　　C. 设计过程　　　　D. 检验过程

2. 工艺过程是一个复杂的过程，里面存在着许多的矛盾，但最主要矛盾是_____。
   A. 加工技术与设备能力　　　　　　　B. 加工要求与操作技术水平
   C. 时间与效率　　　　　　　　　　　D. 质量与产量

3. 以下_____不属于特种铸造。
   A. 砂型铸造　　　　B. 金属砂型铸造　　C. 熔模铸造　　　　D. 压力铸造

4. 以下_____不属于熔化焊。
   A. 电弧焊　　　　　B. 电阻焊　　　　　C. 电渣焊　　　　　D. 等离子弧焊

三、判断题

1. "互联网 + 制造"就是"工业 4.0"。（　　）
2. 一个工序必须包括几个工步。（　　）
3. 一个工步可以包括一次或几次走刀。（　　）
4. 决策层根据企业的决策，结合市场信息和本部门实际情况进行产品开发、研究，制定生产计划并进行经营管理。（　　）
5. 5S 活动的最终目标是素养。（　　）

四、综合题

1. "十三五"期间，中国制造业实现产业结构优化升级，主要体现在哪几个方面？
2. 钳工的主要任务是什么？
3. 什么是安全生产？安全生产要做到的"五原则"、"四建设"是什么？

课后检测

一、填空题

1. 一般情况下，判断一系列的加工内容是否属于同一个工序，主要依据是_____是否发生变动。

2. 工件在加工过程中，应尽量_____安装次数，因为安装次数越多，误差就_____。

3. 在整个机械加工制造的大系统中，存在着以生产对象和工艺装备为主体的"物质流"、以生产管理和工艺指导等信息为主体的"_____流"以及为了保证生产活动正常进行而必需的"_____流"。

二、选择题

1. 利用改变_____的方法一般便于保证加工质量，提高生产率，并易于实现自动化。
   A. 工序　　　　　　B. 工步　　　　　　C. 工位　　　　　　D. 走刀

2. 目前的砂型铸造在生产中仍占有主导地位，用砂型铸造生产的铸件，约占铸造总质量的_____。

A. 90% B. 95% C. 80% D. 85%

3. 下列各组能源中，均为不可再生能源的是_____。

A. 风能、太阳能、地热能　　　　　　B. 石油、原煤、天然气

C. 水能、生物能、天然气　　　　　　D. 电能、风能、热能

三、判断题

1. 《中国制造2025》在现有的工业制造水平和技术上，通过"互联网+"这种工具的应用，实现结构的变化和产量的增加。（　　）

2. 生产过程只包括直接作用于生产对象的工作，不包括生产准备工作和生产辅助工作。（　　）

3. 判断一系列的加工内容是否属于同一个工序，主要依据是工件加工过程中的工作地点是否发生变动。（　　）

4. 工艺过程的基本要求是在符合零件设计质量的前提下，要保证单位时间内的产品数量。（　　）

5. 利用改变工位的方法一般便于保证加工质量，提高生产率，并易于实现自动化。（　　）

6. 配合技术人员，预检机械设备故障，编制大修理方案，并完成大、中、小型修理任务是电加工设备操作工主要工作之一。（　　）

四、综合题

1. 21世纪机械制造技术发展的总趋势集中表现在哪几个方面？

2. 节约能源有哪几种途径？

单元二 机械识图

> **单元导入**

机器是由很多零件组成的,这些零件在机器中的安装位置、零件间的装配连接关系、每个零件的结构形状等信息仅用语言和文字是说不清楚的,于是人们就想到了用"机械图样"来表达,它是技术人员交流技术思想的一种工程语言。本单元的主要任务是学习如何绘制和阅读机械图样,培养空间想象能力和形象思维能力以及认真负责的工作态度。

任务一 熟悉机械制图常用国家标准的有关规定

> **任务导入**

通过学习,让学生了解国家机械制图标准的相关规定,并且了解常用的几何作图方法。

> **任务实施**

图纸幅面

图框格式、标题栏

阅读材料一:图纸幅面和格式(GB/T 14689—2008)

1. 基本幅面

图纸幅面是指由图纸宽度与长度组成的图面。

为便于图样绘制、使用和管理,用于绘制图样的图纸,其幅面的大小和格式必须遵循 GB/T 14689—2008 中的规定。绘制技术图样时,应优先采用表 2-1 中所规定的基本幅面。

2. 加长幅面

必要时允许选用加长幅面,其尺寸必须是由基本幅面的短边成整数倍增加后得到的。

3. 图框格式

绘制机械图样时应绘制图框,图框线必须用粗实线绘制。图框格式分留装订边和不留装订边两种,但同一产品的图样只能采用一种格式。

留装订边的图纸,其图框格式如图 2-1 (a) 所示;不留装订边的图纸,其图框格式如图 2-1 (b) 所示。这两种格式的周边尺寸见表 2-1。

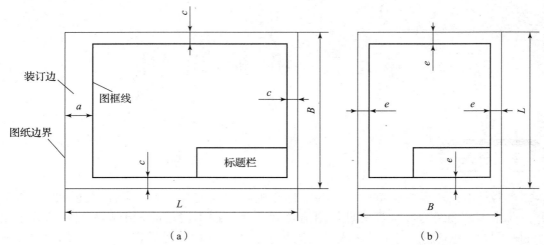

(a) (b)

图 2-1 图框格式

(a) 留装订边 (X 型);(b) 不留装订边 (Y 型)

表 2-1 基本幅面及尺寸   mm

幅面代号	A0	A1	A2	A3	A4
$B \times L$	841×1 189	594×841	420×594	297×420	210×297
e	20	20	10	10	10
c	10	10	10	5	5
a	25				

4. 标题栏

每张图样图框的右下角必须画出标题栏,标题栏中文字的方向为读图方向。标题栏格式如图 2-2 所示。

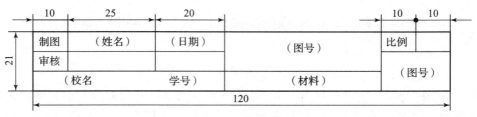

图 2-2 标题栏

动手试一试:请同学们拿出一张白纸,假设它就是 A0 图纸,请你用折叠的方法把它折叠成 A1 和 A2 纸。

动脑想一想:A2 图纸大小是 A4 图纸的两倍,对吗?_____(对/不对)

阅读材料二：比例（GB/T 14690—1993）（GB/T 14689—2008）

比例是指图样中图形与其实物相应要素的线性尺寸之比。

比例分为以下三种：

（1）原值比例：比值为 1 的比例，即 1∶1。
（2）放大比例：比值大于 1 的比例，如 2∶1 等。
（3）缩小比例：比值小于 1 的比例，如 1∶2 等。

绘图时应尽量采用 1∶1 的原值比例，当需要按比例绘制图样时，优先选择表 2-2 中规定的系列，必要时也允许从表 2-3 规定的系列中选取。必须注意，不论采用何种比例绘图，标注尺寸时均应按机件的实际尺寸大小注出，如图 2-3 所示。

比例

表 2-2 比例系列（一）

种类	比例				
原值比例	1∶1				
放大比例	2∶1	5∶1	$1\times 10^n:1$	$2\times 10^n:1$	$5\times 10^n:1$
缩小比例	1∶2	1∶5	1∶10	$1:1\times 10^n$	$1:2\times 10^n$ $\quad$ $1:5\times 10^n$

表 2-3 比例系列（二）

种类	比例			
放大比例	4∶1 $\quad$ 2.5∶1	$2.5\times 10^n:1$	$4\times 10^n:1$	
缩小比例	1∶1.5 $\quad$ 1∶2.5	1∶3 $\quad$ 1∶4	1∶6	$1:1.5\times 10^n$
	$1:2.5\times 10^n$	$1:3\times 10^n$	$1:4\times 10^n$	$1:6\times 10^n$

注：n 为正整数

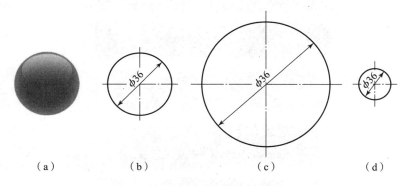

图 2-3 不同比例绘制的图形
(a) 实物；(b) 1∶1；(c) 2∶1；(d) 1∶2

对于同一张图样上的各个图形，应采用相同的比例绘制，并在标题栏内的"比例"一栏中进行填写。比例符号以"∶"表示，如 1∶1 或 1∶2 等。

> ❀ 阅读思考
>
> （1）比例是指图样中_____与_____相应要素的线性尺寸之比。比例可分为_____比例、_____比例和_____比例。
>
> （2）2∶1 是缩小比例，对吗？_____（对/不对）
>
> （3）绘制图样时不论是采用放大还是缩小比例，标注尺寸时都必须注出其实际尺寸。这句话对吗？_____（对/不对）

阅读材料三：字体（GB/T 14691—1993）

字体

图样中的文字书写要做到：字体工整、笔画清楚、间隔均匀、排列整齐。字体的高度（用 h 表示）代表字体的号数，国家标准规定字体的高度系列为 1.8 mm、2.5 mm、3.5 mm、5 mm、7 mm、10 mm、14 mm、20 mm 八种。字体的宽度约为字高的 2/3。汉字应写成长仿宋体，并应采用国家正式公布推行的简化字。汉字的高度 h 应不小于 3.5 mm。字母与数字可分为 A、B 两种型式。A 型字体的笔画较窄，为字体高度的 1/14；B 型字体的笔画较宽，为字体高度的 1/10。在同一图样上只能出现一种型式的字体。

字母与数字可写成直体和斜体。斜体字字头向右倾斜，与水平线成 75°。字体示例如图 2-4 所示。

汉字的书写

数字的书写

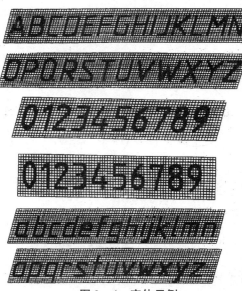

图 2-4 字体示例

❖ **阅读思考**

(1) 书写的汉字、字母和数字必须做到＿＿＿＿＿＿＿＿＿＿＿＿＿＿＿＿。

(2) 国标规定写字体共有＿＿＿＿＿种字号，汉字的号数即为字体的＿＿＿＿＿。汉字应写成＿＿＿＿＿字体。

(3) 汉字＿＿＿＿＿（可以或不可以）写成斜体，字母和数字＿＿＿＿＿（可以或不可以）写成直体或斜体。

(4) 制图国家标准规定，字体的号数单位为（　　）。

A. 分米　　　　　B. 厘米　　　　　C. 毫米　　　　　D. 微米

阅读材料四：图线（GB/T 17450—1998）

图线

1. 图线的种类

机件图样中的图形是用各种不同粗细和型式的图线画成的，如图 2－5 所示。绘制图样时，应采用表 2－4 中规定的图线。

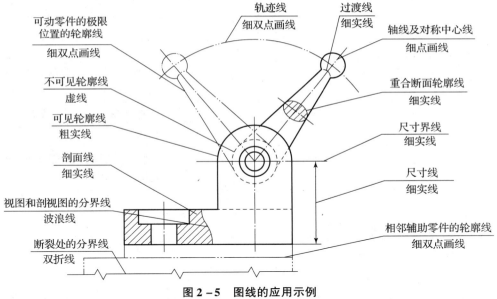

图 2－5　图线的应用示例

2. 图线画法

图线的宽度分粗、细两种，粗线的宽度为 b。根据图形的大小和复杂程度，并考虑图样的复制条件，b 在 0.5~2 mm 范围内选用，细线的宽度约为 $b/2$。图线 b 的推荐系列为：0.13 mm、0.18 mm、0.25 mm、0.35 mm、0.5 mm、0.7 mm、1 mm、1.4 mm、2 mm。

绘制图样时，应遵守以下规定和要求：

(1) 在同一张图样中，同类图线的宽度基本一致。虚线、点画线和双点画线的线段长度和间隔应各自大致相等。

(2) 两条平行线（包括剖面线）之间的距离应不小于粗实线的两倍宽度，其最小距离不得小于 0.7 mm。

(3) 轴线、对称中心线、双点画线应超出轮廓线 2~5 mm。点画线和双点画线的末端应是线段，而不是短画。若圆的直径较小，则两条点画线可用细实线代替。

(4) 虚线、点画线与其他图线相交时，应在线段处相交，不应在空隙或短画处相交。当虚线圆弧与虚线直线相切时，应相切于线而不是间隙。

表 2-4 图线的型式及应用

图线名称	图线形式	代号	图线宽度	主要用途
粗实线	————————	A	粗线	可见轮廓线、可见过渡线
细实线	————————	B	细线	尺寸线、尺寸界线、剖面线、引出线、辅助线
波浪线	～～～～	C	细线	断裂处的边界线、视图与剖视图的分界线
双折线	—／\—／\—	D	细线	断裂处的边界线
虚线	2~6 ≈1	F	细线	不可见轮廓线、不可见过渡线
细点画线	≈20 ≈3	G	细线	轴线、对称中心线、节圆及节线、轨迹线
粗点画线	≈15 ≈3	J	粗线	有特殊要求的线或表面的表示线
双点画线	≈20 ≈5	K	细线	假想轮廓线、相邻辅助零件的轮廓线、中断线

> ❖ **阅读思考**
>
> （1）可见轮廓线用_____线，不可见轮廓线用_____线。
>
> （2）对称中心线或轴线用_____线，尺寸界线和尺寸线用_____线。

阅读材料五：尺寸注法（GB/T 4458.4—2003、GB/T 19096—2003）

1. 基本规则

（1）机件的真实大小以图样上所注的尺寸数值为依据，与图形的大小和准确度无关。

尺寸注法

（2）图样中的尺寸，如以毫米（mm）为单位，则不需要标注单位或代号，否则必须予以说明。

（3）图样中所注的尺寸为机件的最后完工尺寸，否则应另加说明。

（4）一般情况下，机件的每一尺寸只标注一次，并标注在表达该结构最清晰的图形上。

2. 尺寸组成

一个完整的尺寸应包括尺寸界线、尺寸线和尺寸数字。

1) 尺寸界线

尺寸界线表示尺寸的范围,如图 2-6 所示,尺寸界线用细实线绘制,由图形的轮廓线、轴心线或对称中心线处引出,有时根据需要也可直接利用轮廓线、轴心线或对称中心线作为尺寸界线。尺寸界线一般应与尺寸线垂直,并超出尺寸线的终端 2~3 mm。

在光滑过渡处标注尺寸时,必须用细实线将轮廓线延长,从它们的交点处引出尺寸界线,如图 2-7 所示。

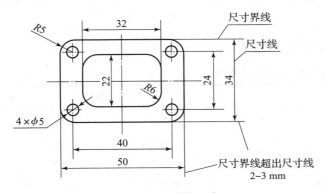

图 2-6 尺寸的组成

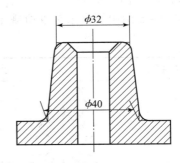

图 2-7 光滑过渡处尺寸界线画法

2) 尺寸线

尺寸线表示尺寸的方向。如图 2-6 所示,尺寸线用细实线绘制,必须单独绘制,不能用图样上任何其他图线代替,也不能与其他任何图线重合或在其延长线上。线性尺寸的尺寸线必须与所标注的线段平行。相同方向的各尺寸线之间应间隔均匀,一般间隔为 6~8 mm。角度和弧长的尺寸线是以所标注对象的顶点为圆心所画的圆弧。尺寸线的终端有两种形式:

(1) 箭头。箭头的形式如图 2-8 (a) 所示,适用于各种类型图样中尺寸的标注。

(2) 斜线。斜线用细实线绘制,画法如图 2-8 (b) 所示。这种形式在机械图样中一般不采用,常用于建筑图样。

同一图样中,箭头或斜线应大小一致。

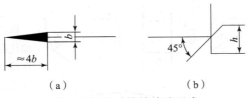

图 2-8 尺寸线的终端形式

3) 尺寸数字

尺寸数字表示机件尺寸的大小。如图 2-9 所示,尺寸数字采用阿拉伯数字。同一图样中,尺寸数字的大小应一致。线性尺寸的数字一般注写在尺寸的上方,也可以写在尺寸线的中断处,同一图样中最好保持一致。尺寸数字不允许被图线穿过,否则应把图线断开。尺寸数字的方向应朝上或朝左，尽量避免在图 2-9（a）所示的 30°范围内标注尺寸数字。如果实在无法避免，可以采用如图 2-9（b）所示的形式标注。

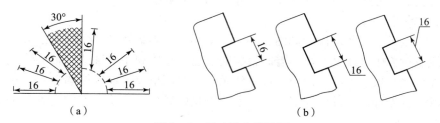

图 2-9 尺寸数字的注写

4）尺寸标注示例

表 2-5 给出了国家标准所规定的常见尺寸注法。

表 2-5 尺寸标注示例

标注内容	示例	说明
线性尺寸		线性尺寸的数字应按图（a）中的方向书写，并尽量避免在图示 30°范围内标注尺寸。当无法避免时，可按图（b）标注。在不致引起误解时，非水平方向的尺寸数字也允许水平地注写在尺寸线的中断处［图（c）］，但在同一图样中注法应一致
角度尺寸		尺寸界线应沿径向引出，尺寸线画成圆弧，圆心是角的顶点。尺寸数字一律水平书写，一般注在尺寸线的中断处，必要时也可按图（b）的形式标注
圆、圆弧、大圆弧		标注直径时，应在尺寸数字前加注符号"ϕ"；标注半径时，应在尺寸数字前加注符号"R"。当圆弧的半径过大或在图纸范围内无法注出其圆心位置时，可按图（a）的形式标注；若不需要标出其圆心位置，则可按图（b）的形式标注，但尺寸线应指向圆心

续表

标注内容	示例	说明
小尺寸		在没有足够的位置画箭头或标注数字时，可将箭头或数字布置在外面，也可将箭头和数字都布置在外面

> ❖ 阅读思考
>
> （1）绘制某轴的比例为 1∶2，图样中线段长度所标尺寸为 20，该尺寸在图样上的线段为 10，则该轴段的实际尺寸为_____。
> （2）图样上的尺寸为机件的_____尺寸，尺寸以_____单位时，不需要标注代号或名称。
> （3）尺寸标注中的符号：R 表示_____，φ 表示_____。
> （4）标注角度时，尺寸数字一律_____书写。

阅读材料六：平面图形的画法

机件的轮廓形状都是由一些直线、圆、圆弧或其他曲线组成的几何图形。熟练地掌握它们的基本作图方法是绘制机械图样的基础。以下将介绍几种常见几何图形的作图方法。

1. 等分线段

作线段 AB 六等分，如图 2-10 所示。

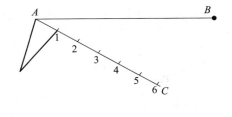 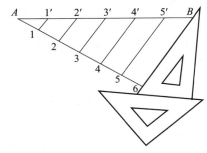

图 2-10　线段六等分

（1）过端点 A 作一直线 AC，用分规以等距离在 AC 上作 1、2、3、4、5、6 各等分点；
（2）连接 6B，过 1、2、3、4、5 等分点作 6B 的平行线与 AB 相交，得等分点 1′、2′、3′、4′、5′即为所求。

2. 等分圆周和作正多边形

用绘图工具可作出正三边形、正四边形、正五边形、正六边形等。以圆内接正五边形、正六边形为例介绍正多边形的画法。

（1）圆周五等分和正五边形作法，如图 2-11 所示。

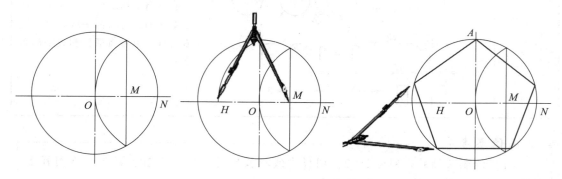

图 2-11　圆内接正五边形

[作图步骤]：

①以 N 为圆心、ON 为半径，画弧交圆于两点，连两点交 ON 于 M。

②以 M 为圆心、MA 为半径画弧，交 NO 延长线于点 H，AH 线段长即为所求五边形的边长。

③用 AH 长自 A 起截圆周得到五个等分点，依次连接，即得正五边形。

正五边形画法

（2）圆周六等分和正六边形作法，如图 2-12 所示。

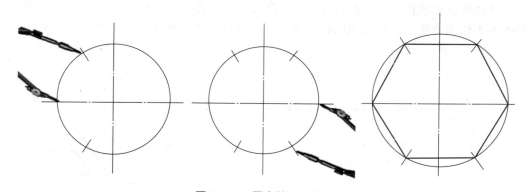

图 2-12　圆内接正六边形

[作图步骤]：

①以圆的最左、右点为圆心，圆的半径为半径画弧，截圆于 4 个点，即将圆周六等分。

②用 60°三角板及丁字尺顺序连接各点，即得正六边形。

正六边形画法

❖ 阅读思考

如果不用圆规法，你还会用哪些方法进行圆周六等分呢？

❖ 小试牛刀

（1）如图2-13所示，试试不用圆规作圆的内接正六边形。

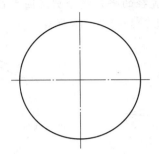

图2-13 作圆内接正六边形

（2）如图2-14所示，作圆的内接正五边形。

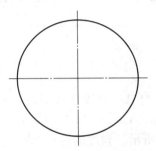

图2-14 作圆内接正五边形

❖ 视野拓展

七边形的画法

（1）把铅垂直径七等分（线段的等分前面已讲述），得到1、2、3、4、5、6个等分点，如图2-15所示；

（2）以M为圆心、MA为半径画圆弧交水平直径于点N，如图2-16所示；

正七边形画法

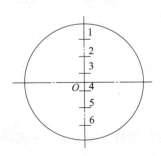 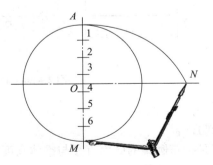

图2-15 七边形画图步骤（1）　　图2-16 七边形画图步骤（2）

(3) 连接 N2、N4、N6 并延长,分别交圆于 B、C、D,如图 2-17 所示;

(4) 过 B、C、D 作水平直径的平行线分别交圆于 G、F、E,顺序连接 B、A、G、F、E、D、C、B 即得正七边形,如图 2-18 所示。

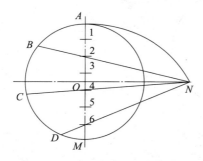
图 2-17 七边形画图步骤 (3)

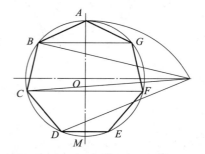
图 2-18 七边形画图步骤 (4)

3. 斜度和锥度

1) 斜度

斜度是指一直线(或平面)对另一直线(或平面)的倾斜程度。斜度

$$\tan\alpha = H : L = 1 : n$$

斜度和斜度符号如图 2-19 所示,斜度的标注和画法如图 2-20 所示。

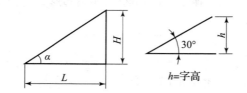

图 2-19 斜度和斜度符号

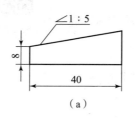

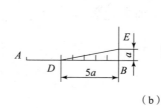

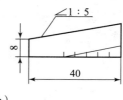

图 2-20 斜度的标注和画法
(a) 斜度标注;(b) 斜度画法

2) 锥度

锥度是指正圆锥的底面直径与锥体高度之比,如果是圆台,则为上、下两底圆的直径差与锥台高度的比值。

锥度和锥度符号如图 2-21 所示,锥度的标注和画法如图 2-22 所示。

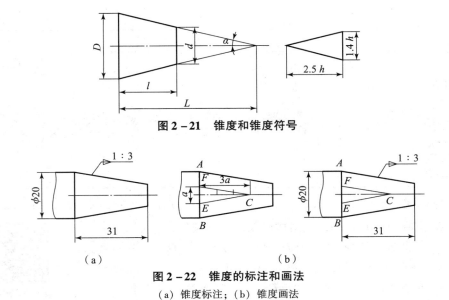

图 2-21 锥度和锥度符号

图 2-22 锥度的标注和画法
（a）锥度标注；（b）锥度画法

4. 圆弧连接

由于圆弧连接的实质是相切，一般连接圆弧的半径长度已知，因此，圆弧连接作图的关键就是寻找圆心与切点。具体作图方法与步骤参见表 2-6。

表 2-6 圆弧连接作图示例

连接要求	作图方法和步骤		
	求圆心	求切点	画连接圆弧
直线间的圆弧连接	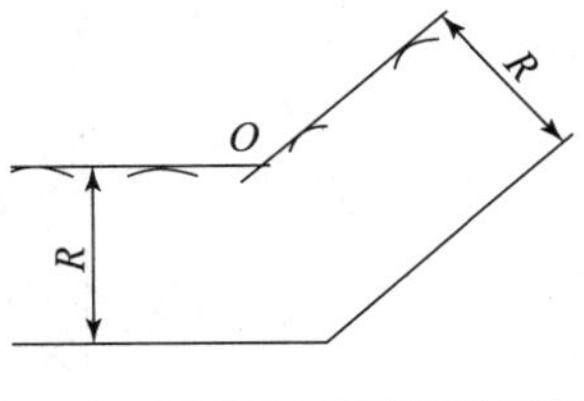	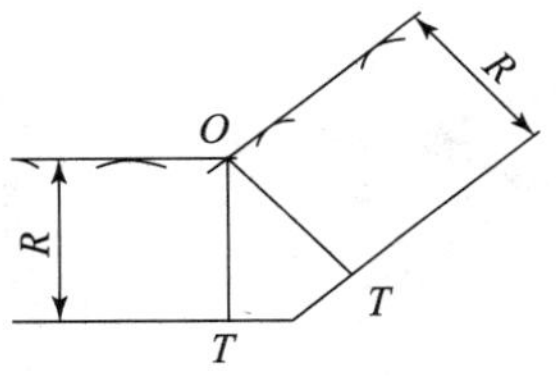	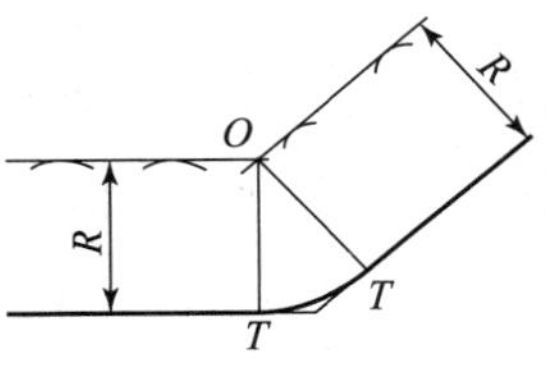
直线与圆弧间的圆弧连接	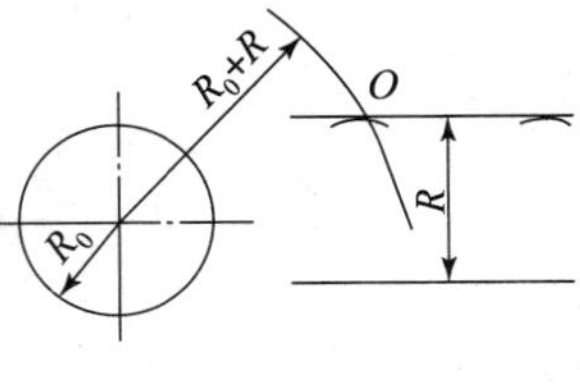	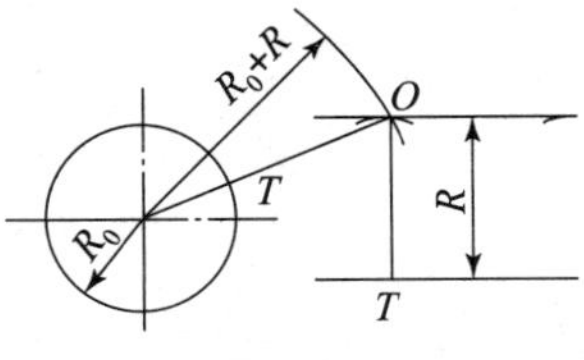	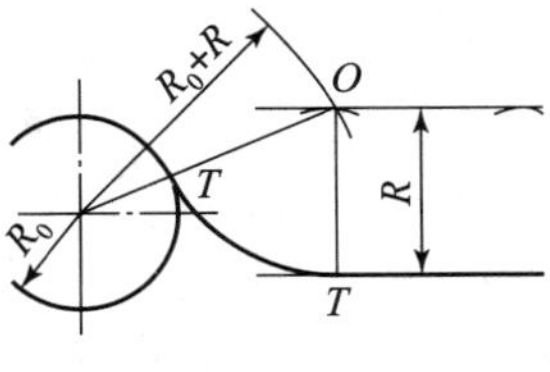
圆弧间的外连接	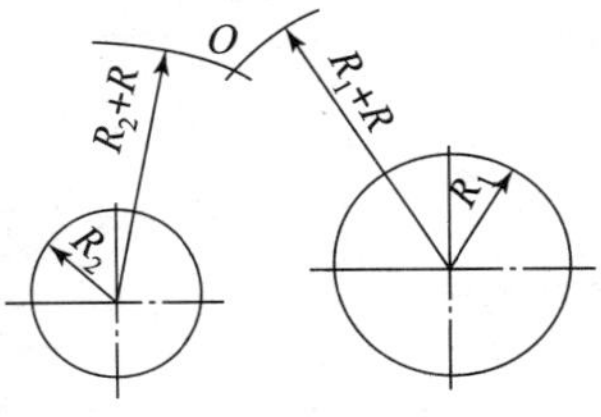	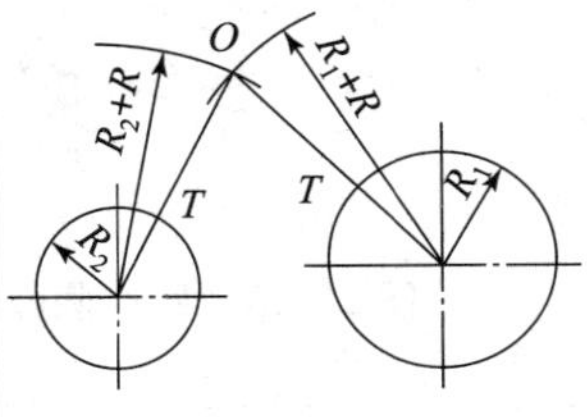	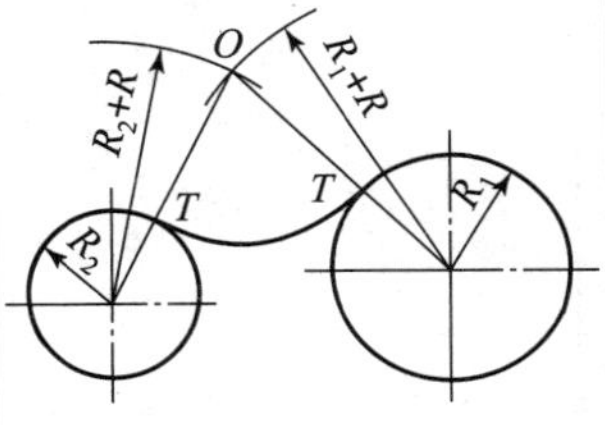

续表

连接要求	作图方法和步骤		
	求圆心	求切点	画连接圆弧
圆弧间的内连接			

❖ 视野拓展

已知长轴 AB 和短轴 CD，用四心圆法作椭圆。

(1) 画出长、短轴 AB 和 CD，以 O 为圆心、OA 为半径画弧交 OC 的延长线于 E 点，如图 2-23 (a) 所示；

(2) 连接 AC，以 C 为圆心、CE 为半径画弧交 AC 于 F 点，如图 2-23 (b) 所示；

四心圆法画椭圆

(3) 作 AF 的中垂线与长、短轴分别交于 O_1、O_2 两点，如图 2-23 (c) 所示；

(4) 作出 O_1、O_2 两点对称点 O_3、O_4 点，如图 2-23 (d) 所示；

(5) 分别以 O_1 为圆心、O_1A 为半径，以 O_3 为圆心、O_3B 为半径画小弧，如图 2-23 (e) 所示；

(6) 分别以 O_2 为圆心、O_2C 为半径，以 O_4 为圆心、O_4D 为半径画大弧，即得椭圆，如图 2-23 (f) 所示。

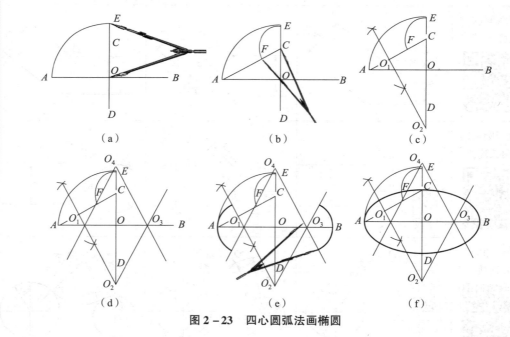

图 2-23 四心圆弧法画椭圆

阅读材料七：三视图

1. 投影法的基本知识

根据投射线、投影物体和投影面之间关系的不同，投影法可分为两大类：中心投影法和平行投影法。

1）中心投影法

如图 2-24 所示，投射线都是从投影中心（光源点）发出的，所得的投影大小总是随物体的位置不同而改变，这种投射线互不平行且汇交于一点的投影法就称为中心投影法。

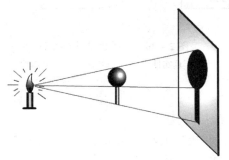

图 2-24　中心投影法

2）正投影法

如果将投影中心 S 移到无穷远处，则投影面上的投影 $\triangle abc$ 就会与空间 $\triangle ABC$ 的轮廓大小相等，这时投射线互相平行，所得到的投影可以反映物体的实际形状，如图 2-25 所示。这种投射线相互平行的投影法称为平行投影法。

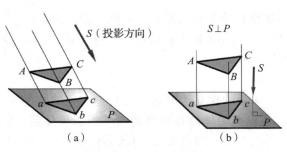

平行投影法

图 2-25　平行投影法
(a) 斜投影法；(b) 正投影法

根据投射线与投影面所成的角度不同，平行投影法又可分为斜投影法和正投影法两种。

用正投影法得到的投影图能够表达物体的真实形状和大小，度量性好，绘制方法也较简单，工程图样除有特别说明外一般都选择正投影法作图。

3）正投影法的基本特性

(1) 真实性：物体上平行于投影面的平面（P），其投影反映实形；平行于投影面的直线（AB），其投影反映实长 [见图 2-26 (a)]。

(2) 积聚性：物体上垂直于投影面的平面（Q），其投影积聚成一条直线；垂直于投影面的直线（CD），其投影积聚成一点［见图2–26（b）］。

(3) 类似性：物体上倾斜于投影面的平面（R），其投影是原图形的类似形；倾斜于投影面的直线（EF），其投影比实长短［见图2–26（c）］。

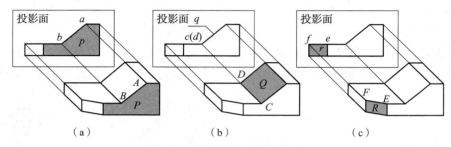

图2–26　正投影法投影特性
(a) 真实性；(b) 积聚性；(c) 类似性

2. 三视图的形成

1) 投影面的设置和名称

为了准确地表达物体的形状和大小，选取互相垂直的三个投影面，构成三面投影体系，如图2–27所示。

三个投影面的名称和代号如下：

(1) 正对观察者的投影面称为正立投影面，简称正面，用字母 V 表示；

(2) 水平位置的投影面称为水平投影面，简称水平面，用字母 H 表示；

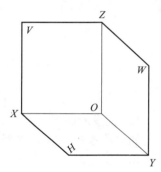

图2–27　三投影面体系

(3) 右边侧立的投影面称为侧立投影面，简称侧面，用字母 W 表示。

三个投影面交线 OX、OY、OZ 称为投影轴，简称 X 轴、Y 轴、Z 轴。三根投影轴互相垂直相交于一点 O，称为原点。

2) 视图的形成和名称

正投影图与三投影面体系的建立为准确、完整地表达物体的形状和大小提供了方便。如图2–28（a）所示，假设把物体放在观察者与三投影面体系之间，将组成该物体的各几何要素分别向三个投影面投影，即可在三个投影面上画出三个图形，称为视图。

由物体的前方向后方投射所得到的视图（正面投影）称为主视图；

由物体的上方向下方投射所得到的视图（水平投影）称为俯视图；

由物体的左方向右方投射所得到的视图（侧面投影）称为左视图。

3) 投影面的展开

为了把空间的三个视图画在一个平面上，就必须把三个相互垂直相交的投影面展开摊平。展开的方法是：正面（V）保持不动，水平面（H）绕 OX 轴向下旋转90°，侧平面（W）绕 OZ 轴向右旋转90°，使它们和正面（V）摊成一个平面，如图2–28（b）所示。这样摊平在一个平面上的三个视图称为物体的三面视图，简称三视图。由于投影面的边框是设想的，所以不必画出，各

三视图的形成

个投影面和视图名称也不需要标注，可由其位置来区别，投影面展开及去掉投影面边框后物体的三视图分别如图 2-28（c）和图 2-28（d）所示。

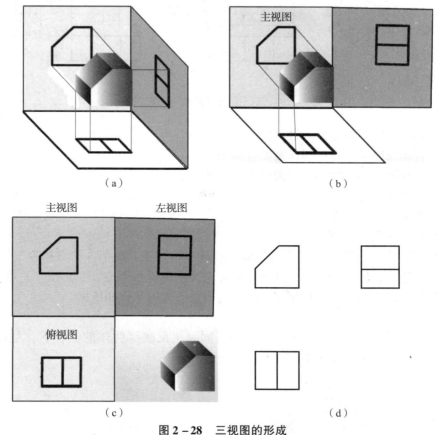

图 2-28 三视图的形成
(a) 三投影面体系中分别投射；(b) 投影面展开；
(c) 投影面展开摊平后的三面视图；(d) 三视图

4) 三视图的关系及投影规律

（1）位置关系。如图 2-28（c）和图 2-28（d）所示，物体的三个视图按规定展开、摊平在同一平面上以后，具有明确的位置关系，即主视图在上方，俯视图在主视图的正下方，左视图在主视图的正右方。画三视图时必须以主视图为主按上述关系排列三个视图的位置，这个位置关系是不能变动的，并且视图之间要相互对齐、对正，不能错开。

（2）投影关系。任何一个物体都有长、宽、高三个方向的尺寸，如图 2-29 所示，由物体的三视图可以看出：

主视图：反映物体的长度和高度。
俯视图：反映物体的长度和宽度。
左视图：反映物体的高度和宽度。

由于三个视图反映的是同一物体，其长、宽、高是一致的，所以每两个视图之间必有一个相同的度量，即：

主、俯视图反映了物体的同样长度（等长）。

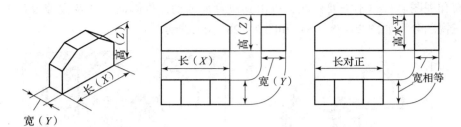

图 2-29　三视图的"三等"对应关系

主、左视图反映了物体的同样高度（等高）。
俯、左视图反映了物体的同样宽度（等宽）。
因此，三视图之间的投影对应关系可以归纳为：
主、俯视图长对正（等长）。
主、左视图高平齐（等高）。
俯、左视图宽相等（等宽）。

上面所归纳的"三等"关系，简单地说就是"长对正，高平齐，宽相等"。对于任何一个物体，不论是整体还是局部，这个投影对应关系都保持不变。"三等"关系反映了三个视图之间的投影规律，是工程识图、绘图与检查图样的基础和依据。

（3）方位关系。

三视图中不仅反映了物体的长、宽、高，同时也反映了物体的上、下、左、右、前、后六个方位的位置关系，如图 2-30 所示。

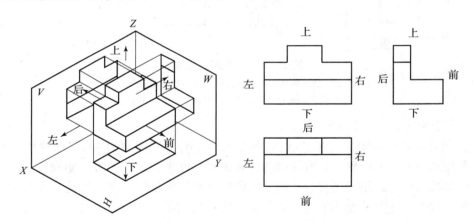

图 2-30　三视图的方位关系

主视图反映了物体的上、下、左、右方位。
俯视图反映了物体的前、后、左、右方位。
左视图反映了物体的上、下、前、后方位。

在三视图的方位关系中，以主视图为主，对于俯视图和左视图来说，凡是靠近主视图的一边（里面）表示物体的后面，凡是远离主视图的一边（外面）表示物体的前面。

小试牛刀

（1）如图 2-31 所示，参照立体图，补画三视图缺线，并在主视图上注出 A、B、C 三个平面的字母，然后填空。比较 A、B、C 三个平面的前、后位置：面 A 在面 B 之____，面 C 在面 B 之____。

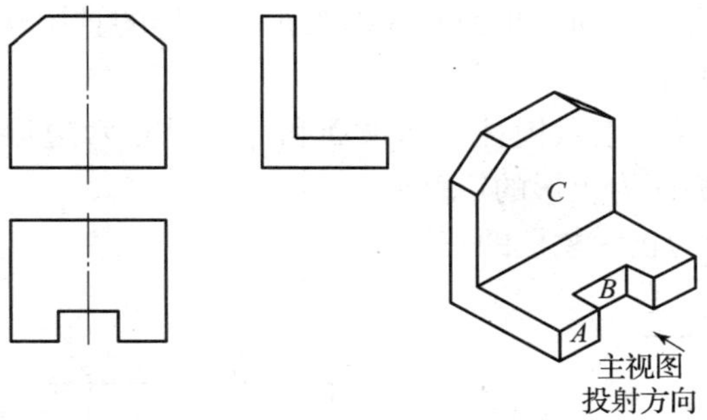

图 2-31　补画三视图

（2）如图 2-32 所示，根据三视图，选择正确的立体示意图（　　）。

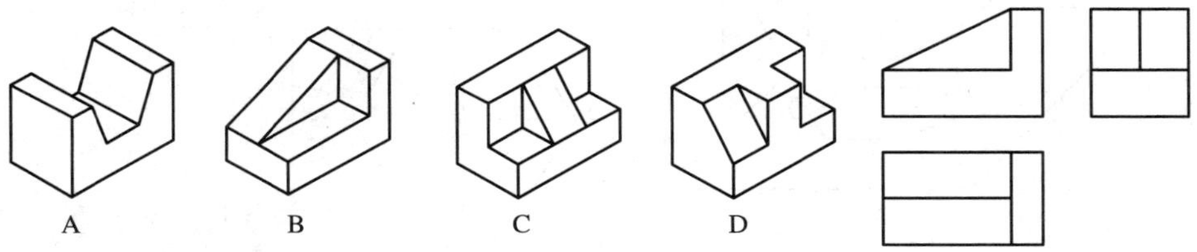

图 2-32　据三视图选立体图

阅读材料八：基本几何体的投影及尺寸标注

基本几何体的分类如图 2-33 所示。

基本体的尺寸标注

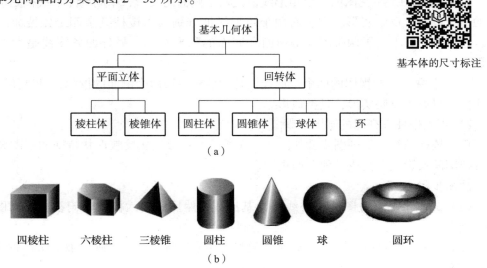

图 2-33　基本几何体的分类

（a）基本几何体分类结构图；（b）基本几何体实物举例

熟练地掌握基本几何体视图的绘制和识读能为今后用视图表达较复杂几何体的形状，以及识读机械零件图打下坚实的理论基础。

1. 棱柱

常见棱柱为直棱柱，它的顶面和底面是两个全等且相互平行的多边形，称为特征面，各侧面为矩形，侧棱垂直于底面。顶面和底面为正多边形的直棱柱，称为正棱柱。

1）正六棱柱的三视图

图 2-34（a）所示为一正六棱柱，即顶面和底面是正六边形的水平面，前后两个矩形侧面为正平面，其他侧面为矩形的铅垂面。

图 2-34（b）所示为正六棱柱的三视图。

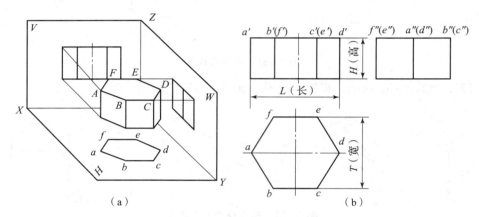

图 2-34 正六棱柱的三视图

（1）俯视图。俯视图为一正六边形，是顶面和底面的重合投影，反映顶、底面的实形，为特征视图。六边形的边与顶点是六个侧面的投影和六条侧棱的积聚投影。

（2）主视图。主视图的三个矩形线框是六个侧面的投影，中间的矩形线框是前、后侧面的重合投影，反映实形；左、右两个矩形线框分别为六棱柱其余四个侧棱面的重合投影，是类似形；上、下两条图线是顶面和底面的积聚投影，另外四条图线是六条侧棱的投影。

（3）左视图。左视图的两个矩形线框是六棱柱左边两个侧面的投影，且遮住了右边两个侧面，投影不反映实形，是类似形。

2）正六棱柱三视图的画图步骤

正六棱柱三视图的画图步骤如图 2-35 所示，一般先从反映形状特征的视图画起，然后按视图间投影关系完成其他两面视图。

画图步骤：

（1）先画出三个视图的中心线作为基准线，然后画出六棱柱的俯视图，如图 2-35（a）所示。

（2）根据"长对正"和高度画主视图，并按"高平齐"画左视图的高度线，如图 2-35（b）所示。

（3）按"宽相等"完成左视图，如图 2-35（c）所示。

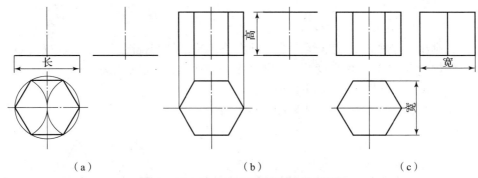

图 2-35 正六棱柱三视图的画图步骤

2．棱锥

棱锥的底面为多边形，各侧面为若干具有公共顶点的三角形。当棱锥底面为正多边形，各侧面是全等的等腰三角形时，称为正棱锥。

1）棱锥的三视图

图 2-36（a）所示为一正四棱锥，底面为一正方形且为水平面，四个侧棱面均为等腰三角形，所有棱线都交于一点，即锥顶 S，图 2-36（b）所示为正四棱锥的三视图。

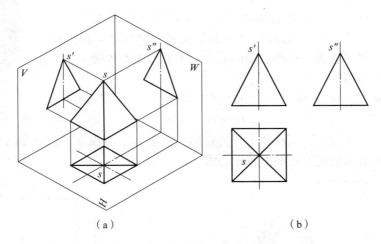

图 2-36 正四棱锥的三视图

（1）主视图。主视图是一个三角形线框。三角形各边，分别是底面与左、右两侧面的积聚性投影。整个三角形线框同时也反映了正四棱锥前侧面和后侧面在正面上的投影，但并不反映它们的实形。

（2）俯视图。四棱锥的俯视图是由四个三角形组成的外形为正方形的线框。正四棱锥的底面平行于水平面，因而它的俯视图反映实形，是一个正方形。四个侧面都与水平面倾斜，它们的俯视图应为四个不显实形的三角形线框，它们的四个底边正好是正方形的四条边线。

（3）左视图。左视图也是一个三角形线框，但三角形两条斜边所表示的是四棱锥的前、后两侧面。

2) 棱锥三视图的画图步骤

正四棱锥三视图的画图步骤：

（1）先画出三个视图的基准线，然后画出正四棱锥的俯视图，如图2-37（a）所示。

（2）根据"长对正"和高度画主视图的锥顶和底面，并按"高平齐，宽相等"画左视图的锥顶和底面，如图2-37（b）所示。

（3）连棱线，完成全图，如图2-37（c）所示。

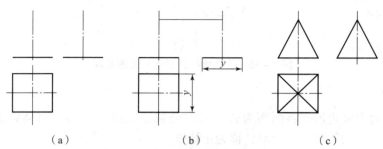

图2-37 正四棱锥三视图的画图步骤

3. 圆柱

1) 圆柱的形成

圆柱是由圆柱面、顶面和底面组成的。圆柱面可以看成是由一条直母线围绕与它平行的旋转轴线旋转而成，如图2-38所示。圆柱面上任意一条平行于轴线的直线称为圆柱面的素线。

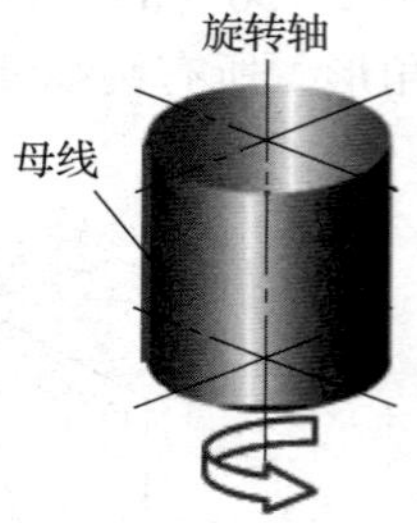

2) 圆柱的三视图

如图2-39（a）所示圆柱的轴线垂直于 H 面，其三视图如图2-39（b）所示。俯视图的圆反映圆柱顶面和底面的实形，圆周是圆柱面的积聚投影，圆柱面上任何点和线在 H 面上的投影都重合在圆周上。两条相互垂直的点画线表示确定圆心的对称中心线。

图2-38 圆柱面的形成

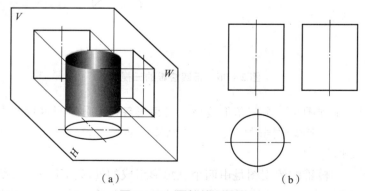

图2-39 圆柱的三视图

（1）主视图。主视图的矩形线框是圆柱面的前半部分和后半部分的重合投影，上、下底边是圆柱的顶面、底面的积聚投影，线框的左、右两轮廓线是圆柱面上最左、最右素线的投影。

（2）左视图。左视图的矩形线框是圆柱面的左半部分和右半部分的重合投影，其上、下边是圆柱上、下底面的投影,其左、右边则是圆柱面上最后、最前两根直素线的投影,也是左视图圆柱表面可见性分界线。

3) 圆柱三视图的画图步骤

作图步骤:

(1) 先画出确定圆心的中心线,然后画出特征视图积聚的圆,如图 2-40 (a) 所示。

(2) 以中心线和轴线为基准,根据投影的对应关系画出其余两个投影图,即两个全等矩形,如图 2-40 (b) 所示。

(3) 检查,完成全图,如图 2-40 (c) 所示。

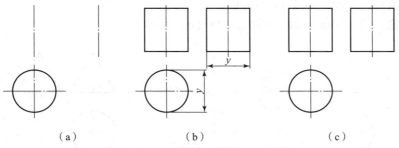

图 2-40　圆柱体三视图的画图步骤

4. 圆锥

1) 圆锥的形成

圆锥体的表面是圆锥面和圆形底面所围成,而圆锥面则可看作是由一条直母线绕和它相交的旋转轴旋转而成的。在圆锥上通过锥顶的任一直线称为圆锥面的素线,如图 2-41 所示。

2) 圆锥的三视图

图 2-42 (a) 所示为一圆锥,其底面与水平面平行,底面为特征面。图 2-42 (b) 所示为圆锥的三视图。

图 2-41　圆锥面的形成

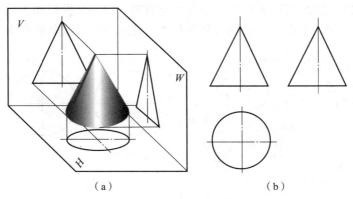

图 2-42　圆锥的三视图

(1) 俯视图。因圆锥的轴线垂直于水平面,底面平行于水平面,故俯视图是一个反映实形的圆,这个圆也是圆锥面的水平投影。凡是在圆锥面上的点、线的水平投影都应在俯视图圆平面的范围内。

（2）主视图。圆锥的主视图是一个等腰三角形，其底边表示圆形底面的投影，两腰是最左、最右直素线的投影。

（3）左视图。圆锥的左视图跟它的主视图一样，也是一个等腰三角形，但其两腰所表示锥面的部位不同，可自行分析。

3）圆锥三视图的画图步骤

作图步骤：

（1）先画出中心线，画出圆锥底圆，然后画出主视图、左视图的底部，如图2-43（a）所示。

（2）画顶点，如图2-43（b）所示。

（3）连轮廓线，完成全图，如图2-43（c）所示。

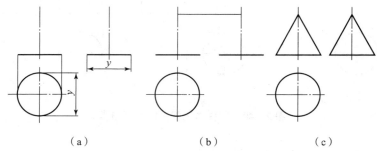

图2-43 圆锥三视图的画图步骤

5. 圆球

1）圆球的形成

如图2-44（a）所示，圆球面是由一个圆作为母线，以其直径为轴线旋转而成。在母线上任一点的运动轨迹为大小不等的圆。

2）圆球的三视图

如图2-44（a）和图2-44（b）所示，圆球从任何方向投射，所得到的投影都是与圆球直径相等的圆，因此其三面视图都是等半径的圆。但各个投影面上的圆不能认为它们是球面上同一个圆的三个投影，而是三个方向球的转向轮廓素线圆的投影。

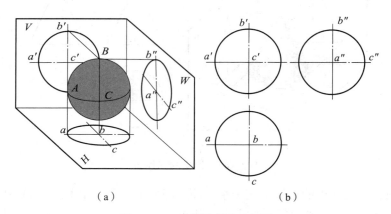

图2-44 球的形成及三视图

主视图中的圆 a' 是轮廓素线圆 A 的 V 面投影，是球面上平行 V 面的素线圆，也就是前半球与后半球可见和不可见的分界圆，它在俯、左两个视图中的投影都与球的中心线 a、a'' 重合，不应画出。

俯视图中圆 c 表示上半球面和下半球面的分界线，是平行于 H 面上、下方向轮廓素线圆的投影，它的 V 面和 W 面投影与对称中心线 c' 和 c'' 重合。

左视图中的轮廓圆请读者自行分析。

3）圆球三视图的画图步骤

作图步骤：

（1）画出各视图圆的中心线。

（2）画出三个与球等直径的圆，如图 2 – 44（b）所示。

6. 基本几何体的尺寸标注

图 2 – 45 所示为常见基本几何体的尺寸注法。标注基本几何体的尺寸时，一般要标注长、宽、高三个方向的尺寸，五棱柱的底面是圆内接正五边形，可注出底面外接圆直径和高度尺寸；正六棱柱的正六边形不注边长，而是注对面距（或对角距）以及柱高；四棱台只标注上、下两个底面尺寸和高度尺寸。标注圆柱、圆台、圆环等回转体的直径尺寸时，应在数字前加注直径符号 ϕ，并且常注在其投影为非圆的视图上。用这种形式标注尺寸时，只要用一个视图就能确定其形状和大小，其他视图可省略不画。球也只须画一个视图，可在直径或半径符号前加注"S"。

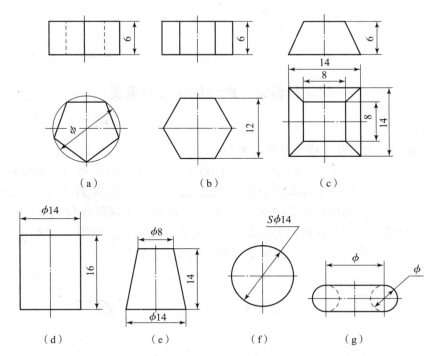

图 2 – 45　常见基本几何体的尺寸标注

(a) 正五棱柱；(b) 正六棱柱；(c) 正四棱台；(d) 圆柱；
(e) 圆台；(f) 圆球；(g) 圆环

机械常识

> ❖ 小试牛刀
>
> （1）工程中的常见回转体中，正面投影和侧面投影为相同的等腰三角形的是（　　）。
>
> 　　A. 圆柱　　　　　B. 圆锥　　　　　C. 球　　　　　D. 圆环
>
> （2）求作图2-46中基本体的第三面投影。 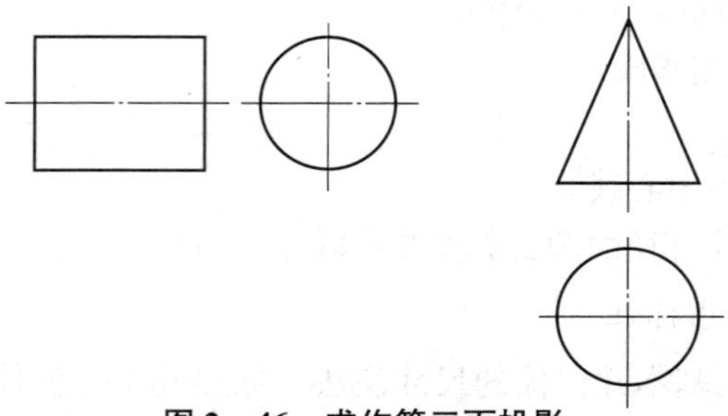
>
> 图2-46　求作第三面投影
>
> （3）以下曲面立体尺寸标注中有错误的是（　　）。

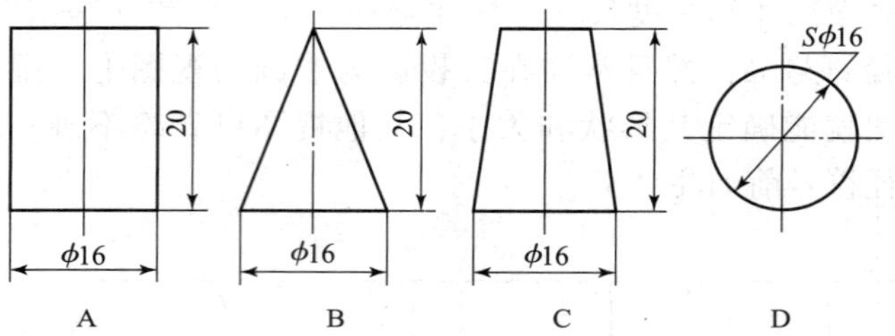

阅读材料九：组合体图形的识读

1. 读图技巧

1）从主视图入手将几个视图联系起来分析

机械图样中，机件的形状一般是通过几个视图来表达的，每个视图只能反映机件一个方向的形状。因此，仅由一个或者两个视图往往不能唯一地表达机件的形状。如图2-47所示的四组图形，它们的俯视图均相同，但实际上是四种不同形状的物体的俯视图。所以，只有把俯视图与主视图联系起来识读才能判断它们的形状。如图2-48所示的三组图形，它们的主、左视图均相同，但同样是三种不同形状的物体。

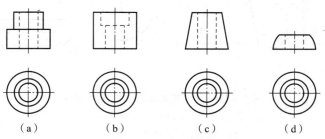

图2-47　一个视图不能唯一确定物体形状的示例

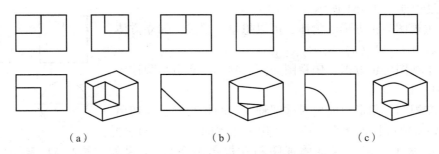

图 2-48　两个视图不能唯一确定物体形状的示例

由此可见，读图时必须将给出的全部视图联系起来分析，才能想象出物体的形状。

2）吃透视图中线框和图线的含义

（1）视图中的每个封闭线框，通常表示物体上一个表面（平面或曲面）的投影，如图 2-49（a）所示主视图中有四个封闭线框，对照俯视图可知，线框 a'、b'、c' 分别是六棱柱前（后）三个棱面的投影，线框 d' 则是圆柱前（后）面的投影。

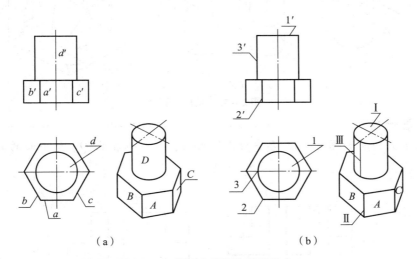

图 2-49　视图中线框和图线的含义

（2）相邻两线框或大线框中有小线框，则表示物体不同位置的两个表面，可能是两表面相交，如图 2-49（a）所示的 A、B、C 面依次相交；也可能是同向错位（如上下、前后、左右），如图 2-49（a）所示俯视图中大线框六边形中的小线框圆就是六棱柱顶面（下）与圆柱顶面（下）的投影。

（3）视图中的每条图线，可能是立体表面有积聚性的投影，如图 2-49（b）所示主视图中的 $1'$ 是圆柱顶面 I 的投影；或者是两平面交线的投影，如图 2-49（b）所示主视图中的 $2'$ 是 A 面与 B 面交线的投影；也可能是曲面转向轮廓线的投影，如图 2-49（b）所示主视图中 $3'$ 是圆柱前后面转向轮廓线的投影。

3）整体构思物体的形状

用以下一个例子来说明物体形状的构思方法和步骤。如图 2-50 所示，已知某一物体三个视图的外轮廓，要求通过构思想象出这个物体的形状。

构思过程如图 2-51 所示。

(1) 主视图为正方形的物体，可以想象出很多，如立方体、圆柱等，如图 2-51（a）所示。

(2) 主视图为正方形、俯视图为圆的物体，必定是圆柱体，如图 2-51（b）所示。

(3) 左视图三角形只能由对称圆轴线的两相交侧垂面切出，而且侧垂面要沿圆柱顶面直径切下（保证主视图高度不变），并与圆柱底面交于一点（保证俯视图和左视图不变）。结果如图 2-51（c）所示。

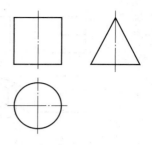

图 2-50 某物体三视图

(4) 图 2-51（c）中间所示为物体的实际形状。必须注意，主视图上应添加前、后两个半椭圆重合的投影，俯视图上添加两个截面交线的投影。

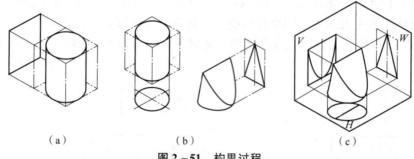

（a）　　　　　　（b）　　　　　　（c）

图 2-51 构思过程

💡 动脑想一想

请同学们构思如图 2-52 两个物体的形状，并分别指出 Q、R 平面的其他两面投影。

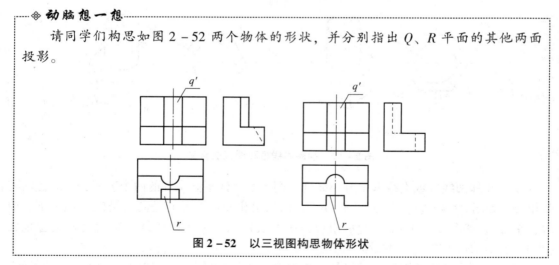

图 2-52 以三视图构思物体形状

2. 读图的基本方法

1) 形体分析法

读图的基本方法与画图一样，主要也是运用形体分析法，在反映形体特征比较明显的主视图上按线框将组合体划分为几个部分，然后通过投影关系找到各线框在其他视图中的投影，从而分析各部分的形状及它们之间的相互位置，最后综合起来，想象组合体的整体形状。

如图 2-53（a）所示支座，从主视图对应的几个大线框来看，可以把支座分成五个部分：左边底部是与圆筒相切的矩形线框、左中部是三角形线框、中间为矩形线框和圆形线框、右部是矩形线框。根据主视图和左视图对照分析可以确定：左边底部是与圆筒相切的底板、左中部是与圆筒相交的肋板、中间为直立圆柱筒和水平圆柱凸台、右部是与圆筒相交的耳板。支座由直立的圆筒、底板、肋板、凸台及耳板五部分组成，如图 2-53（b）所示。由三个视图作进一步分析可以确定：底板左端面是圆柱面，并设有圆孔，其两侧面与直立圆筒相切；在主、左视图相切处不应该有线，底板顶面在主、左视图上的投影应画到相切处为止；肋板是三棱柱，耳板右端面是半圆柱，肋板和耳板的前、后两侧面均与直立圆筒相交，都有截交线；水平圆柱凸台与直立圆筒垂直相交，两者的内、外表面均有相贯线。形体分析结果如图 2-53（c）所示。

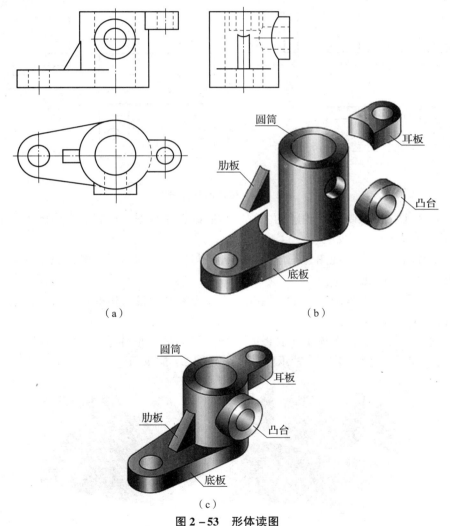

图 2-53 形体读图

看懂所给视图，构思轴承座形状，分析如图 2-54 所示。
（1）从主视图入手，将其分为Ⅰ、Ⅱ、Ⅲ、Ⅳ四部分，其中Ⅱ、Ⅳ为两对称形体。

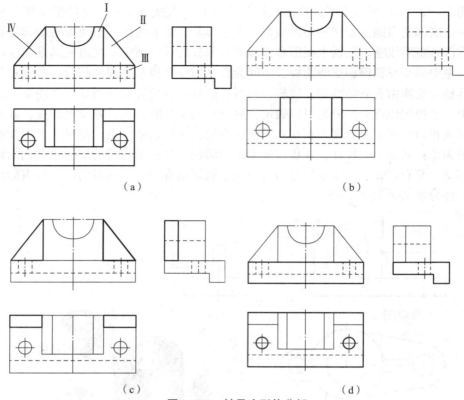

图 2-54 轴承座形体分析

(2) 形体Ⅰ：由反映特征轮廓的主视图对照俯、左视图，可想象出形体Ⅰ是上部挖去了一个半圆槽的长方体，如图 2-54（b）所示。

(3) 形体Ⅱ、Ⅳ：主视图为三角形，俯视图与左视图为矩形线框，想象其为一个三棱柱。如图 2-54（c）所示。

(4) 形体Ⅲ：由左视图对照主、俯视图，可想象其为带弯边的左、右有小圆孔的四棱柱，如图 2-54（d）所示。

(5) 由三视图来看，形体Ⅰ在底板的上面居中靠后；形体Ⅱ、Ⅳ在形体Ⅰ左右两侧，形体Ⅰ、Ⅱ、Ⅳ的后面均平齐。轴承座立体图如图 2-55 所示。

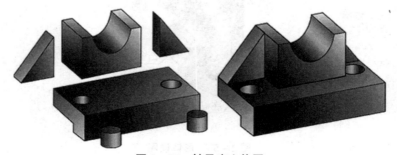

图 2-55 轴承座立体图

已知组合体的主、俯视图补画其左视图，分析如图 2-56（a）所示。

(1) 将主视图分为Ⅰ、Ⅱ、Ⅲ、Ⅳ四部分。参见图 2-56（b）所示的立体图，其中，

Ⅲ、Ⅳ两部分由已知视图可知为对称形体，故讨论中考虑一个即可。

（2）利用投影关系，把俯视图与主视图中几部分对应的投影图形分离出来，如图2-56（b）所示，此时可以初步想象出形体Ⅰ是一个一端为圆柱面的小长方体板，上面有一圆孔；形体Ⅱ是一个半圆筒，上面有一凹槽（底面为水平面）和一铅垂通孔，有截交线和相贯线；形体Ⅲ、Ⅳ都是长方体，上面有圆孔。

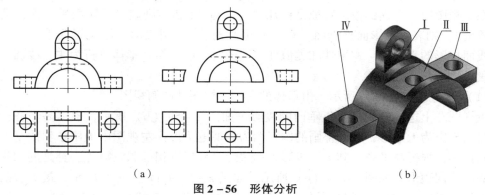

图 2-56　形体分析

（3）由所给视图来看，形体Ⅰ与形体Ⅱ相交，Ⅲ、Ⅳ分别位于两侧与形体Ⅱ相交，且四部分后表面平齐，在补画左视图时需考虑到这些位置特点。

综合上述分析，按三视图之间的"三等"关系补画左视图，如图2-57所示。

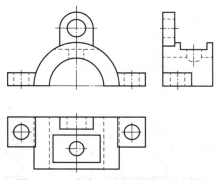

图 2-57　由主、俯视图补画左视图

❖ 动脑想一想

利用形体分析法，根据图2-58所示的主视图和俯视图，选择正确的左视图（　　）。

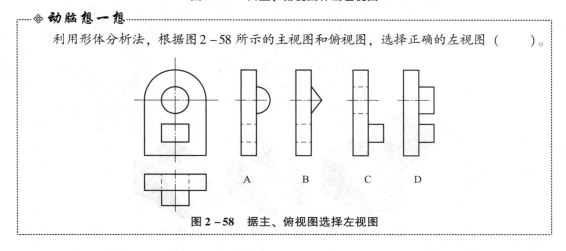

图 2-58　据主、俯视图选择左视图

2）线面分析法

对较复杂的组合体，除用形体分析法分析整体外，往往还要对一些局部结构采用线面分析的方法。所谓线面分析法就是把组合体看成是由若干个平面或平面与曲面围成，面与面之间常存在交线，然后利用线面的投影特征确定其表面的形状和相对位置，从而想象出组合体的整体形状。

在三视图中，平面的投影特征是：凡"一框对两线"，则表示投影面平行面；凡"一线对两框"，则表示投影面垂直面；凡"三框相对应"，则表示一般位置面平面。要善于利用线面投影的真实性、积聚性和类似性。读图时，应遵循"形体分析为主，线面分析为辅"的原则。

（1）如图 2-59（a）所示，由形体的主、左视图补画俯视图。

主视图左上边的斜线是一正垂面的投影，如图 2-59（b）所示；根据高平齐，正垂面的侧面投影为七边形，所以补画的俯视图为类似七边形；左视图中的两条斜线是两个侧垂面的投影，根据高平齐，其正面投影为四边形，根据宽相等和长对正，补画的俯视图为类似的两个四边形，如图 2-59（c）所示；如图 2-59（d）主视图所示，最左边的直线是侧平面的投影，左视图反映侧平面的实形，俯视图为一直线；在图 2-59（e）所示的左视图中，前、后两条直线是正平面的投影，其主视图反映正平面的实形，俯视图为前、后两条直线。根据以上分析，形体是被一个正垂面和两个侧垂面截切而成，如图 2-60 所示，补全的俯视图如图 2-59（f）所示。

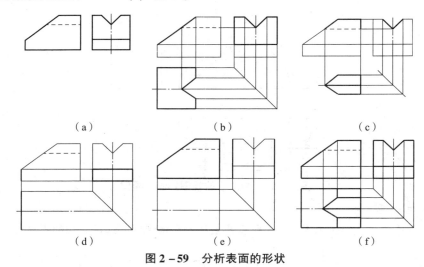

图 2-59 分析表面的形状

（a）题目；（b）正垂面；（c）侧垂面；（d）侧平面；（e）正平面；（f）补全俯视图

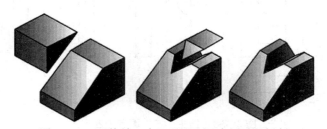

图 2-60 形体被一个正垂面和两个侧垂面切割

视图上任何相邻的封闭线框必定是物体上相交的或前后、上下、左右两个面的投影,但这两个面的相对位置究竟如何,必须根据其他视图来分析。

(2) 如图 2-61 所示,已知组合体的主视图和俯视图,补画左视图。

由主视图和俯视图可知,该物体是长方体经过切割后形成的,分析过程如图 2-62 所示,主视图的左上角被正垂面切去一角,主视图上的线 1′ 为正垂面的投影,根据正垂面的投影特征可知,其俯视图对应为一梯形线框 q,所补的 W 面投影是与俯视图相类似的等腰梯形。

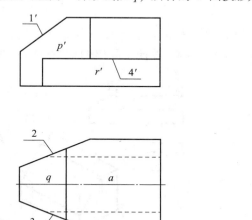

图 2-61 已知组合图的主视图和俯视图

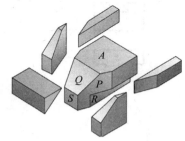

图 2-62 分析形体图

俯视图左方的前后被铅垂面各切掉一角,所以俯视图中的 2、3 直线是铅垂面的投影。根据"长对正"的关系,它们对应主视图中的 p′ 线框,其空间形状和 W 面投影是与 p′ 线框类似的七边形。主视图中矩形线框 r′,其俯视图在长对正范围内对应一条虚线,所以线框 r′ 为正平面的投影,并且是凹进去的。俯视图中虚线围成的直角梯形线框对应主视图中的线 4′,为水平面;上端面为水平面,对应俯视图中的 a 线框,反映实形。综合起来,其三视图形状如图 2-63 所示。

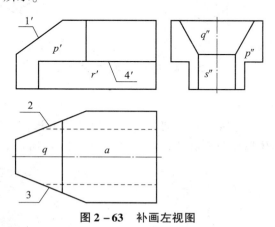

图 2-63 补画左视图

(3) 如图 2-64(a)所示,补画三视图中的漏线。

从已知三个视图的分析,该组合体是长方体被几个不同位置的平面切割而成,可采用边切割边补线的方法逐个补画出三个视图中的漏线。在补线过程中,要应用"长对正、高平齐、宽相等"的投影规律,特别要注意俯、左视图宽相等及前后对应的投影关系。三个视图中均没有圆或圆弧,可采用正等测法徒手绘制轴测草图。

作图步骤:

①从左视图上的斜线可知,长方体被侧垂面切去一角。在主、俯视图中补画相应的漏线,如图2-64(b)所示。

②从主视图上的凹槽可知,长方形的上部被一个水平面和两个侧平面开了一个槽。补画俯、左视图中相应的漏线,如图2-64(c)所示。

③从俯视图可知,长方体前面被两组正平面和侧平面左、右对称地切去一角。补全主、左视图中相应的漏线,如图2-64(d)所示。按徒手画出的轴测草图检查三视图。

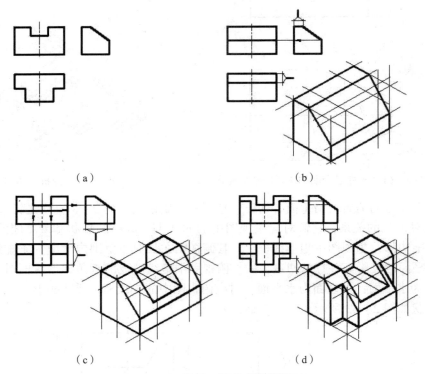

图2-64 补画三视图中的漏线

❀ 动手做一做

根据图2-65所示主、左视图,想象出架体的结构形状,用线面分析法补画出物体的俯视图,并在立体图上用三种不同颜色画出P、R、Q面。

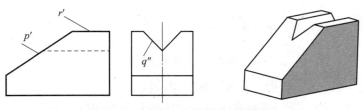

图2-65 由主、左视图补画俯视图

任务二 掌握机械图样的表达方法

任务导入

工程实际中机件的形状是多种多样的，有些机件的内、外形状都比较复杂，如果只用三视图可见部分画粗实线、不可见部分画细虚线的方法往往不能表达清楚和完整。为此，国家标准规定了视图、剖视图和断面图等基本表示法。完成本任务的学习要掌握各种表示法的特点和画法，以便灵活运用。同时，本单元是承前启后的重要环节，上承投影理论基础，下启零件图与装配图的识读和绘制。

任务实施

阅读材料一：视图

视图分为基本视图、向视图、局部视图和斜视图四种。

1. 基本视图

为了清晰地表达机件上下、左右、前后六个方向的形状和结构，在 H、V、W 三投影面的基础上，再增加三个基本投影面。这六个基本投影面组成了一个方箱，把机件围在当中，如图 2-66（a）所示。机件在每个基本投影面上的投影，称为基本视图。如图 2-66（b）表示机件六个基本视图展开的方法。展开后，六个基本视图的视图配置和视图名称如图 2-66（c）所示。

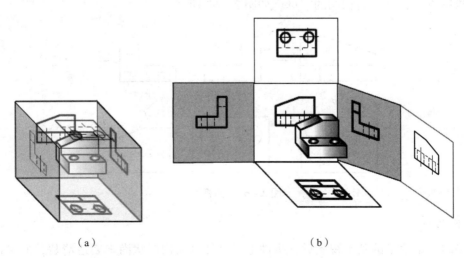

（a）　　　　　　　　　　（b）

图 2-66　基本视图

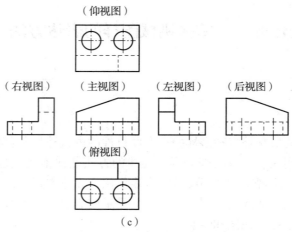

图 2-66 基本视图（续）

六个基本视图之间，仍然保持着与三视图相同的投影规律，即：

主、俯、仰、后：长对正；
主、左、右、后：高平齐；
俯、左、仰、右：宽相等。

虽然机件可以用六个基本视图来表示，但实际上需要几个视图表达要根据表达机件结构的具体需要来确定。

2. 向视图

当基本视图的图形布置受到限制时，为了便于合理地布置视图，可以采用向视图表达法。

向视图是可以自由配置的视图。为了便于读图，向视图必须予以标注，方法为：在向视图的上方注写 "×"（×为大写的英文字母，如 "A" "B" "C" 等），在相应视图用箭头指明投影方向，并注写相同的字母，如图 2-67 所示。

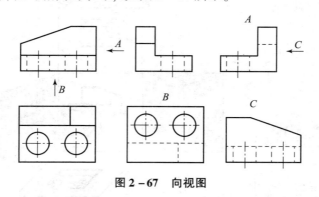

图 2-67 向视图

3. 局部视图

当采用一定数量的基本视图后，机件上仍有部分结构形状尚未表达清楚，而又没有必要再画出完整的其他基本视图时，可采用局部视图来表达。只将机件的某一部分向基本投影面投射所得到的图形，称为局部视图。

❖ 小试牛刀

在图2-68中指定位置画出F、D向视图。

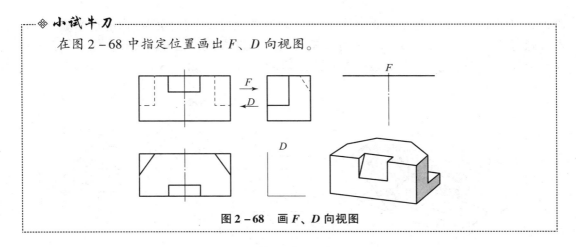

图2-68 画F、D向视图

如图2-69（a）所示机件，利用主视图和俯视图，已将机件基本部分的形状表达清楚，只有左、右两侧凸台和左侧肋板的厚度尚未表达清楚，此时如果再利用左、右两视图来表达这两部分结构，则显得烦琐和重复。采用A和B两个局部视图，只画出所需要表达的部分，如图2-69（b）所示。这样重点突出、简单明了，而且有利于画图和看图，同时由于A向刚好是左视图方向，故可以省略不标。

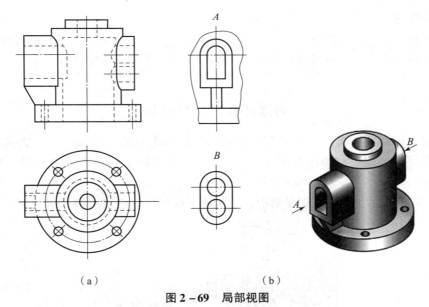

（a）　　　　　（b）

图2-69 局部视图

4. 斜视图

将机件向不平行于任何基本投影面的投影面进行投射，所得到的视图称为斜视图。斜视图适合于表达机件上的倾斜表面的实形。

图2-70所示为一个弯板形机件，它的倾斜部分在俯视图和左视图上的投影都不是实形。为了表达倾斜部分的真实形状，可设置一个平行于该倾斜部分的辅助投影面，在该投影面上的投影则可以反映机件倾斜部分的真实形状，如图2-70中的"A"向视图。

斜视图的标注方法与局部视图相似，当斜视图是按投影关系配置，中间又没有其他视图时，可省略标注，如图2-70（a）所示。斜视图也可以平移到图纸内的适当地方，但必须进行标注，如图2-70（b）所示。有时为了画图方便，也可以旋转，但必须在斜视图上方注明旋转标记符号，而且字母须靠近旋转符号箭头，如 ⤴A。

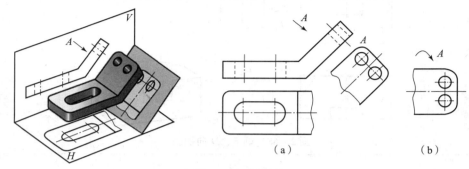

图2-70 斜视图

画斜视图时增设的辅助投影面只垂直于一个基本投影面。因此，机件上原来平行于基本投影面的一些结构，在斜视图中最好省略不画，以波浪线为边界断开，以避免出现失真的投影。在基本视图中也要注意处理好这类问题，如图2-70中不用俯视图而用"A"向视图，即是一例。

> ❖ 阅读思考
>
> 视图分为_____视图、_____视图、_____视图和_____视图四种，和同学们讨论讨论这四种视图的应用场合，并和大家分享一下你的理解。

阅读材料二：剖视图

假想用剖切面剖开机件，将处在观察者与剖切面之间的部分移去，而将其余部分向投影面投射所得的图形称为剖视图（简称剖视）。剖视图主要用于表达机件的内部结构形状。

如图2-71所示，其主视图是沿前、后对称平面剖切后画出的剖视图。

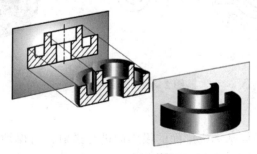

图2-71 剖视图的形成

1. 剖视图的画法

（1）确定剖切面的位置。如图2-71所示，选取前、后对称平面为剖切面。

（2）画剖视图。移开机件的前半部分，将后半部分向投影面投射，画出剖视图。

（3）剖面符号。根据《技术制图》（GB/T 17452—1998）国家标准规定，剖切面与物体的接触部分，即剖面区域要画出与材料相对应的剖面符号，不同材料的剖面符号见表2-7。

表 2-7 不同材料的剖面符号

材料名称	剖面符号	材料名称	剖面符号
金属材料（已有规定剖面符号者除外）	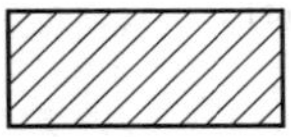	线圈绕组元件	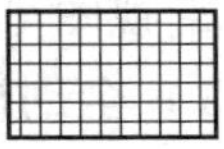
非金属材料（已有规定剖面符号者除外）	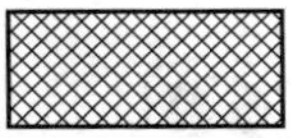	转子、变压器等的叠钢片	
型砂、粉末冶金、陶瓷、硬质合金等	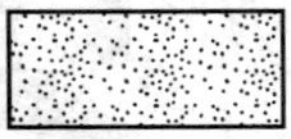	玻璃及其他透明材料	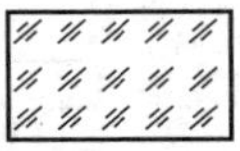
木质胶合板（不分层数）	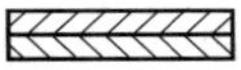	网格（筛网、过滤网）	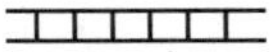
木材纵剖面	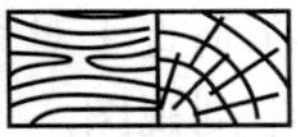	液体	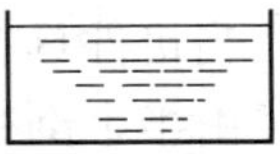

2. 剖视图的标注（GB/T 17452—1998）

（1）用线宽（1~1.5）b、长 5~10 mm 的断开的粗实线（粗短画）表示剖切面的起讫和转折位置，为了不影响图形清晰，剖切符号中的粗短画应避免与图形轮廓线相交或重合。

（2）在表示剖切平面起讫的粗短画外侧画出与其相垂直的箭头，表示剖切后的投射方向。

（3）在表示剖切平面起讫和转折位置的粗短画外侧写上相同的大写拉丁字母"×"，并在相应剖视图的上方正中位置用同样字母标注出剖视图的名称"×－×"，字母一律按水平位置书写，字头朝上。

（4）被剖切物体的材料用剖面符号在剖面区域表示。

剖视图省略标注有以下两种情况：

①当剖视图按投影关系配置而中间又没有其他图形隔开时，可省略剖切符号中的箭头。

②用单一剖切平面通过机件的对称平面或基本上对称的平面，且剖视图按投影关系配置，中间又没有其他图形隔开时，可省略标注。

> ❈ 温馨提示
> （1）剖切平面的选择：通过机件的对称面或轴线且平行或垂直于投影面。
> （2）剖切是一种假想，其他视图仍应完整画出，并可取剖视。
> （3）剖切面后方的可见部分要全部画出。

3. 剖视图的种类

剖视图可分为全剖视图、半剖视图和局部剖视图。

1）全剖视图

用剖切平面将机件全部剖开后进行投射所得到的剖视图，称为全剖视图（简称全剖视）。图 2 - 72 所示即为全剖视图。

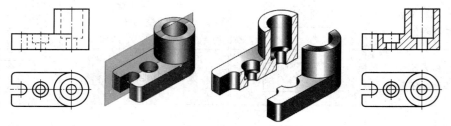

图 2 - 72 全剖视图

2）半剖视图

当机件具有对称平面时，以对称中心线为界，在垂直于对称平面的投影面上投射得到的，由半个剖视图和半个视图合并组成的图形称为半剖视图。

半剖视图既充分地表达了机件的内部结构，又保留了机件的外部形状，因此它具有内外兼顾的特点。半剖视图适宜于表达对称的或基本对称的机件，如图 2 - 73 所示的机件。

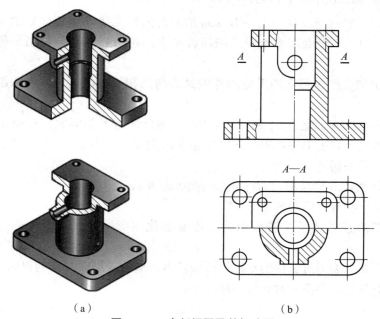

（a） （b）

图 2 - 73 半剖视图及其标注图

半剖视图的标注方法与全剖视图相同。如图 2-73（a）所示的机件为前后对称件。如图 2-73（b）所示，采用剖切平面通过机件的前后对称平面画出半剖视图作为主视图，不需要标注；而俯视图所采用的剖切平面并非通过机件的对称平面，所以必须标出剖切位置和名称，由于按照投射关系配置，中间又没有其他视图隔开，故箭头可以省略。

3）局部剖视图

将机件局部部位剖开后进行投射得到的剖视图称为局部剖视图。局部剖视图也是在同一视图上同时表达机件内外形状的方法，并且用波浪线作为剖视图与视图的界线。如图 2-74 所示的主视图就采用了局部剖视图的表达方法。

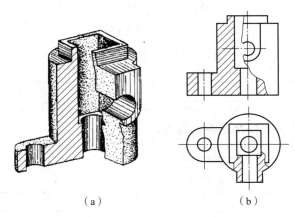

（a）　　　　　　　　（b）

图 2-74　局部剖视图

局部剖视是一种比较灵活的表达方法，剖切范围根据实际需要决定。但使用时要考虑到看图方便，且剖切不要过于零碎。

局部剖视图的标注方法和全剖视相同。当局部剖视图的剖切位置非常明显时，则可不标注。

◈ 阅读思考

如图 2-75 所示，该图采用的主视图的表达形式是（　　）。

A．基本视图　　　　　　　　　　B．全剖视图
C．半剖视图　　　　　　　　　　D．局部剖视图

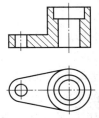

图 2-75　判断主视图表达形式

❖ **阅读思考**

如图 2-76 所示，该图采用的主视图的表达形式是（　　）。
A. 基本视图　　　　　　　　　　B. 全剖视图
C. 半剖视图　　　　　　　　　　D. 局部剖视图

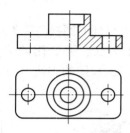

图 2-76　判断主视图表达形式

❖ **小试牛刀**

把图 2-77 中的主视图改成半剖视图。

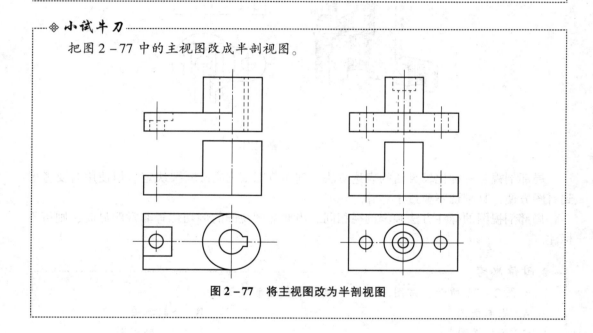

图 2-77　将主视图改为半剖视图

4. 剖切面的种类

1）单一剖切平面

用平行于某一基本投影面的平面剖切。

（1）用一个剖切平面剖开机件的方法称为单一剖。前面介绍的全剖视图、半剖视图、局部剖视图均为采用单一剖切平面剖切得到的剖视图，这种方法应用最多。

（2）用不平行于某一基本投影面的平面剖切。

用不平行于任何基本投影面的剖切平面剖开机件的方法称为斜剖，如图 2-78 中的 $B-B$ 所示。斜剖适用于机件的倾斜部分需要剖开以表达内部实形的情形，并且内部实形的投影是用辅助投影面求得的。

①斜剖视图必须注出剖切符号、投射方向和剖视图名称。

②为了看图方便，斜剖视图最好配置在箭头所指方向上，并与基本视图保持对应的投影关系。为了合理利用图纸，也可将图形旋转画出，但必须标注旋转符号。

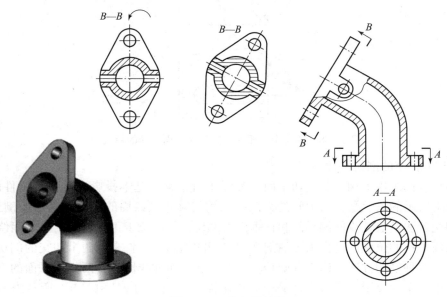

图 2-78　单一剖切面

2）几个互相平行的剖切平面

用两个或多个互相平行的剖切平面把机件剖开的方法，它适宜于表达机件内部结构的中心线排列在两个或多个互相平行的平面内的情况。

如图 2-79（a）所示机件，内部结构（小孔和沉孔）的中心位于两个平行的平面内，不能用单一剖切平面剖开，而是采用两个互相平行的剖切平面将其剖开，图 2-79（c）中的主视图即为采用这种方法得到的全剖视图。

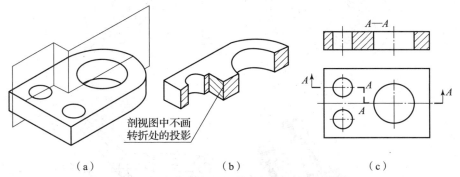

图 2-79　用两个互相平行的剖切平面剖切的剖视图

两个剖切平面的转折处不能划分界线，如图 2-79（b）所示。因此，要选择一个恰当的位置，使之在剖视图上不致出现孔、槽等结构的不完整投影。当它们在剖视图上有共同的对称中心线和轴线时，也可以各画一半，这时细点画线就是分界线，如图 2-80 所示。

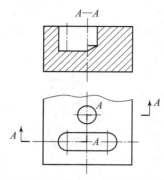

图 2-80　用两个互相平行的剖切平面剖切的剖视图

3）两个相交的剖切平面

用两个或两个以上相交的剖切平面（交线垂直于某一基本投影面）剖开机件的方法。如图 2-81 所示的法兰盘，它中间的大圆孔和均匀分布在四周的小圆孔都需要剖开表示，如果用相交于法兰盘轴线的侧平面和正垂面去剖切，并将位于正垂面上的剖切面绕轴线旋转到与侧面平行的位置，这样画出的剖视图采用的剖切方法就是用两个相交的剖切平面剖切。可见，这种剖切方法适用于有旋转轴线的机件，而轴线恰好是两剖切平面的交线，两剖切平面中一个为投影面平行面、一个为投影面垂直面。图 2-81（b）所示为采用这种方法得到的全剖视图。

同理，如图 2-81（c）和图 2-81（d）所示的摇臂，也是采用这种剖切方法进行表达的。

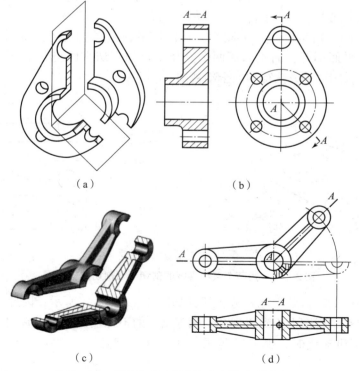

图 2-81　用两个相交的剖切平面剖切的剖视图

❖ **小口诀**

几个平行的剖切平面（习惯上称为阶梯剖）和几个旋转的剖切平面（习惯上称为旋转剖）剖开机件能得到全剖、半剖或局部剖视图。

本节叙述的内容多、种类多、画法多和规定多，为了帮助记忆可运用如下口诀：

外形简单宜全剖，形状对称用半剖。

一个剖面切不到，采用阶梯旋转剖。

局部剖视最灵活，哪里需要哪里剖。

❖ **小总结**

剖视图的分类：根据剖切范围分为全剖视图、半剖视图和局部剖视图三种。剖切面分类：根据相对投影面的位置及剖切的组合形式和数量分单一剖切面、几个平行的剖切平面和几个相交的剖切平面三种。

阅读材料三：断面图

假想用剖切平面将机件在某处切断，只画出断面形状的投影并画上规定的剖面符号的图形，称为断面图，简称断面，如图2-82（b）所示。

断面图与剖视图的区别在于：断面图仅画出机件断面的图形，而剖视图则要画出剖切平面后面所有部分的投影，如图2-82（c）所示。

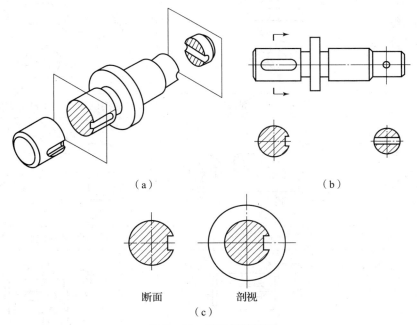

图2-82 断面图的画法

断面图主要用于表达机件某一部位断面的形状，如机件上的肋板、轮辐、键槽及型材的断面等。

断面图根据画在图上的位置不同，可分为移出断面图和重合断面图两种。

1. 移出断面图

画在视图轮廓之外的断面图称为移出断面图,如图2-83所示断面图为移出断面。移出断面图由于画在视图之外,故能保证图形清晰。

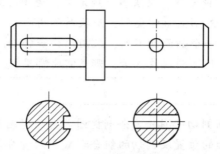

图2-83 移出断面图的画法

移出断面图的标注与剖视图基本相同,一般也用剖切符号表示剖切平面的剖切位置,箭头表示剖切后的投射方向,标注方法参考表2-8。

表2-8 移出断面图的标注

配置	对称的移出断面图	不对称的移出断面图
配置在剖切线或剖切符号的延长线上	不标字母和剖切符号	标注剖切符号和投射方向箭头
按投影关系配置	不必标注箭头	不必标注箭头
配置在其他位置	不必标注箭头	应标注剖切符号(含箭头)和字母

2. 重合断面图

画在视图轮廓之内的断面图称为重合断面图,如图2-84所示的断面图即为重合断面图。

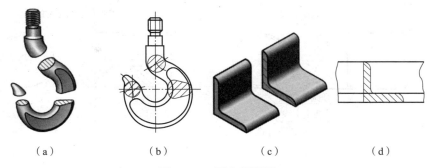

图 2-84 重合断面图

为了使图形清晰,避免与视图中的线条混淆,重合断面图的轮廓线用细实线画出。当重合断面图的轮廓线与视图的轮廓线重合时,仍按视图的轮廓线画出,不应中断,如图 2-84(d)所示。重合断面图直接画在视图内的剖切位置上,不必标注。

❖ **小试牛刀**

选出正确的断面图的序号,并填写在相应的括号内。

1. ( )   2. ( )   3. ( )

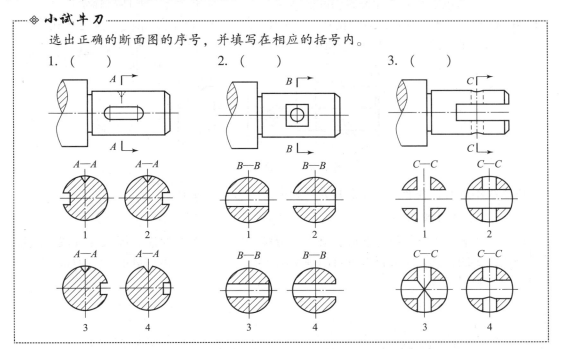

阅读材料四:螺纹及螺纹紧固件

1. 外螺纹的画法

外螺纹的画法如图 2-85 所示,外螺纹大径用粗实线表示,小径用细实线表示,螺杆的倒角和倒圆部分也要画出,小径可近似地画成大径的 0.85 倍,螺纹终止线用粗实线表示。在投影为圆的视图上，表示牙底的细实线只画约 3/4 圈，螺杆端面的倒角圆省略不画。

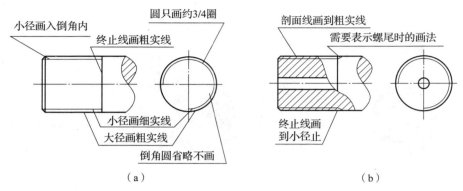

图 2-85 外螺纹的画法

2. 内螺纹的画法

一般以剖视图表示内螺纹。此时，大径用细实线表示，小径和螺纹终止线用粗实线表示，剖面线画到粗实线处。在投影为圆的视图上，小径画粗实线，大径用细实线且只画约 3/4 圈。对于不穿通的螺孔，应将钻孔深度和螺孔深度分别画出，钻孔深度比螺孔深度深 0.5d，底部的锥顶角应画成 120°，如图 2-86 所示。

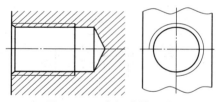

图 2-86 内螺纹的画法

内螺纹不剖时，在非圆视图上其大径和小径均用虚线表示。

3. 螺纹连接的画法

以剖视图表示内外螺纹连接时，旋合部分按外螺纹的画法绘制，即大径画成粗实线、小径画成细实线，其余部分仍按各自的规定画法绘制，如图 2-87 所示。在剖视图上，剖面线均应画到粗实线。

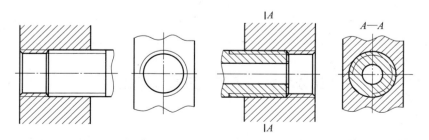

图 2-87 螺纹连接的画法

4. 螺纹紧固件连接的画法

螺纹紧固件的连接形式主要有螺栓连接、双头螺柱连接和螺钉连接。

1) 螺栓连接

螺栓连接适用于连接两个不太厚的零件。螺栓穿过两被连接件上的通孔,加上垫圈,拧紧螺母,就将两个零件连接在一起。螺栓连接的比例画法如图 2-88 所示,其中 $b = 2d$,$h = 0.15d$,$m = 0.8d$,$a = 0.3d$,$k = 0.7d$,$e = 2d$,$d_2 = 2.2d$。

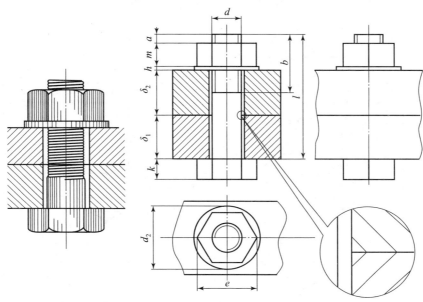

图 2-88 螺栓连接的比例画法

2) 双头螺柱连接

双头螺柱连接常用于被连接件之一太厚而不能加工成通孔的情况,双头螺柱连接的比例画法如图 2-89 所示。其中为了保证连接强度,螺柱旋入端的长度 b_m 随被旋入零件材料的不同而有三种规格:

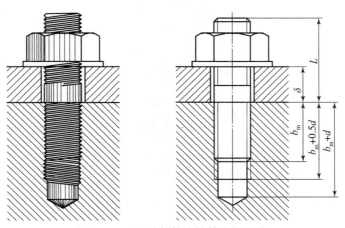

图 2-89 双头螺柱连接的比例画法

钢 $b_m = d$；

铸铁或铜 $b_m = (1.25 \sim 1.5)d$；

铝 $= 2d$。

3）螺钉连接

螺钉连接一般用于受力不大而又不经常拆卸的场合。被连接的零件中一个为通孔，另一个为不通的螺纹孔。螺孔深度和旋入深度的确定与双头螺柱连接基本一致，螺钉头部的形式很多，应按规定画出。螺钉连接的比例画法如图 2-90 所示。

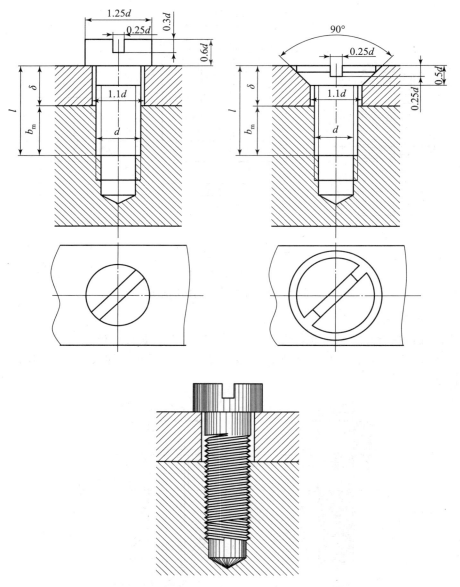

图 2-90 螺钉连接的比例画法

❖ 小试牛刀

1. 分析下列螺纹的错误画法，将正确的图形画在下边的空白处。
（1）   （2）

2. 螺纹的公称直径是指（   ）。
   A. 螺纹小径   B. 螺纹中经
   C. 外螺纹顶径和内螺纹底径   D. 螺纹分度圆直径
3. 标注标准螺纹时，（   ）。
   A. 右旋螺纹不必注明   B. 左旋螺纹不必注明
   C. 左、右旋螺纹都不必注明   D. 左、右旋螺纹都必须注明
4. 螺栓的规定标记"螺栓 GB/T 5782 M10×50"中，10是指（   ）。
   A. 螺纹大径   B. 螺栓头宽度
   C. 螺栓长度   D. 螺纹小径

阅读材料五：齿轮

1. 齿轮传动的类型

常见的齿轮传动形式按轴的空间位置划分有三种，如图2-91所示。

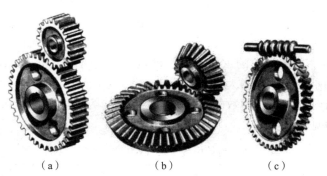

（a）   （b）   （c）

图 2-91　常见的齿轮传动
（a）圆柱齿轮；（b）锥齿轮；（c）蜗杆与蜗轮

根据齿廓曲线形状，齿轮轮齿的齿廓曲线有渐开线、摆线或圆弧。轮齿的方向有直齿、斜齿、人字齿和弧形齿。

齿轮有标准齿轮和非标准齿轮之分，这里主要介绍标准直齿圆柱齿轮的几何要素和画法。

2. 直齿圆柱齿轮各几何要素

1) 直齿圆柱齿轮各部分名称及代号（见图 2-92）

（1）分度圆直径 d：在齿顶圆与齿根圆之间，使齿厚 s 与槽宽 e 的弧长相等的圆称为分度圆，其直径以 d 表示。

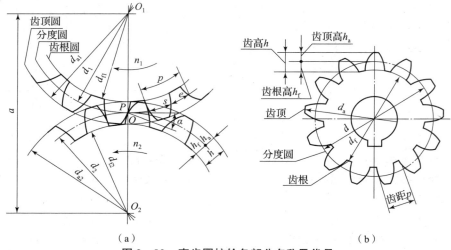

图 2-92　直齿圆柱轮各部分名称及代号
(a) 啮合图；(b) 投影图

（2）齿距 p 和齿厚 s：分度圆上相邻两齿对应点之间的弧长，称为分度圆齿距，以 p 表示，两啮合齿轮的齿距应相等。每个轮齿齿廓在分度圆上的弧长，称为分度圆齿厚，以 s 表示；相邻轮齿之间的齿槽在分度圆上的弧长，称为槽宽，用 e 表示。在标准齿轮中，$s=e$，$p=s+e$，$s=e=p/2$。

（3）模数 m：以 z 表示齿轮的齿数，则分度圆周长为

$$\pi d = zp$$

即

$$d = zp/\pi$$

令 $m = p/\pi$，则 $d = mz$。

模数 m 是设计、制造齿轮的重要参数。模数大，则齿距 p 也大，随之齿厚 s、齿高 h 也大，因而齿轮的承载能力也增大。

不同模数的齿轮要用不同模数的刀具来加工制造，为了便于设计和加工，模数的数值已系列化，其数值见表 2-9。

表 2-9　齿轮模数系列（GB/T 1357—2008）

第一系列	1　　1.25　　1.5　　2　　2.5　　3　　4　　5　　6　　8　　10　　12　　16 20　　25　　32　　40　　50
第二系列	1.75　　2.25　　2.75　　(3.25)　　3.5　　(3.75)　　4.5　　5.5　　(6.5)　　7　　9 (11)　　14　　18　　22　　28　　36　　45
注：选用模数时，应优先选用第一系列；其次选用第二系列；括号内的模数尽可能不用。本表未摘录小于 1 的模数。	

(4) 齿形角：在齿轮分度圆上，齿廓曲线的公法线（齿廓的受力方向）与该点的运动方向之间所夹的锐角称为分度圆齿形角，以 α 表示，我国采用的齿形角一般为 $20°$。

(5) 传动比 i：传动比 i 为主动齿轮的转速 n_1（r/min）与从动齿轮的转速 n_2（r/min）之比，或从动齿轮的齿数与主动齿轮的齿数之比，即

$$i = n_1/n_2 = z_2/z_1$$

(6) 中心距 a：两圆柱齿轮轴线之间的最短距离称为中心距，即

$$a = (d_1 + d_2)/2 = m(z_1 + z_2)/2$$

2) 直齿圆柱齿轮几何要素的名称、代号及其计算

通过圆柱齿轮轮齿顶部的圆称为齿顶圆，其直径用 d_a 表示。通过圆柱齿轮齿根部的圆称为齿根圆，直径用 d_f 表示。齿顶圆 d_a 与分度圆 d 之间的径向距离称为齿顶高，用 h_a 表示；齿根圆 d_f 与分度圆 d 之间的径向距离称为齿根高，用 h_f 表示；齿顶高与齿根高之和称为齿全高，以 h 表示，即齿顶圆与齿根圆之间的径向距离。以上所述的几何要素均与模数 m 有关，其计算公式见表 2-10。

表 2-10 直齿圆柱齿轮各几何要素的尺寸计算

基本几何要素：模数 m；齿数 z		
名称	代号	计算公式
齿 顶 高	h_a	$h_a = m$
齿 根 高	h_f	$h_f = 1.25m$
齿 高	h	$h = 2.25m$
分度圆直径	d	$d = mz$
齿顶圆直径	d_a	$d_a = m(z + 2)$
齿根圆直径	d_f	$d_f = m(z - 2.5)$

由表 2-10 可知，如已知齿轮的模数 m 和齿数 z，可按表 2-10 所示公式计算出各几何要素的尺寸，绘制出齿轮的图形。

◈ 阅读思考

已知一对相互啮合的直齿圆柱齿轮：$m = 5$ mm，$z_1 = 20$，$z_2 = 40$，请计算该对齿轮的分度圆、齿顶圆和齿根圆的直径。

3. 直齿圆柱齿轮的规定画法

1) 单个圆柱齿轮的画法

(1) 根据 GB/T 4459.2—2003 的规定，一般用两个视图来表达齿轮的结构形状，如图 2-93 (a) 所示，也可采用剖视表示，如图 2-93 (b) 所示。

(2) 表达外形的视图中，齿顶圆和齿顶线用粗实线绘制；分度圆和分度线用点画线绘制；齿根圆用细实线绘制（也可省略不画）；而齿根线在外形视图中用细实线绘制（也可省略不画），在剖视图中则用粗实线绘制。齿轮其他结构按常规绘制。

(3) 在剖视图中，当剖切平面通过齿轮轴线时，轮齿一律按不剖绘制，如图 2-93

(b)～图2-93（d）所示。对于斜齿圆柱齿轮和人字齿圆柱齿轮，其轮齿用三条倾斜平行的细实线画出，如图2-93（c）和图2-93（d）所示。

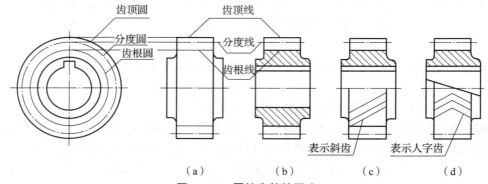

图2-93 圆柱齿轮的画法
(a) 直齿；(b) 直齿；(c) 斜齿；(d) 人字齿

2) 一对相互啮合的圆柱齿轮的画法

在平行于圆柱齿轮轴线的投影面上的全剖视图中，啮合区一个齿轮的轮齿用粗实线绘制，另一个齿轮轮齿的齿顶被遮住，应画虚线。在平行于圆柱齿轮轴线的投影面上的外形视图中，啮合区不画齿顶线，只用粗实线画出节线，如图2-94所示。

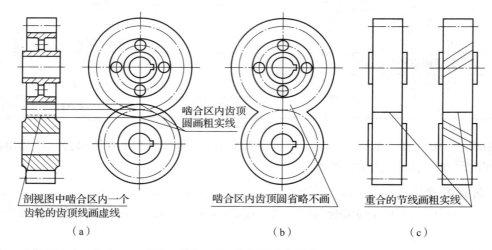

图2-94 齿轮的啮合画法
(a) 规定画法；(b) 省略画法；(c) 外形画法（直齿与斜齿）

3) 齿轮与齿条啮合的画法

当齿轮的直径无限增大时，齿轮的齿顶圆、分度圆、齿根圆和轮齿齿廓曲线的曲率半径也无限增大而成为直线，齿轮变形为齿条。齿轮与齿条的啮合画法按相互啮合圆柱齿轮的规定画法处理，如图2-95所示。

4) 圆柱齿轮的零件图

图2-96所示为圆柱齿轮的零件图，用两个视图表达齿轮的结构形状：主视图画成全剖视图及用局部视图表达齿轮的轮孔。

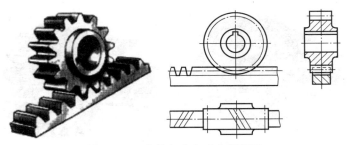

图 2-95 齿轮与齿条啮合的画法

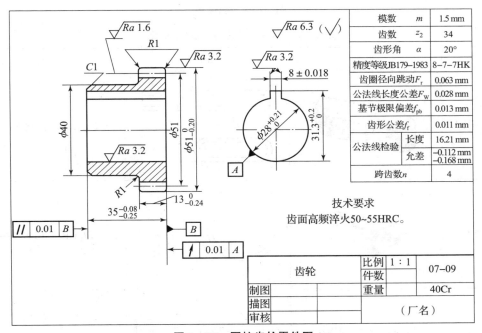

图 2-96 圆柱齿轮零件图

❖ 阅读思考

（1）在不剖的图样中，齿轮的齿顶线和齿顶圆用_____线绘制；分度线和分度圆用_____线绘制；齿根线和齿根圆用_____线绘制，也可省略不画。

（2）在剖视图中，当剖切平面通过齿轮轴线时，齿根线用_____线绘制，轮齿按不剖处理，即轮齿部分不画_____。

（3）齿轮啮合的剖视图中，啮合区应画_____根线（包含虚线）。

阅读材料六：键、销、滚动轴承

1. 键

键是标准件，用于连接轴与轴上的零件（如齿轮、带轮）实现周向固定且传递动力和扭矩，如图 2-97 所示，应用较广的键有普通平键和半圆键。表 2-11 列出了它们的型式和规定标记。

83

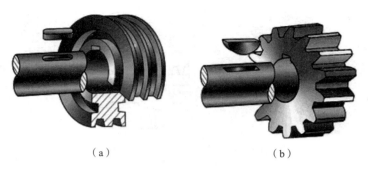

图 2-97 键连接

表 2-11 常用键的型式及规定标记

名称	实物	图例	规定标记
普通平键			键 $b \times L$ GB/T 1096—2003
半圆键			键 $b \times L$ GB/T 1099.1—2003
钩头楔键			键 $b \times L$ GB/T 1565—2003

普通平键还分为 A、B、C 三种型式，有关参数可查阅相关国家标准。

键连接的画法如图 2-98 和图 2-99 所示，键槽的画法如图 2-100 所示。

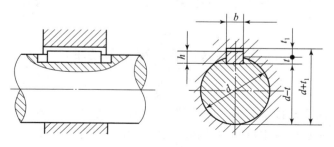

图 2-98 平键的连接图

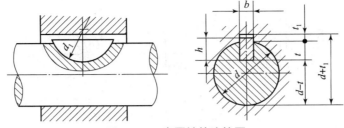

图 2-99 半圆键的连接图

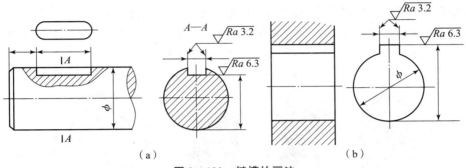

图 2-100 键槽的画法
（a）轴上的键槽；（b）轮毂上的键槽

2. 销

销也是常用的标准件，在机器中用来连接和固定零件，或在装配时作定位用。常用的销有圆柱销、圆锥销和开口销，如图 2-101 所示。销的连接图画法如图 2-102 所示。

图 2-101 常用的销
（a）圆柱销；（b）圆锥销；（c）开口销

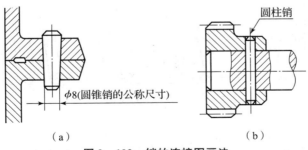

图 2-102 销的连接图画法
（a）圆锥销的连接图画法；（b）圆柱销的连接图画法

开口销常与六角开槽螺母配合使用，它穿过螺母上的槽和螺杆上的孔，以防止螺母松动，如图 2-103 所示。

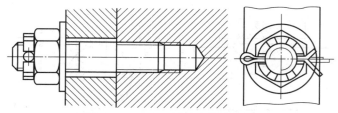

图 2-103 开口销的连接图画法

3. 弹簧

弹簧的用途很广,它可以用来减震、夹紧、承受冲击、储存能量和测力等。常用的螺旋弹簧按其用途可分为压缩弹簧、拉伸弹簧、扭力弹簧和平面涡卷弹簧,分别如图 2-104 (a) ~ 图 2-104 (d) 所示。下面仅介绍螺旋压缩弹簧的画法。

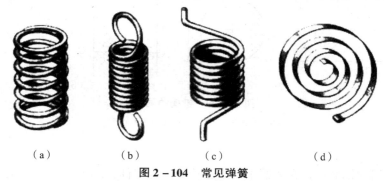

图 2-104 常见弹簧

(a) 压缩弹簧; (b) 拉伸弹簧; (c) 扭转弹簧; (d) 平面涡卷弹簧

螺旋压缩弹簧的画法如图 2-105 所示。螺旋压缩弹簧在平行于轴线的投影面上的图形,其各圈的轮廓应画成直线。有效圈数为 4 圈以上的螺旋弹簧,两端可画 1~2 圈(支撑圈不计在内),中间可省略不画。圆柱螺旋弹簧,当中间部分省略后可适当地缩短图形的长度,用过弹簧钢丝中心的两条点画线表示。右旋弹簧一定要画成右旋;左旋或旋向无规定的螺旋弹簧允许画成右旋,但左旋弹簧不论是画成左旋还是右旋,一律要加注"左"字,有特定右旋要求时也应标明"右旋"。

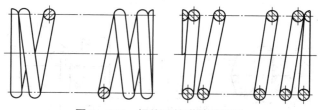

图 2-105 螺旋压缩弹簧的画法

4. 滚动轴承

在机器中,滚动轴承是用来支承轴的标准部件。由于它可以极大地减少轴与孔相对旋转时的摩擦力,具有机械效率高、结构紧凑等优点,因此,应用极为广泛。

滚动轴承的表示法包括三种,即通用画法、特征画法和规定画法,前两种画法又称简化画法。常用滚动轴承的表示法见表 2-12。

表 2-12 常用滚动轴承的表示法

轴承类型	结构型式	通用画法	特征画法	规定画法	承载特征
深沟球轴承 (GB/T 276—2013) 60000 型			均指滚动轴承在所属装配图中的剖视图画法		主要承受径向载荷
圆锥滚子轴承 (GB/T 297—2015) 30000 型			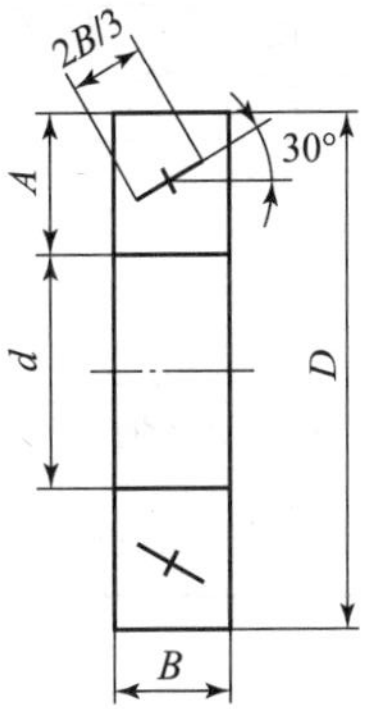	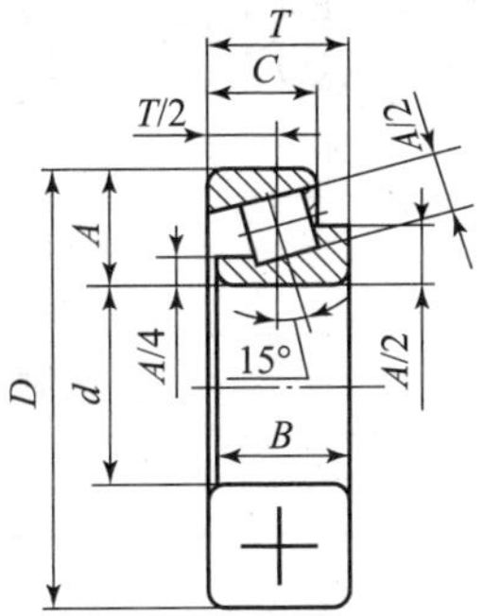	可同时承受径向和轴向载荷

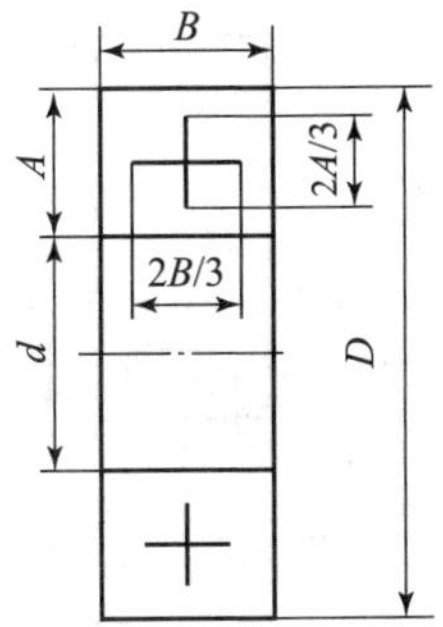

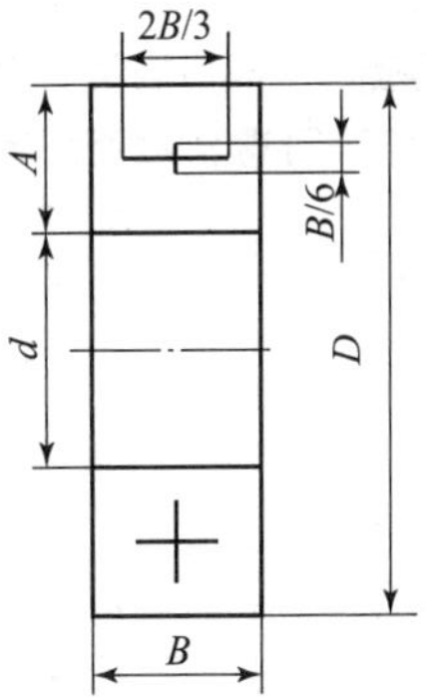

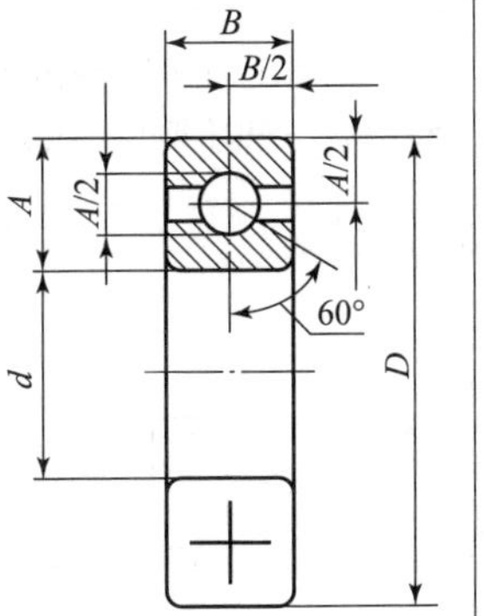

续表

轴承类型	结构型式	通用画法	特征画法	规定画法	承载特征
推力球轴承 （GB/T 301—2015） 51000 型			均指滚动轴承在所属装配图中的剖视图画法		承受单方向的轴向载荷
三种画法的选用		当不需要确切地表示滚动轴承的外形轮廓、承载特性和结构特征时采用	当需要较形象地表示滚动轴承的结构特征时采用	在滚动轴承的产品图样、产品样本、产品标准和产品使用说明书中采用	

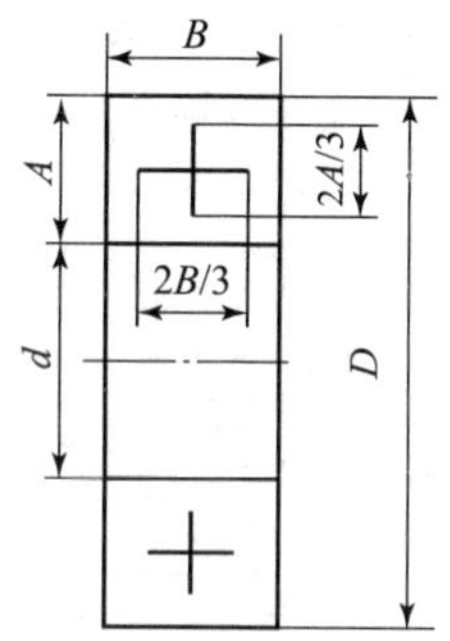

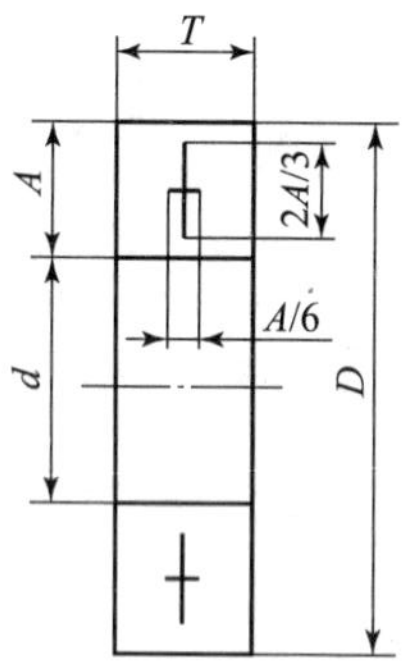

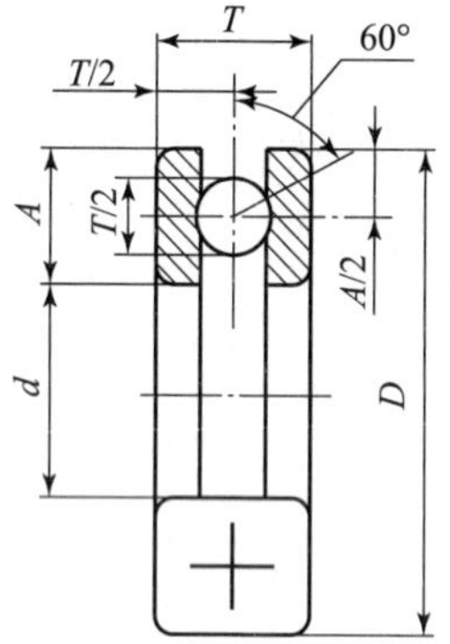

> **⊗ 小试牛刀**
>
> （1）标记为"键 18×72 GB/T 1096—2003"中"18"是指_____，"72"是指_____。
> （2）普通平键的工作面为_____，绘图时，其与键槽侧面间只画_____线。
> （3）滚动轴承的画法分为_____、_____、_____三种。
> （4）采用通用画法画滚动轴承，当不需要确切地表示滚动轴承的外形轮廓、载荷特性、结构特征时，可用_____以及位于线框中央正立的_____来表示；矩形线框和十字形符号均用_____绘制，十字形符号_____与矩形线框接触。

任务三　读懂简单的典型机械零件的零件图

任务导入

任何一台机器或一个部件都是由若干零件按一定的要求装配而成的。表达单个零件的图样称为零件图，零件图是制造和检验零件的主要依据。本任务将从机械图样的技术要求入手，在学生了解零件的表达方式的基础之上，以具体的实例讲解，使学生能够读懂简单的典型机械零件的零件图。

任务实施

阅读材料一：机械图样中的技术要求

零件图是指导零件生产的重要技术文件，零件图上除了图形和尺寸外，还必须有制造和检验该零件应该达到的一些质量要求，称为技术要求。技术要求主要指零件几何精度方面的要求，如尺寸公差、几何公差、表面粗糙度等。技术要求通常用符号、代号或标记标注在图形上，或者用简明的文字注写在标题栏附近。

1. 表面粗糙度

零件加工表面上具有较小间距的峰和谷所组成的微观几何形状特征称为表面粗糙度。一般来说，不同的表面粗糙度是由不同的加工方法形成的。表面粗糙度是评定零件表面质量的一项重要指标。

1）表面粗糙度的评定参数

表面粗糙度是以参数值的大小来评定的，目前在生产中评定零件表面粗糙度的常用的三个参数是：轮廓算术平均偏差（Ra）、轮廓最大高度（Ry）、轮廓微观不平度十点高度（Rz），优先选用 Ra。

一般情况下，凡是零件上有配合要求或有相对运动的表面，Ra 值要小。Ra 值越小，表面质量越高，但加工成本也越高。因此，在满足使用要求的前提下，应尽量选用较大的参数值，以降低成本。

2）表面粗糙度的符号、代号及含义

零件表面粗糙度符号、代号及含义见表 2-13。

表 2-13 表面粗糙度符号、代号及含义

符号	含义及说明	代号	含义及说明
✓	基本符号，表示表面可用任何方法获得	✓Ra 3.2	用任何方法获得的表面粗糙度，Ra 的上限值为 3.2 μm
✓	表面是用去除材料的方法获得的	✓Ra 3.2	用去除材料方法获得的表面粗糙度，Ra 的上限值为 3.2 μm
✓	表面是用不去除材料的方法获得的	✓Ra 3.2	用不去除材料的方法获得的表面粗糙度，Ra 的上限值为 3.2 μm

3）表面粗糙度在图样上的标注

（1）表面粗糙度对每一表面一般只注一次，并尽可能注在相应的尺寸及其公差的同一视图上。

（2）表面粗糙度要标注在轮廓线或其延长线上，其符号应从材料外指向并接触表面。

（3）当工件全部表面有相同的表面粗糙度要求时，可统一标注在图样的标题栏附近。

❖ 小常识

　　一般情况下，凡是零件上有配合要求或有相对运动的表面，表面粗糙度值要小。表面粗糙度值越小，表面质量要求就越高，加工成本也随之越高。

❖ 小试牛刀

请将指定表面粗糙度用代号标注在图 2-106 上。

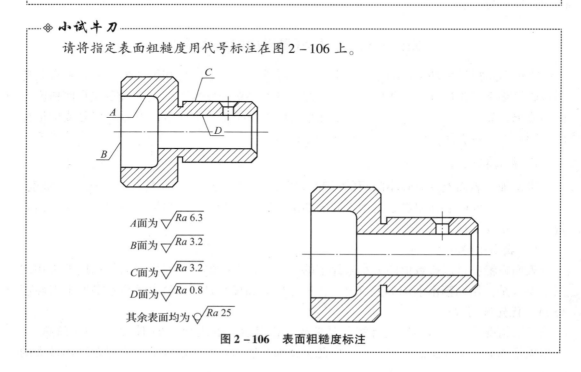

A 面为 ✓Ra 6.3
B 面为 ✓Ra 3.2
C 面为 ✓Ra 3.2
D 面为 ✓Ra 0.8
其余表面均为 ✓Ra 25

图 2-106 表面粗糙度标注

2. 极限与配合

现代化大规模生产要求零件具有互换性，即从同一规格的一批零件中任取一件，不经任何修配就能装到机器或部件上，并能保证使用要求。零件的互换性是机械产品批量化生产的前提。

1) 尺寸公差与公差带

在实际生产中，零件的尺寸不可能加工得绝对准确，而是允许零件的实际尺寸在一个合理的范围内变动，这个允许尺寸的变动量就是尺寸公差，简称公差。

(1) 基本尺寸。设计给定的尺寸。如图 2-107 中的尺寸 $\phi 32$。

(2) 实际尺寸。通过实际测量所得的尺寸。由于存在测量误差，故实际尺寸并非被测尺寸的真值。

① 最大极限尺寸。两个界限值中较大的一个，如图 2-107 (b) 中的尺寸 $\phi 32.015$。

② 最小极限尺寸。两个界限值中较小的一个，如图 2-107 (b) 中的尺寸 $\phi 31.990$。

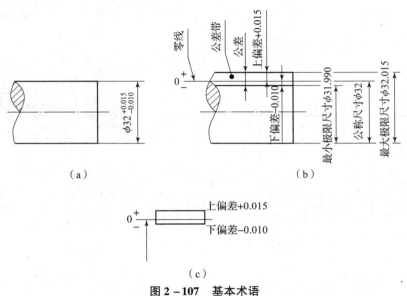

图 2-107 基本术语

(a) 轴的公差；(b) 轴的公差示意；(c) 轴的公差带图

(3) 尺寸偏差（简称偏差）。某一尺寸减去其基本尺寸所得的代数差。偏差数值可以是正值、负值和零。

① 上偏差（孔用 ES、轴用 es 表示）。

最大极限尺寸减去其基本尺寸所得的代数差。如图 2-107 (b) 中，孔的上偏差为 ES = $\phi 32.015 - \phi 32 = +0.015$（mm）。

② 下偏差（孔用 EI、轴用 ei 表示）。

最小极限尺寸减去其基本尺寸所得的代数差。如图 2-107 (b) 中，孔的下偏差 EI = $\phi 31.990 - \phi 32 = -0.010$（mm）。

实际尺寸减去基本尺寸所得的代数差称为实际偏差。实际偏差应在上、下偏差所决定的区间内才算合格。

(4) 尺寸公差（简称公差）。允许尺寸的变动量。公差等于最大极限尺寸与最小极限尺寸之差，也等于上偏差与下偏差之差，是一个绝对值，没有正负之分，也不可能为零。图2-107（b）中公差＝φ32.015－φ31.990＝+0.015－（－0.010）＝0.025（mm）。

（5）公差带。在公差带图2-107中，由代表上偏差和下偏差或最大极限尺寸和最小极限尺寸的两条直线所限定的一个区域即公差带。在公差带图中，确定偏差的一条基准直线，即零偏差线。通常零线表示基本尺寸。

2）标准公差与基本偏差

公差带由"公差带大小"和"公差带位置"两个要素组成，分别由标准公差和基本偏差确定。公差带大小由标准公差确定，标准公差分为20个等级，即IT01、IT0、IT1、IT02、…、IT18。IT表示标准公差，IT后面的数字表示公差等级，01级公差值最小，精度最高；18级公差值最大，精度最低。常用的标准公差数值参见表2-14。

表2-14 常用的标准公差数值（GB/T 1800.2—2009）（节选）

公称尺寸/mm		标准公差等级																
大于	至	IT1	IT2	IT3	IT4	IT5	IT6	IT7	IT8	IT9	IT10	IT11	IT12	IT13	IT14	IT15	IT16	IT17	IT18
		μm											mm						
—	3	0.8	1.2	2	3	4	6	10	14	25	40	60	0.1	0.14	0.25	0.4	0.6	1	1.4
3	6	1	1.5	2.5	4	5	8	12	18	30	48	75	0.12	0.18	0.3	0.48	0.75	1.2	1.8
6	10	1	1.5	2.5	4	6	9	15	22	36	58	90	0.15	0.22	0.36	0.58	0.9	1.5	2.2
10	18	1.2	2	3	5	8	11	18	27	43	70	110	0.18	0.27	0.43	0.7	1.1	1.8	2.7
18	30	1.5	2.5	4	6	9	13	21	33	52	84	130	0.21	0.33	0.52	0.84	1.3	2.1	3.3
30	50	1.5	2.5	4	7	11	16	25	39	62	100	160	0.25	0.39	0.62	1	1.5	2.5	3.9
50	80	2	3	5	8	13	19	30	46	74	120	190	0.3	0.46	0.74	1.2	1.9	3	4.6
80	120	2.5	4	6	10	15	22	35	54	87	140	220	0.35	0.54	0.87	1.4	2.2	3.5	5.4
120	180	3.5	5	8	12	18	25	40	63	100	160	250	0.4	0.63	1	1.6	2.5	4	6.3
180	250	4.5	7	10	14	20	29	46	72	115	185	290	0.46	0.72	1.15	1.85	2.9	4.6	7.2
250	315	6	8	12	16	23	32	52	81	130	210	320	0.52	0.81	1.3	2.1	3.2	5.2	8.1

公差带相对零线的位置由基本偏差确定。基本偏差是指尺寸的两个极限（上偏差或下偏差）中靠近零线的一个。在图2-107（c）中，下偏差－0.010靠近零线，则下偏差即为基本偏差。当公差带在零线的上方时，基本偏差为下偏差；反之，基本偏差为上偏差。基本偏差共有28个，它的代号用拉丁字母表示，大写为孔，小写为轴。

孔或轴的尺寸公差可用公差带代号表示。公差带代号由基本偏差代号（字母）和标准公差等级（数字）组成，例如：

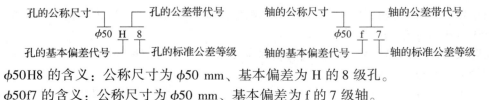

φ50H8的含义：公称尺寸为φ50 mm、基本偏差为H的8级孔。

φ50f7的含义：公称尺寸为φ50 mm、基本偏差为f的7级轴。

◈ 温馨提示

注意：在这里孔的相关符号要用大写、轴用小写。

◈ 小试牛刀

计算如图 2-108 所示的轴套和轴的直径尺寸允许的最大值、最小值及上、下偏差和尺寸所允许的公差。

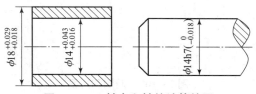

图 2-108　轴套和轴的计算简图

尺寸 $\phi 18^{+0.029}_{+0.018}$ 中的基本尺寸为_____mm；es =_____mm；ei =_____mm；最大极限尺寸为_____mm；最小极限尺寸为_____mm；公差为_____mm。如果加工后实际测得的尺寸为 ϕ18.020 mm，则该部分加工的尺寸_____（填合格或不合格）。

尺寸 $\phi 14^{+0.043}_{+0.016}$ 中的基本尺寸为_____mm；ES =_____mm；EI =_____mm；最大极限尺寸为_____mm；最小极限尺寸为_____mm；公差为_____mm。如果加工后实际测得的尺寸为 ϕ14.015 mm，则该部分加工的尺寸_____（填合格或不合格）。

尺寸 $\phi 14h7\left(^{\ 0}_{-0.018}\right)$ 中的基本尺寸为_____mm；es =_____mm；ei =_____mm；最大极限尺寸为_____mm；最小极限尺寸为_____mm；公差为_____mm，标准公差等级为_____级。如果加工后实际测得的尺寸为 ϕ13.990 mm，则该部分加工的尺寸_____（填合格或不合格）。

3）配合

（1）配合的种类。基本尺寸相同的、互相结合的孔和轴公差带之间的关系称为配合。孔和轴配合时，由于它们的实际尺寸不同，故将产生间隙或过盈。孔的尺寸减去相配合的轴的尺寸所得的代数差为正时是间隙，如图 2-109（a）所示；当两者代数差为负时是过盈，如图 2-109（b）所示。

根据孔、轴公差带相对位置的不同，国家标准规定配合分为三类：

①间隙配合：孔的实际尺寸大于或等于轴的实际尺寸。具有间隙（包括最小间隙等于零）的配合，此时孔的公差带在轴的公差带之上，如图 2-110（a）所示。

②过盈配合：孔的实际尺寸小于轴的实际尺寸。具有过盈（包括最小过盈为零）的配合，此时孔的公差带在轴的公差带之下，如图 2-110（c）所示。

③过渡配合：轴的尺寸比孔的实际尺寸有时小有时大。可能具有间隙或过盈的配合，此时孔的公差带与轴的公差带相互交叠，如图 2-110（b）所示。对过渡配合，一般只计算最大间隙和最大过盈。

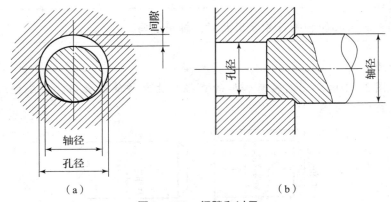

图 2-109　间隙和过盈

(a) 间隙；(b) 过盈

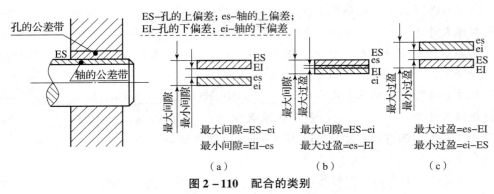

图 2-110　配合的类别

(a) 间隙配合；(b) 过渡配合；(c) 过盈配合

（2）配合制。孔和轴公差带形成配合的一种制度，称为配合制。为使两零件达到不同的配合要求，国家标准规定了两种配合制。

基孔制配合：基本偏差为一定的孔的公差带，与不同基本偏差的轴的公差带形成各种配合的一种制度。在基孔制中，孔为基准孔，根据国家标准规定，基准孔的代号用大写字母"H"表示，其下偏差（EI）为零，如图 2-111（a）所示。

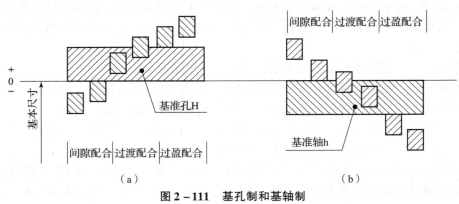

图 2-111　基孔制和基轴制

(a) 基孔制；(b) 基轴制

基轴制配合：基本偏差为一定的轴的公差带，与不同基本偏差的孔的公差带形成各种配合的一种制度。在基轴制中，轴为基准轴，根据国家标准规定，基准轴的代号用小写字母"h"表示，其上偏差（es）为零，如图 2-111（b）所示。

优先常用配合：在配合代号中，一般孔的基本偏差为 H 的，表示基孔制；轴的基本偏差为 h 的，表示基轴制。

❂ 阅读思考

在配合代号中，一般孔的基本偏差为 H 的，表示基孔制，思考一下其下偏差 EI = _____；轴的基本偏差为 h 的，表示基轴制，则其 _____ 偏差为零。

4）极限与配合在图样上的标注

（1）在装配图上的标注方法。在装配图上标注配合代号时，采用组合式注法，如图 2-112（a）所示，在公称尺寸后面用分式表示，分子为孔的公差带代号，分母为轴的公差带代号。

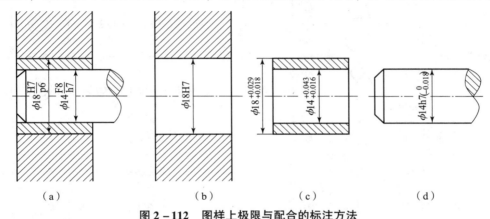

图 2-112　图样上极限与配合的标注方法

（2）在零件图上的标注方法。在零件图上标注公差有三种形式：在公称尺寸后只注公差带代号 [见图 2-112（b）]、只注极限偏差 [见图 2-112（c）] 及代号和偏差均注 [见图 2-112（d）]。

❂ 小试牛刀

根据配合代号，在如图 2-113 所示的零件图上分别标出尺寸的公差带代号。

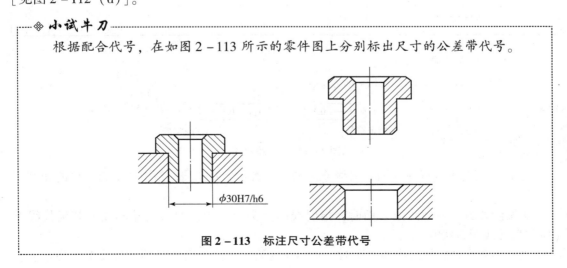

图 2-113　标注尺寸公差带代号

3. 几何公差（形状、方向、位置和跳动公差）

零件加工过程中，不仅会产生尺寸误差，也会出现形状和相对位置的误差，例如，加工轴时可能会出现轴线弯曲，这种现象就属于零件的形状误差。为保证零件的装配和使用要求，在图样上除给出尺寸及其公差要求外，还必须给出几何公差（形状、方向、位置和跳动公差）要求。几何公差在图样上的注法应符合 GB/T 1182—2018 的规定。

1) 公差符号（见表 2-15）

表 2-15 几何公差的几何特征和符号

公差类型	几何特征	符号	有无基准	公差类型	几何特征	符号	有无基准
形状公差	直线度	─	无	位置公差	位置度	⊕	有
形状公差	平面度	▱	无	位置公差	同心度（用于中心点）	◎	有
形状公差	圆度	○	无	位置公差	同轴度（用于轴线）	◎	有
形状公差	圆柱度	⌭	无	位置公差	对称度	═	有
形状公差	线轮廓度	⌒	无	位置公差	线轮廓度	⌒	有
形状公差	面轮廓度	⌓	无	位置公差	面轮廓度	⌓	有
方向公差	平行度	∥	有	跳动公差	圆跳动	↗	有
方向公差	垂直度	⊥	有	跳动公差	全跳动	⤢	有
方向公差	倾斜度	∠	有				
方向公差	线轮廓度	⌒	有				
方向公差	面轮廓度	⌓	有				

2) 几何公差在图样上的标注

(1) 公差框格，如图 2-114 所示。

图 2-114 公差框格

(2) 被测要素的标注。用指引线连接被测要素和公差框格。指引线引自框格的任意一侧，终端带一箭头。

当被测要素是轮廓线或表面时，指引线的箭头应位于该要素的轮廓线或其延长线上（应与尺寸线明显错开）。

当被测要素是轴线或中心平面时，指引线的箭头应位于尺寸线的延长线上，公差值前

加注 φ，表示给定的公差带为圆形或圆柱形。

（3）基准要素的标注。基准要素是零件上用于确定被测要素的方向和位置的点、线或面，用基准符号 ▼ 表示，表示基准的字母也应注写在公差框格内。

当基准要素是轮廓线或表面时，基准三角形放置在要素的轮廓线或其延长线上并与尺寸线明显错开。

当基准要素是轴线或中心平面时，基准三角形应放置该尺寸线的延长线上。几何公差标注示例如图2-115所示。

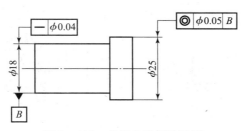

图2-115 几何公差标注示例

当被测要素为轴线时，应将箭头与该要素的尺寸线对齐；当基准要素是轴线时，应将基准符号与该要素的尺寸线对齐，如基准B。图2-115中两处几何公差要求的含义如下：

— | φ0.04 ：φ18轴的轴线的直线度公差值为0.04 mm。

◎ | φ0.05 | B ：φ25轴的轴线相对于φ18轴的轴线的同轴度公差值为0.05 mm。

❖ **阅读思考**

参考示例，请说说图2-116中两处形位公差所表达的含义。

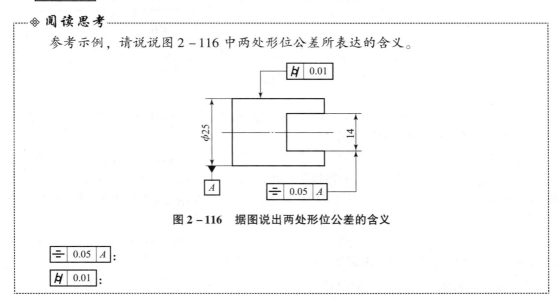

图2-116 据图说出两处形位公差的含义

= | 0.05 | A ：

H | 0.01 ：

阅读材料二：零件的表达方式

1. 零件图与装配图的关系

表达单个零件的图样称为零件图。表达一台机器或一个部件的图样称为装配图。机器、部件与零件之间，装配图与零件图之间，都反映了整体与局部的关系，彼此互相依赖，非常密切。

2. 零件图一般包含的内容

一张足以成为加工和检验依据的零件图应包括以下基本内容：

（1）一组图形。用一组图形（包括各种表达方法）准确、清楚和简便地表达出零件的结构形状。如图2-117所示的球阀阀杆，用一个基本视图和一个移出剖面图表达了该零件的结构形状。

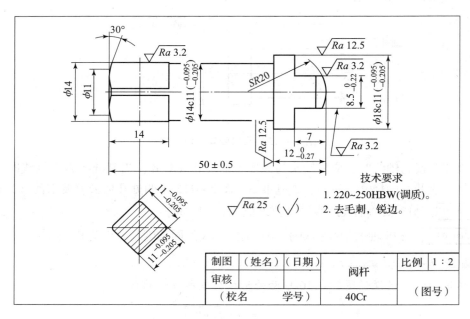

图2-117 球阀阀杆零件图

（2）齐全的尺寸。正确、齐全、清晰、合理地标出零件各部分的大小及其相对位置尺寸，即提供制造和检验零件所需的全部尺寸。

（3）必要的技术要求。将制造零件应达到的质量要求（如表面粗糙度、尺寸公差、形位公差、材料、热处理等），用一些规定的代（符）号、数字、字母或文字，准确、简明地表示出来，有用代（符）号标在图中的技术要求，也有用文字注写在标题栏上方的技术要求。

（4）填写完整的标题栏。标题栏在图样的右下角，应按标准格式画出，用以填写零件的名称、材料，图样的编号、比例及设计、审核、批准人员的签名、日期等。

3. 典型机械零件的零件图的识读

1）概括了解

首先从标题栏中了解零件的名称、材料、数量等，然后通过装配图或其他途径了解件的作用及与其他零件的装配关系。

2）分析视图，想象形状

弄清各视图之间的投影关系。

以形体分析法为主，结合零件上常见的结构知识，看懂零件各部分的形状，然后综合想象出整个零件的形状。

3）分析尺寸

分析尺寸基准，了解零件各部分的定形、定位尺寸和总体尺寸。

4）了解技术要求

读懂视图中各项的技术要求，如表面粗糙度、极限与配合和形位公差等内容。

5）实例分析

（1）轴套类零件。

轴套类零件的主要结构形状是同轴回转体，主要以在车床上的加工位置将轴线水平放置来画主视图，如图 2-117 所示。形状简单且较长的可采用折断画法；空心套可用剖视图（全剖、半剖或局部剖）表达。若有基本视图未完整、清楚表达的局部结构形状（如键槽、退刀槽、孔等），则可另用断面图、局部视图和局部放大图等补充表达。

由阀杆零件图（见图 2-117）标题栏可知阀杆的材料为 40Cr，该零件图的绘图比例为 1:2。

①结构分析。由图 2-117 可以看出，阀杆的上部为四棱柱体，阀杆下部为带球面的凸榫。

②表达分析。阀杆零件图用一个基本视图和一个断面图表达，主视图按加工位置将阀杆水平横放，左端的四棱柱体采用移出断面图表示。

③尺寸分析。阀杆以水平轴线作为径向尺寸基准，也是高度和宽度方向的尺寸基准，由此注出了径向各部分尺寸 $\phi14$、$\phi11$、$\phi14c11$ ($_{-0.205}^{-0.095}$)、$\phi18c11$ ($_{-0.205}^{-0.095}$)。凡尺寸数字后面注写公差带代号或偏差值的，一般指零件的该部分与其他零件有配合关系，所以表面粗糙度的要求较高，Ra 值为 3.2 μm，如 $\phi14c11$ ($_{-0.205}^{-0.095}$)、$\phi18c11$ ($_{-0.205}^{-0.095}$)。

阀杆选择表面粗糙度 Ra 值为 12.5 μm 的端面作为阀杆长度方向的主要尺寸基准，由此注出尺寸 $12_{-0.27}^{0}$；以右端面为轴向的第一辅助基准，注出尺寸 7、50±0.5；以左端面为轴向的第二辅助基准，注出尺寸 14。

图 2-117 中有表面粗糙度要求，三处 Ra 值为 3.2 μm、两处 Ra 值为 12.5 μm，其余 Ra 值为 25 μm。根据表面粗糙度的含义，我们可知表面粗糙度值越小，表面质量要求就越高，此处表面质量要求最高的是 Ra 值为 3.2 μm 处，表明零件该部分与其他零件有配合关系。

最后，阀杆应经过调质处理使其硬度达到 220~250HBW，以提高材料的韧性和强度。

（2）轮盘类零件。

轮盘类零件的主要回转面和端面都在车床上加工，故其主视图的选择与轴套类零件相同，也按加工位置将其轴线水平放置画主视图。通常选投影为非圆的视图作为主视图，多用各种剖视，侧重反映内部形状，如图 2-118 所示。轮盘类零件表达一般需两个基本视图，当基本视图图形对称时，可只画一半或略大于一半。基本视图未能完整、清楚表达的其他结构形状，可用断面图或局部视图表达；如有较小结构，则可用局部放大图表达。

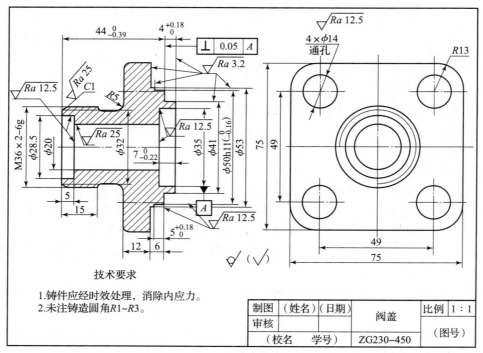

图 2-118 阀盖零件图

由阀盖零件图（图 2-118）标题栏可知阀盖的材料为 ZG230-450，该零件图的绘图比例为 1:1。

①结构分析。由图 2-118 可以看出，阀盖的右边是方形法兰盘结构。阀盖通过螺柱与阀体连接，中间的通孔形成流体通道。

②表达分析。阀盖零件图用两个基本视图表达，主视图采用全剖视，表示零件的空腔结构以及左端的外螺纹 M36×2-6g（公称直径为 36 mm，螺距为 2 mm，中径、顶径公差带为 6g 的普通螺纹）。主视图的安放既符合主要加工位置要求，也符合阀盖在部件中的工作位置要求。左视图表达了带圆角的方形凸缘和四个均布的 φ14 通孔。

③尺寸分析。多数盘盖类零件的主体部分是回转体，所以通常以轴孔的轴线作为径向尺寸基准，由此注出阀盖各部分同轴线的直径尺寸，方形凸缘也用它作为高度和宽度方向的尺寸基准。注有公差的尺寸 φ50h11（$_{-0.16}^{\ 0}$），表明在这里有配合要求。

以阀盖的重要端面作为轴向尺寸基准，即长度方向的主要尺寸基准，此例为注有表面粗糙度 Ra12.5 μm 的右端凸缘的端面，由此注出尺寸 $4_{\ 0}^{+0.18}$、$44_{-0.39}^{\ 0}$ 以及 $5_{\ 0}^{+0.18}$、6 等。

图 2-118 中有表面粗糙度要求，分别为 Ra 值 3.2 μm、Ra 值 12.5 μm、Ra 值 25 μm。根据表面粗糙度的含义，我们可知表面粗糙度值越小，表面质量要求就越高，此处表面质量要求最高的是 Ra 值为 3.2 μm 处。

图 2-118 中 ⊥ 0.05 A 表示 φ50h11（$_{-0.16}^{\ 0}$）轴的右端面相对于 φ35 轴线的垂直度公差值为 0.05 mm。

阀盖是铸件，需进行时效处理，消除内应力。视图中有小圆角（铸造圆角 R1~R3 mm）

过渡的表面是不加工表面。注有尺寸公差的 φ50 mm 应有配合关系，但由于相互之间没有相对运动，所以表面粗糙度要求不严，Ra 值为 12.5 μm。

> ❖ 阅读思考
> （1）零件图是制造和检验零件的依据，是指导生产的重要技术文件，这句话对吗？_____（对/不对）
> （2）在加工零件时，要根据（　　）进行加工。
> A. 零件图　　　　B. 装配图　　　　C. 三视图　　　　D. 草图
> （3）一张足以成为加工和检验依据的零件图应包括一组_____、齐全的_____、必要的_____、填写完整的_____等基本内容。
> （4）轴套类零件的主要结构形状是回转体，形状简单且较长的可采用_____画法；空心套可用_____视图（全剖、半剖或局部剖）表达，基本视图未完整、清楚表达的局部结构形状（如键槽、退刀槽、孔等），可另用_____图、局部视图和局部放大图等补充表达。
> （5）轮盘类零件主视图的选择按加工位置将其轴线水平放置画主视图。通常选投影为非圆的视图作为_____视图，多用各种_____视图侧重反映内部形状，当基本视图图形对称时，可只画_____或略大于_____。基本视图未能完整、清楚表达的其他结构形状，可用断面图或局部视图表达；如有较小结构，则可用_____图表达。

任务四　识读常用低压电器装配图

任务导入

电气自动化涉及电力电子技术、计算机技术、电机电器技术、信息与网络控制技术、机电一体化技术等诸多领域，其主要特点是强弱电结合、机电结合、软硬件结合、电工技术与电子技术相结合、元件与系统相结合，使学生获得电工电子、系统控制、电气控制及计算机应用技术等领域的基本技能，因此，同学们必须了解常用电器的结构，熟悉其工作原理，严格遵守操作规范。本任务我们就以常用的闸刀开关为例进行装配图的讲解。

任务实施

阅读材料一：装配图的内容

表示机器或部件（统称装配体）及其组成部分的装配与连接关系的图样，称为装配图。表示一台完整机器的图样称为总装配图，表示一个部件的装配图称为部件装配图。

1. 装配图的用途

在进行产品设计或产品测绘、产品安装时,为了确定各零件的结构、形状、相对位置、工作原理、连接方式和传动路线等,一般要求画出装配图,以便在图上判别、校对各零件的结构是否合理,装配关系是否正确、可行。如图 2-119 所示,这类装配图要求把各零件的结构、形状尽可能表达完整,基本上能根据它画出各零件的零件图。

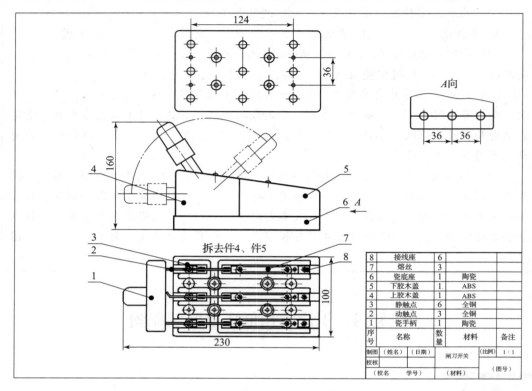

图 2-119 闸刀开关装配图

将加工好的零件组装成部件或产品时,一般也要在装配图的指导下完成。这种装配图着重表明各零件之间的相互位置及装配关系,而对每个零件的结构及与装配无关的尺寸则没有特别的要求。

不论哪一种装配图,都是生产中的重要技术文件。

2. 装配图的内容

一幅完整的装配图能指导装、拆,便于使用,如图 2-119 常用闸刀开关装配图应包括下列内容:

1) 一组视图

用来表达装配体的结构、形状及装配关系。

2) 必要的尺寸

表明装配体规格及装配、检验、安装时所需的尺寸。

(1) 特性尺寸:是机器或部件规格和特征的尺寸,也是设计和选用产品时的主要依据。

(2) 装配尺寸:包括零件之间有配合要求的尺寸及装配时需保证的相对位置尺寸。

(3) 安装尺寸：将部件安装到基座或其他部件上所需的尺寸。

(4) 外形尺寸：表示机器或部件的总长、总宽和总高的尺寸。

(5) 其他重要尺寸：指设计过程中经计算或选定的重要尺寸以及其他必须保证的尺寸，如运动零件的极限位置尺寸、主体零件的重要尺寸等。

3）技术要求

用文字或符号标明装配体在装配、调整、使用时的要求、规则和说明等。

(1) 装配要求：装配体在装配过程中需注意的事项及装配后必须达到的要求，如精度、间隙和润滑要求等。

(2) 检验要求：装配体基本性能的检验要求。

(3) 使用要求：对装配体的规格、参数及维护、保养与使用时的注意事项和要求。

4）零件的序号和明细表

(1) 序号。

组成装配体的每一个零件或部件，都被按顺序编上序号；明细表中注明了各种零件或部件的名称、数量和材料等，以便于读图及进行生产准备工作。

①每一种零件（无论件数多少），一般只编一个序号，必要时，多处出现的相同零件允许重复采用相同的序号标注。

②序号应编注在视图周围，按顺时针或逆时针方向排列，在水平和铅垂方向应排列整齐。

③零件序号和所指零件之间用指引线连接，注写序号的指引线应自零件的可见轮廓线内引出，末端画一圆点；若所指的零件很薄或涂黑的剖面不宜画圆点，则可在指引线末端画出箭头，并指向该零件的轮廓，如图 2-120（a）所示。

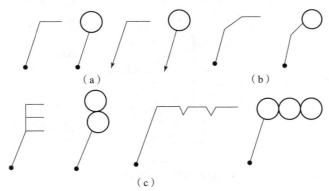

图 2-120　序号标注方法

④指引线相互不能相交，不能与零件的剖面线重合。一般指引线应画成直线，必要时允许曲折一次，如图 2-120（b）所示。

⑤对于一组紧固件或装配关系清楚的零件组，允许采用公共指引线，如图 2-120（c）所示。

(2) 明细栏。

明细栏是机器或部件中全部零件的详细目录，画在装配图右下角标题栏的上方，栏内分格线为细实线，左边外框线为粗实线，栏中的编号与装配图中的零、部件序号必须一致。

① 零件序号应自下而上。如位置不够，则可将明细栏顺序画在标题栏的左方。
② "代号"栏内应注出每种零件的图样代号或标准件的标准代号，如 GB/T 6170—2015。
③ "名称"栏内应注出每种零件的名称，若为标准件，则应注出规定标记中除标准号以外的其余内容，如螺柱 M12×30。对齿轮、弹簧等具有重要参数的零件，还应注出参数。
④ "材料"栏内应填写材料标记，如 Q235。
⑤ "备注"栏内可填写必要的附加说明或其他有关的重要内容，如齿轮的齿数、模数等。

5) 标题栏

注明装配体的名称、图号、比例以及责任者的签名和日期等。

3. 装配图画法的规定

两相邻零件的接触面和配合面只画一条线，如图 2-121 中①处所示。相邻两零件不接触或不配合的表面，即使间隙很小，也必须画两条线，如图 2-121 中③处所示。

相邻两零件的剖面线方向一般应相反，如图 2-121 中②处所示，当三个零件相邻时，若有两个零件的剖面线方向一致，则间隔应不相等，剖面线尽量相互错开。装配图中同一零件在不同剖视图中的剖面线方向应一致且间隔相等。

当剖切平面通过螺纹紧固件以及实心轴、手柄、连杆、球、销、键等零件的轴线时，均按不剖绘制，如图 2-121 中④处所示。

4. 装配图的特殊表达方法

为了简便清楚地表达部件，国家标准还规定了以下一些画装配图的特殊表达方法。

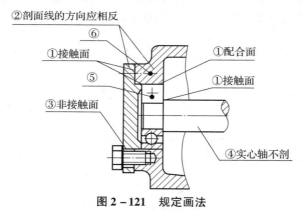

图 2-121 规定画法

（1）沿接合面剖切或拆卸画法（简化画法）。

在装配图中，当某些零件遮住了所需表达的部分时，可假想沿某些零件的接合面剖切或拆卸某些零件后绘制，并标注"拆去××零件"，如图 2-119 中俯视图就是拆去件 4、件 5 以后的视图。

（2）假想画法。

为了表示某个零件的运动极限位置，或部件与相邻部件的装配关系，可用双点画线画出其轮廓，如图 2-119 主视图中用双点画线表示瓷手柄的两个极限位置。

（3）展开画法。

为了表达传动系统的传动关系及各轴的装配关系，假想将各轴按传动顺序，沿它们的轴线剖开，并展开在同一平面上。这种展开画法在表达机床的主轴箱、进给箱、汽车的变速箱等装置时经常运用，展开图必须进行标注。

（4）简化画法。

在装配图中，零件的工艺结构，如圆角、倒角、退刀槽等细节可省略不画。装配图中的标准件可采用简化画法，如图2-121⑤处所示。若干相同的连接组件，如螺栓连接等，可只画一组，其余用点画线表示其位置，如图2-121⑥处所示。

（5）夸大画法。

在装配图上，对薄垫片、小间隙、小锥度等，允许将其适当夸大画出，以便于画图和看图。

❀ 视野拓展

（1）装配图所要表达的重点内容是：装配体的工作原理、传动路线、结构特征、各零件之间的装配连接关系。

（2）画装配图的步骤：

①根据拟订的表达方案，确定图样的比例，选择标准的图幅。

②合理、美观地布置各个视图，并注意预留标注尺寸、零件序号的适当位置，画出各个视图的主要中心线和作图基准线。

③确定画图顺序。从主视图画起，再画其他视图。

④整理描深，标注尺寸，编排序号，填写标题栏、明细栏和技术要求，完成装配图。

❀ 小试牛刀

（1）以下关于装配图表达不正确的是（　　　）。

A. 表示组成机器或部件中各零件间的连接方式

B. 表示组成机器或部件中各零件间的装配关系

C. 表达零件结构形状、大小及技术要求

D. 表示组成机器或部件中各零件间的技术要求

（2）装配图中，相邻两个金属零件剖面线的倾斜方向应（　　　）。

A. 相同　　　　　B. 相反　　　　　C. 平行或相交　　　　　D. 相交

阅读材料二：装配图的识读

1. 读装配图的基本要求

机器在设计过程中通常是根据使用要求先画出设计装配图，以确定工作性能和主要结构，读装配图的关键是为了了解产品的结构、工作原理，为安装、使用及后续的维修提供帮助。读装配图的基本要求如下：

（1）了解装配体的用途和工作原理。

（2）了解各零、部件之间的连接形式、装配关系及拆装顺序。

（3）弄清各零、部件的作用和结构形状。

2. 读装配图的方法和步骤

1）概括了解

从标题栏和有关说明书中了解机器或部件的名称、用途和工作原理，并从零件明细栏对照图上的零件序号了解零件和标准件名称、数量和所在位置；对视图进行初步分析，根据图纸上的视图、剖视图、断面图的配置和标注，找出投射方向、剖切位置，了解每个视图的表达重点。

2）了解装配关系和工作原理

将装配体分成几条装配干线，了解每条装配干线上的装配关系和装拆顺序；深入分析机器或部件的装配关系和工作原理，弄清零件之间的相互位置。

3）分析零件

根据零件的编号、投影的轮廓、剖面线的方向和间隔（如同一零件在不同视图中剖面线方向与间隔必须一致）以及某些规定画法（如实心零件不剖）等，来分析零件的投影；了解各零件的结构形状和作用，也可分析其与相关零件的连接关系；对分离出来的零件，可用形体分析法及线面分析法结合结构仔细分析，逐步读懂。

4）归纳总结

在以上分析的基础上，对装配体的运动情况、工作原理、装配关系和拆装顺序等进一步研究，加深理解。

3. 识读实例

1）概括了解

由图 2-119 所示装配图的标题栏可知，该装配体的名称为"闸刀开关"，又称刀开关或隔离开关，它是手控电器中最简单而使用又较广泛的一种低压电器，一般在不经常操作的低压电路中用于接通或切断电路，有时也用来控制电动机做不频繁的直接启动与停机。由序号可知，闸刀开关由瓷手柄、瓷底座、动触点、静触点、熔丝、上胶木盖、下胶木盖、接线座 8 种零件组成，标准件未注出。

2）了解装配关系和工作原理

闸刀开关装配图由三个基本视图和一个 A 向局部视图构成。

主视图主要展示了闸刀开关的总体外形情况，采用假想画法反映了瓷手柄的两个极限工作位置，尺寸 160 mm 为闸刀开关的外形尺寸。A 向局部视图表达了其常用电源进线和负载电源出线接口形状，由此可知其在装配线上与其他各零件间的装配关系，同时也有利于分析闸刀开关的工作原理。

俯视图采用了拆卸画法，拆去件 4 上胶木盖和件 5 下胶木盖，以重点表明闸刀开关的内部结构，清晰地表达了动触点和静触点、熔丝及接线座之间的相互关系，尺寸 230 mm、100 mm 分别为闸刀开关的总长和总宽。

仰视图则表达瓷底座的外形轮廓，尺寸 124 mm 和 36 mm 为安装尺寸，主要表达了闸刀开关的安装到基座或其他部件上所需的尺寸。

读装配图时需要从主视图入手，紧紧抓住装配线，弄清各零件间的配合种类、连接方式和相互关系。对各零件的功用和运动状态，一般从主动件开始按传动路线逐个进行分析，从而看懂装配体的工作原理和装配关系。经过仔细识读各视图，看懂闸刀开关的工作原理和装配关系。

推动瓷手柄可控制动触头与静触头的接通和分断。利用这一原理，在工业企业及家用设备中，闸刀开关可作为电路总开关，用以手动不频繁地接通和分断有负载电器及小容量线路的短路保护。

3）分析零件

先从俯视图可以看出，该闸刀开关的动、静触头及熔丝、接线座均由标准件将其安装在瓷底座上，再对照主视图、A 向局部视图想象出闸刀开关的完整形状。瓷底座是闸刀开关的基础零件，用于支撑和包容装配体中的其他零件。

瓷底座两端布有隧道式接线孔，便于接入进线和出线；其上安装的强力压环能让动、静触头接触面积更大、更紧密，防止出现接触不良现象；加厚动触头为全铜刀片，高载流量，导电性好，坚固耐用；上、下胶木盖通过螺栓与瓷底座相连，加盖保护，刀片外漏小，操作更安全；ABS 外壳过热不易着火；陶瓷底座牢固耐热。

4）归纳总结

闸刀开关是电力设备手动开关的一种，一般多用于低压电，有单相刀闸和三相刀闸之分。根据应用的不同有各种规格，一般都标注电压和电流，如 220 V、16 A，意思是适用于 220 V 电压、电流不超过 16 A。闸刀开关通常由瓷底座、塑料盖和铜件等组成，设有进线口和出线口，中间设计有安装熔丝的部位。

读闸刀开关装配图的目的是了解产品的结构、工作原理，为安装、使用及后续的维修提供帮助。

> ❖ 思政园地
>
> **职业精神——细致入微、质量意识**
>
>
>
> 四通均流阀体，这是"长征七号"火箭发射平台液压装置的关键控制件。其所允许的最大尺寸公差为 2 丝，相当于头发丝直径的 1/3，一旦超过这个范围，就有可能导致火箭发射无法准确入轨。
>
> 韩利萍，一个从事机械加工 27 年的资深铣工。"长征七号"火箭发射平台上的四通均流阀体均是出自她的手笔。过去 27 年的时间，她所能接受最大误差就是一根头发丝粗细的 1/3。如此严苛，如此细微，但在韩利萍手里从未出过差错。

单元检测

课前检测

一、填空题

1. 图纸的基本幅面有_____种，标题栏一般应位于图纸的_____

（方位）。

2. 比例是图形与实物相应要素的线性尺寸之比，画图时应尽量采用_____比例。

3. 标注尺寸的三要素：尺寸线、_____和_____。

4. 表面粗糙度的评定参数主要有：轮廓算术平均偏差、轮廓最大高度、轮廓微观不平度十点高度，常用的是轮廓算术平均偏差，其代号是_____。

5. 标准公差分有_____级，即从IT01至_____，其中_____公差值最小，精度最高；_____公差值最大，加工要求最低。

6. 配合是指基本尺寸相同的相互结合的孔、轴公差带之间的关系，国家标准规定的两种配合制是指_____和_____。

二、选择题

1. 下列投影法中不属于平行投影法的是（　　）。
   A. 中心投影法　　B. 正投影法　　C. 斜投影法　　D. 以上都不是

2. 标准齿轮的压力角为（　　）。
   A. 20°　　B. 30°　　C. 40°　　D. 60°

3. 标准直齿圆柱齿轮外齿轮齿顶圆的计算公式为（　　）。
   A. $d = mz$　　　　　　　　　　B. $d = m(z+2)$
   C. $d = m(z-2)$　　　　　　　　D. $d = m(z+2.5)$

三、判断题

（　　）1. 加工表面上具有较小的间距和峰谷所组成的微观几何形状特征称为表面粗糙度。

（　　）2. 配合制度分为基孔制和基轴制两种，一般情况下优先采用基轴制。

（　　）3. 明细栏一般配置在装配图中标题栏的上方，按自下而上的顺序延续。

课中检测

一、填空题

1. 标注直径时，应在尺寸数字前加符号"_____"，标注半径时，应在尺寸数字前加"_____"。

2. 国家标准规定的三类配合分别是指_____、过渡配合、_____配合。

二、选择题

1. 制图国家标准规定，必要时图纸幅面和尺寸可以沿（　　）边加长。
   A. 长　　B. 短　　C. 斜　　D. 各

2. 标题栏一般位于图纸的（　　）。
   A. 左下角　　B. 右下角　　C. 上方　　D. 下方

3. 标题栏中的文字方向为（　　）。
   A. 向上　　B. 向下　　C. 向右　　D. 看图方向

4. 图样所标注的尺寸，未另加说明时，则指（　　）。
   A. 所示机件的最后完工尺寸　　　　B. 所示机件的原料尺寸
   C. 所示机件的加工中尺寸　　　　　D. 所示机件的粗加工尺寸

5. 圆弧连接时连接弧与已知线段的关系是（　　）。
   A. 相交　　B. 相离　　C. 相切　　D. 以上都有

6. 如图所示，该机件的视图表达形式是（   ）。
A. 基本视图
B. 剖视图
C. 移出断面图
D. 重合断面图

7. 公差带位置由（   ）确定。
A. 标准公差　　　　　B. 基本偏差
C. 上极限偏差　　　　D. 下极限偏差

三、判断题

1. 图框用粗实线绘制即可。（   ）
2. 图样中书写汉字的字体，应为宋体。（   ）
3. 假想用剖切面剖开物体，将处在观察者和剖切面之间的部分移去，而将其余部分向投影面投射所得的图形，称为剖视图。（   ）
4. 具有间隙的配合称为间隙配合。（   ）
5. 最小极限尺寸减其基本尺寸所得的代数差称为上偏差。（   ）

四、综合题

1. 分割直线段 AB 为 7 等份。

   A ───────────── B

2. 读轴的零件图，完成下列问题：

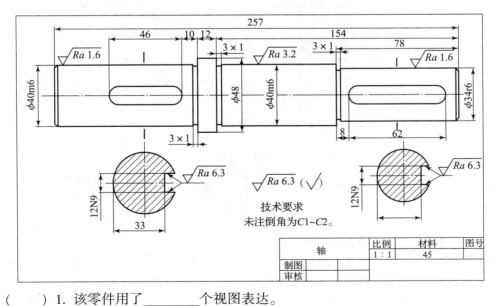

（   ）1. 该零件用了_____个视图表达。
A. 1　　　　B. 2　　　　C. 3　　　　D. 4

（　）2. 该零件的总体尺寸为_____。
A. 257　　　　　B. 154　　　　　C. 78　　　　　D. 46

（　）3. 该零件尺寸 3×1 中 "3" 表示_____。
A. 槽宽尺寸　　　B. 槽深尺寸　　　C. 定位尺寸　　　D. 定形尺寸

（　）4. 该零件属于_____类零件。
A. 轴套　　　　　B. 盘盖　　　　　C. 叉架　　　　　D. 箱体

（　）5. 该零件的 Φ40m6 键槽深度为_____。
A. 4　　　　　　B. 5　　　　　　C. 6　　　　　　D. 7

（　）6. 该零件的右侧的键槽定位尺寸为_____。
A. 78　　　　　　B. 62　　　　　C. 28　　　　　　D. 8

（　）7. 该零件左侧的键槽的定形尺寸为_____。
A. 46　　　　　　B. 33　　　　　C. 10　　　　　　D. 12N9

（　）8. 该零件采用了局部放大图来表达键槽。

（　）9. 该零件的名称为轴。

（　）10. 该零件的材料是 45 钢。

3. 读带轮零件图，完成下列问题：

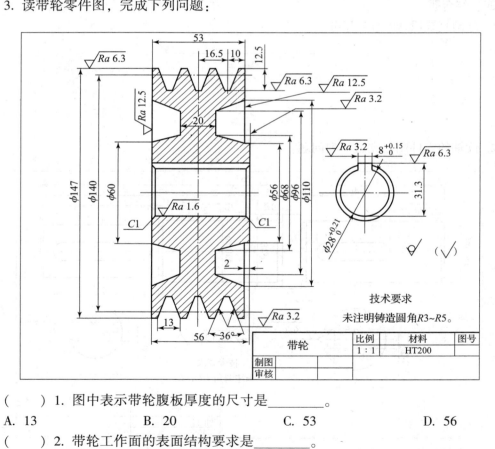

（　）1. 图中表示带轮腹板厚度的尺寸是_____。
A. 13　　　　　　B. 20　　　　　C. 53　　　　　　D. 56

（　）2. 带轮工作面的表面结构要求是_____。
A. Ra3.2　　　　B. Ra6.3　　　　C. Ra12.5　　　　D. Ra25

(   ) 3. 带轮的轮槽为 36°，其槽深为_____。
A. 2			B. 12.5			C. 13			D. 16.5
(   ) 4. 图中表示带轮零件的的总宽度尺寸是_____。
A. 13			B. 20			C. 53			D. 56
(   ) 5. 该零件表面结构要求最高的表面是 Φ28 的圆孔表面。
(   ) 6. 零件图中键槽的宽度是_____。
A. 13			B. 10			C. 8			D. 16.5
(   ) 7. 局部视图用来表示键槽的结构。
(   ) 8. 零件图中键槽的深度是_____。
A. 3.3			B. 8			C. 10			D. 31.3

课后检测

一、填空题

1. 图样中，机件的可见轮廓线用_____线画出，不可见轮廓线用_____线画出，对称中心线和轴线用_____线画出。

2. 形位公差特征项目 ⌐ 表达的几何特征为_____，为形状公差；形位公差特征项目 ◎ 表达的几何特征为_____，为位置公差。

二、选择题

1. 尺寸线和尺寸界线用（   ）图线绘制。

   A. 粗实线		B. 细实线		C. 点画线		D. 波浪线

2. "没有规矩，不成方圆"，反映了我国在古代对（   ）作图已有深刻的理解和认识。

   A. 尺、规		B. 尺子		C. 圆规		D. 图板

3. 根据组合体轴测图，下列主、俯视图画法正确的一组是（   ）。

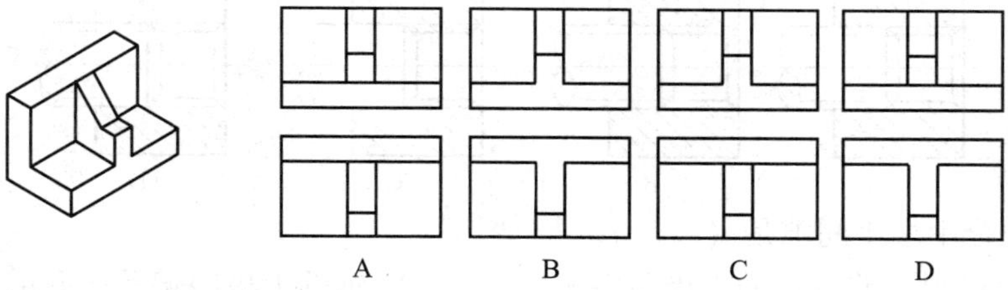

4. 下列组合体主视图、俯视图画法不正确的是（   ）。

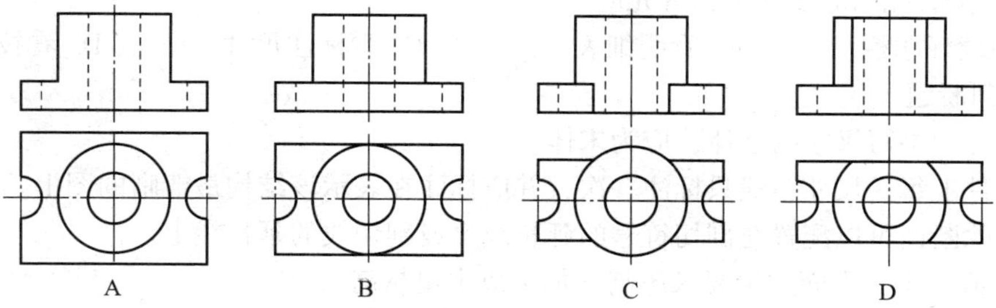

机械常识

5. 根据物体的主视图和俯视图，正确的左视图是（　　）。

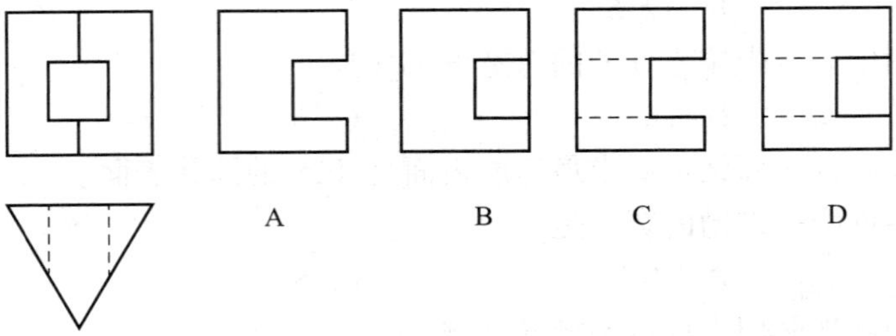

6. 参照组合体的轴测图，选择正确的左视图。（　　）

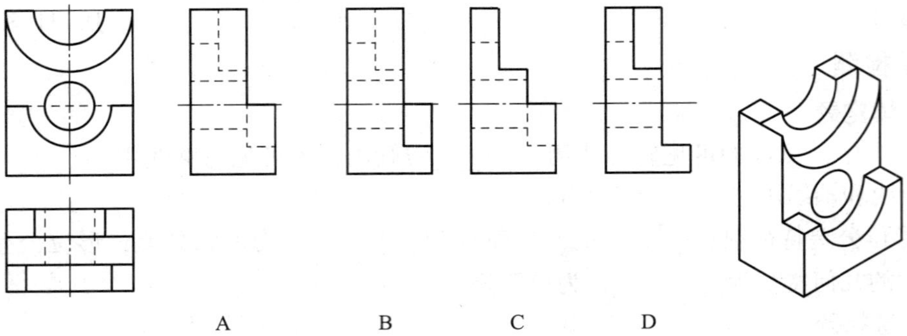

7. 如图所示，该图采用的剖切面是（　　）。
A. 单一剖切平面 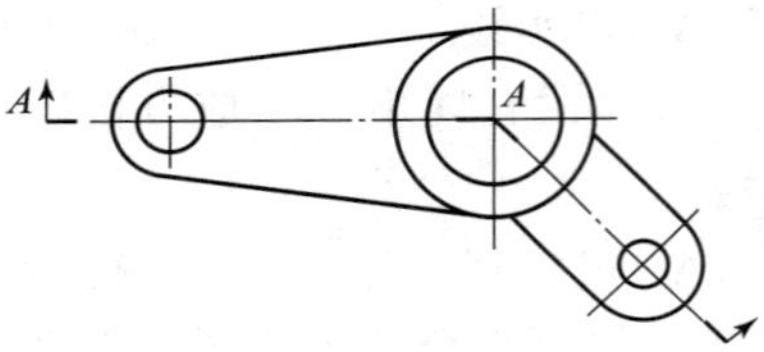
B. 单一斜剖切平面
C. 两个平行的剖切平面
D. 两个相交的剖切平面

8. 下列内外螺纹旋合画法正确的是（　　）。

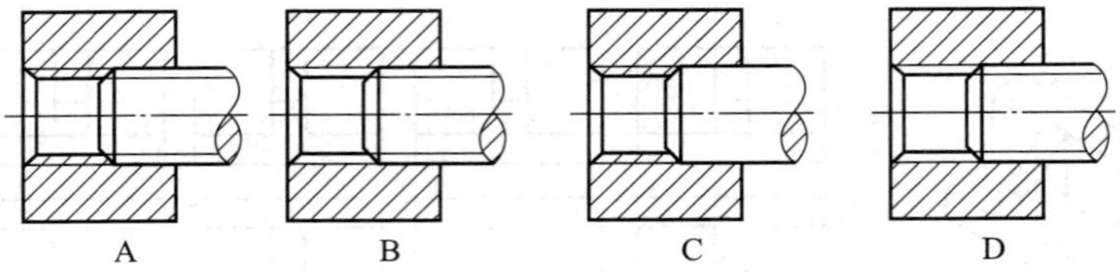

9. 间隙配合中最小间隙是（　　）。
A. 孔的上极限偏差减轴的下极限偏差　　B. 轴的上极限偏差减孔的下极限偏差
C. 孔的上极限偏差减轴的上极限偏差　　D. 轴的上极限偏差减孔的上极限偏差

10. 识读装配图的步骤中，首先应（　　）。
A. 识读标题栏　　B. 看明细表　　C. 看标注尺寸　　D. 看技术要求

三、判断题

1. 图样中书写汉字的字体，应为宋体。（　　）
2. 机件上每一尺寸一般只标注一次，并应标注在表示该结构最清晰的图上。（　　）
3. 移除断面可以配置在剖切符号的延长线上或剖切线的延长线上。（　　）
4. Ra值越小，表面质量要求越高，加工成本也越高。（　　）
5. 当几何公差涉及要素的中心线、中心面或中心点时，箭头应位于相应尺寸线的延长线上。   (   )
  6. 公差带是指最大、最小极限尺寸限定的区域。   (   )
  7. 公称尺寸相同的轴和孔才可进行配合。   (   )
  8. 装配图标注中，各指引线不允许相交。   (   )

四、综合题

1. 运用形体分析的方法，根据轴测图绘制组合体的三视图，并标注尺寸。

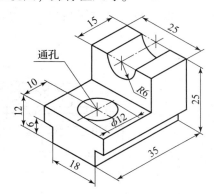

2. 读泵套零件图，完成下列问题：

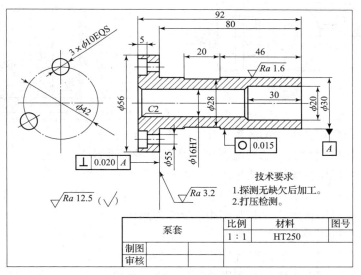

(   ) 1. 外圆 Φ56 上有 3×Φ10 沉孔，大径为_____。
A. Φ5　　　　　B. Φ10　　　　　C. Φ15　　　　　D. Φ20

(   ) 2. 在主视图中 20 和 5 属于_____。
A. 定位尺寸　　B. 定形尺寸　　C. 轴向尺寸　　D. 总体尺寸

(   ) 3. 该零件所用的材料是 HT250。

(   ) 4. 该零件的长度方向的尺寸基准是左端面。

(   ) 5. 该零件共用了一个图形来表达。

(   ) 6. 图中的形位公差表示：Φ56 的右端面对 Φ30 轴线的垂直度公差为 0.020 mm。

(　　) 7. 泵套零件外圆 Φ30 表面粗糙度为_____。
A. Ra0.8　　　　　　B. Ra1.6　　　　　　C. Ra3.2　　　　　　D. Ra12.5
(　　) 8. 泵套零件外圆 Φ56 的右端面表面粗糙度为_____。
A. Ra0.8　　　　　　B. Ra1.6　　　　　　C. Ra3.2　　　　　　D. Ra12.5
(　　) 9. 泵套的内孔 Φ20 的深度是_____。
A. 20　　　　　　　　B. 30　　　　　　　　C. 46　　　　　　　　D. 80

3. 读机用台虎钳装配图，完成下列问题：

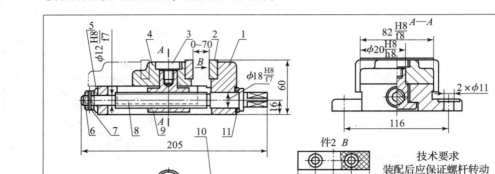

(　　) 1. 在机用台虎钳的装配图中，共有 11 种零件。
(　　) 2. 在机用台虎钳的装配图中，共有 2 种标准件。
(　　) 3. 在机用台虎钳的装配图中，2 号件与 1 号件是_____。
A. 销连接　　　　　　B. 键连接　　　　　　C. 齿轮连接　　　　　　D. 螺钉连接
(　　) 4. 在机用台虎钳的装配图中，205 为总体尺寸。
(　　) 5. 在机用台虎钳的装配图中，Φ20H8/h7 为安装尺寸。
(　　) 6. 在机用台虎钳的装配图中，116 为配合尺寸。
(　　) 7. 在机用台虎钳的装配图中，0—70 为外形尺寸。
(　　) 8. 在机用台虎钳的装配图中，6 号件与 8 号件是_____。
A. 螺钉连接　　　　　B. 键连接　　　　　　C. 齿轮连接　　　　　　D. 销连接
(　　) ★9. 在机用台虎钳的装配图中，尺寸 Φ18H8/f7 是属于_____。
A. 基轴制间隙配合　　　　　　　　　　　　B. 基孔制间隙配合
C. 基轴制过盈配合　　　　　　　　　　　　D. 基孔制过盈配合。

单元检测答案

单元三 机械工程材料

单元导入

通过理论学习和相关实验实训,让学生熟悉钢铁材料及常用有色金属材料的分类、牌号表示、主要性能和应用;了解工程塑料和复合材料的特性、分类及应用;熟悉钢的热处理方法及应用场合,学会分析和选择简单的热处理工艺,并能根据材料的主要力学性能指标,合理选择生产需要的工程材料;能根据被加工对象的材料性能及加工要求,选用相应的刀具材料。

任务一 熟悉常见金属材料的分类、标识及应用

任务导入

通过学习,使学习者熟悉常用铸铁的分类、牌号、性能和应用;掌握常用碳钢的牌号、性能和应用;了解合金钢的分类、牌号、性能和应用。

任务实施

阅读材料一:材料常识

材料是用于制造各类有用物件的物质,我们每天都在和各种工程材料打交道,我们使用的各种产品都是由各种工程材料制成的,产品的品质往往与材料密切相关,只有熟悉材料的品种、性能、特点,才能够制造出合格的、高质量的产品,提高经济效益,合理降低成本,同时保证安全高效率的生产。

1984年的一天,在中国历史博物馆的贵宾室里聚集了许多文物考古和冶金方面的专家,他们正在看一个有意义的试验:桌上平铺着一叠纸,足有二十来层,有人小心翼翼地从包装盒中取出一柄2 500多年前的青铜短剑。阳光透过玻璃窗,照得铜剑寒光闪闪。只见他用剑锋在纸上轻轻一划,那些纸立即被齐刷刷地割成两半。人们禁不住连声说:"真

锋利!"

那么这柄剑是怎么得来的,它的主人又是谁呢?

1965年12月,在湖北省荆州市望山楚墓群中,出土了600多件器物,其中就有这柄铜剑,如图3-1所示。它的长度有55.6 cm,插于黑漆剑鞘里。当人们将它从剑鞘内抽出时,顿时有一种寒气逼人的感觉。其剑身呈紫黄色,毫无锈斑,其光亮、色泽如同新铸成的一般。仔细一看,剑身还布满略显黑色的菱形纹饰,剑格正面用蓝色琉璃、剑格背面用绿松石镶嵌成美丽的花纹,在靠近把手的部位,有两行用金丝镶嵌的鸟篆文字"越王勾践 自作用剑"。这说明它是越王勾践的青铜剑。让人惊奇的是,青铜宝剑穿越了2 000多年的历史长河,但剑身丝毫不见锈斑。

图3-1 越王勾践剑

历史证明,材料是社会进步的物质基础和先导,是人类进步的里程碑,例如"石器时代""铜器时代""铁器时代"等,都是以具有特征性的材料作为时代的标志,如图3-2所示。

图3-2 古代材料的应用实例
(a) 6 000年前的石器工具;(b) 古埃及的陶器(取水罐);
(c) 三星堆出土的青铜器;(d) 秦陵地下宫出土的兵器

机械工程材料是用于制造各类机械零件、构件的材料和在机械制造过程中所应用的工艺材料。钢铁是机械工程材料的主要材料,提高钢铁等金属材料的使用性能和加工工艺性能是工程界研究的主要内容。

> ❖ 阅读思考
>
> 历史证明,材料是社会进步的_____,是人类进步的里程碑,例如"石器时代""铜器时代""铁器时代"等,都是以具有特征性的_____作为时代的标志。

阅读材料二：工程材料的分类及力学性能

工程材料种类繁多，分类方法也较多，常用的分类方法如图3-3所示。

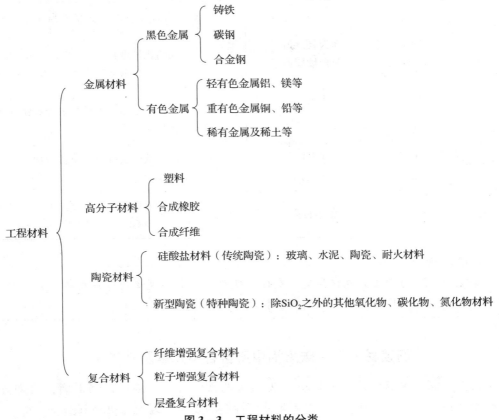

图3-3 工程材料的分类

金属材料的选择与应用的主要依据是金属材料的力学性能。金属材料的力学性能是指金属在力或能的作用下，材料所表现出来的性能。力学性能包括强度、塑性、硬度、冲击韧度及疲劳强度等。力学性能与各种加工工艺也有密切关系，其主要指标及含义见表3-1。

表3-1 常用的力学性能指标及其含义

力学性能	性能指标符号	名称	单位	含义
应力	σ_b σ_s	抗拉强度 屈服点	MPa MPa	试样拉断前所能承受的最大应力； 拉伸过程中，载荷不增加（保持恒定）试样仍能继续伸长时的应力
塑性	δ ψ	断后伸长率 断面收缩率		标距的伸长量与原始标距的百分比； 缩颈处横截面积的缩减量与原始横截面积的百分比

续表

力学性能	性能指标符号	名称	单位	含义
硬度	HBW HR+标尺 HV	布氏硬度值 洛氏硬度值 维氏硬度值		球形压痕单位面积上所承受的平均压力； 用洛氏硬度相应 A、B、C、D、E、F、G、H、K、N、T 标尺测得的对应硬度值； 正四棱锥形压痕单位表面积上所承受的平均压力
冲击韧度	A_k α_k	冲击功 冲击韧度	J/cm^2	冲击试样缺口处单位横截面积上的冲击吸收功
疲劳强度	σ_{-1}	疲劳极限	MPa	试样承受无数次（或给定次）对称循环应力仍不断裂的最大应力

❖ 阅读思考

金属材料的力学性能包括强度、塑性、硬度、冲击韧度及疲劳强度等，它们分别用什么符号表示？你还知道它们的哪些物理和化学性能？

阅读材料三：碳素钢中所含各种元素及其影响

碳素钢（简称碳钢）是含碳量小于 2.11% 的铁碳合金。碳钢价格低廉，冶炼方便，工艺性能良好，并且在一般情况下能满足使用性能的要求，因而在机械制造、建筑、交通运输及其他工业部门中得到广泛的应用。

碳钢中，除含有铁和碳两种元素外，还含有少量的锰、硅、硫、磷等常见杂质元素，它们对钢的性能也有一定影响。

锰是炼钢时加入锰铁脱氧而残留在钢中的。锰的脱氧能力较好，能清除钢中的 FeO，降低钢的脆性；锰还能与硫形成 MnS，以减轻硫的有害作用。锰是一种有益元素，但作为杂质存在时，含量一般小于 0.8%，对钢的性能影响不大。

硅是炼钢时加入硅铁脱氧而残留在钢中的。硅的脱氧能力比锰强，在室温下硅能溶入铁素体中，提高钢的强度和硬度。因此，硅也是有益元素。硅作为杂质存在时，含量一般小于 0.4%，对钢的性能影响不大。

硫是在炼钢时由矿石和燃料带入钢中的。硫在钢中与铁形成化合物 FeS，FeS 与铁则形成低熔点的共晶体分布在奥氏体晶界上。当钢材加热到 1 100 ~ 1 200 ℃ 进行锻压加工时，晶界上的共晶体已熔化，造成钢材在锻压中开裂，即"热脆"。钢中加入锰，可以形成高熔点的 MnS，MnS 呈粒状分布在晶粒内，且在高温下有一定塑性，从而避免热脆。硫是有害元素，含量一般应控制在 0.03% ~ 0.05% 以下。

磷是在炼钢时由矿石带入钢中的。磷可全部溶于铁素体，产生强烈的固溶强化，使钢的强度、硬度增加，但塑性、韧性显著降低。这种脆化在低温时更为严重，称"冷脆"。磷在结晶时还容易引起偏析，从而在局部发生冷脆。磷是有害元素，含量严格控制在0.035%~0.045%以下。

> ❈ **温馨提示**
> 在硫、磷含量较多时，由于脆性较大，切屑易于脆断而形成断裂切屑，改善钢的切削加工性，这是有利的一面。

> ❈ **阅读思考**
> 碳素钢（简称碳钢）是含碳量小于_____的铁碳合金。碳钢中，除含有_____和_____两种元素外，还含有少量的锰、硅、硫、磷等常见杂质元素，它们对钢的性能也有一定影响。其中，_____和_____是有害元素。

阅读材料四：碳素钢的分类、牌号、性能及应用

一、碳素钢的分类

碳素钢的分类方法有多种，具体的分类如下：

1. 按钢中碳的质量分数高低分类

（1）低碳钢：$w(C) \leq 0.25\%$。
（2）中碳钢：$w(C)$ 0.25%~0.60%。
（3）高碳钢：$w(C) \geq 0.60\%$。

2. 按钢中有害元素硫、磷含量的多少划分（即按钢的质量分类）

（1）普通碳素钢：$w(S) \leq 0.050\%$，$w(P) \leq 0.045\%$。
（2）优质碳素钢：$w(S) \leq 0.035\%$，$w(P) \leq 0.035\%$。
（3）高级优质碳素钢：$w(S) \leq 0.025\%$，$w(P) \leq 0.025\%$。

3. 按钢的用途分类

（1）碳素结构钢：用于制造各种机械零件和工程构件，碳的质量分数 $w(C)$ 小于0.70%。
（2）碳素工具钢：用于制造各种刀具、模具和量具等，碳的质量分数 $w(C)$ 在0.7%以上。

4. 按冶炼时脱氧程度的不同分类

（1）沸腾钢（F）：脱氧程度不完全的钢。
（2）镇静钢（Z）：脱氧程度完全的钢。
（3）半镇静钢（b）：脱氧程度介于沸腾钢和镇静钢之间的钢。

二、碳素钢的牌号、性能及用途

1. 碳素结构钢

碳素结构钢中有害杂质相对较多，但价格便宜，大多用于要求不高的机械零件和一般

工程构件，通常轧制成钢板或各种型材，如图3-4所示。

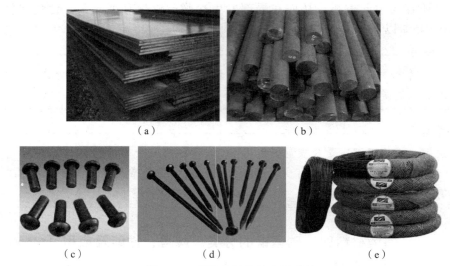

图3-4 碳素结构钢的应用实例
(a) 碳素结构钢板材；(b) 碳素结构钢棒材；
(c) 铆钉；(d) 钉子；(e) 钢筋

碳素结构钢的牌号表示方法是由屈服点的字母Q、屈服点数值、质量等级符号、脱氧方法四个部分按顺序组成。其中质量等级分为A、B、C、D四种，A级的硫、磷含量最多，D级的硫、磷含量最少。脱氧方法符号用"F""Z""b""TZ"表示，分别表示沸腾钢、镇静钢、半镇静钢和特殊镇静钢。如Q235-A·F表示碳素结构钢中屈服强度为235 MPa的A级沸腾钢。碳素结构钢的牌号、性能及用途见表3-2。

表3-2 碳素结构钢的牌号、性能及用途

牌号	屈服强度/MPa	主要用途
Q195	195	用于制作钢丝、钉子、铆钉、垫块、钢管、屋面板及轻负荷的冲压件
Q215	215	
Q235	235	应用最广。用于制作薄板、中板、钢筋、各种型材、一般工程构件、受力不大的机器零件，如小轴、拉杆、螺栓、连杆等
Q255	255	可用于制作承受中等载荷的普通零件，如链轮、拉杆、心轴、键、齿轮、传动轴等
Q275	275	

> ❖ 阅读思考
> 你在生活中见到的型材有哪些？具体应用在哪些方面？

2. 优质碳素结构钢

优质碳素结构钢中有害杂质较少，其强度、塑性、韧性均比碳素结构钢好，主要用于制造较重要的机械零件，如图3-5所示。

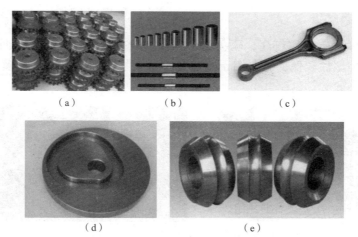

图 3-5 优质碳素结构钢的应用实例
(a) 链轮；(b) 套筒；(c) 连杆；(d) 盘形凸轮；(e) 轧辊

优质碳素结构钢的牌号用两位数字表示，如 08、10、45 等，数字表示钢中平均碳含量的万分之几，上述表示平均碳的质量分数为 0.08%、0.1%、0.45%。

优质碳素结构钢按其含锰量的不同分为普通含锰量和较高含锰量两组。含锰量较高的一组在牌号数字后加"Mn"字，若是沸腾钢，则在后面加"F"，如 15Mn、30Mn、45Mn、10F 等。优质碳素结构钢的牌号、性能及用途见表 3-3。

表 3-3 优质碳素结构钢的牌号、性能及用途

牌号	最小抗拉强度/MPa	用途举例
08F	295	塑性好，可制薄板、冷冲压零件
08	325	制造冲压件及焊接件，经渗碳处理后，也可制作轴、活塞销等零件
10	335	
15	375	
20	410	
25	450	
30	490	调质后综合机械性能良好，用于制造齿轮、轴类、套筒、连杆、活塞杆等
35	530	
40	570	
45	600	
50	630	
55	645	淬火、中温回火后，具有较高的弹性和屈服强度及一定的韧性，主要用于各类弹簧，如螺旋簧、板簧等，也可制造轧辊、凸轮等耐磨件
65	695	
65Mn	735	
70	715	
75	1 080	

3. 碳素工具钢

碳素工具钢因含碳量比较高，硫、磷杂质含量较少，经淬火、低温回火后硬度比较高，耐磨性好，但塑性较低，主要用于制造各种低速切削刀具、量具和模具，如图3-6所示。

图3-6 碳素工具钢的应用实例
(a) 钳工工具；(b) 木工工具；(c) 石匠工具；(d) 量规

碳素工具钢按质量可分为优质和高级优质碳素工具钢两类。为了不与优质碳素结构钢的牌号发生混淆，碳素工具钢的牌号由代号"T"后加数字组成。数字表示钢中平均碳质量分数的千倍，如T8钢，表示平均碳的质量分数为0.8%的优质碳素工具钢。若是高级优质碳素工具钢，则在牌号后加"A"，如T12A，表示平均碳的质量分数为1.2%的高级优质碳素工具钢。碳素工具钢的牌号、性能及用途见表3-4。

表3-4 碳素工具钢的牌号、性能及用途

牌号	退火硬度/HB（不大于）	淬火硬度/HRC（不小于）	用途举例
T7 T7A	187	62	硬度高、韧性较好，可制造扁铲、螺丝刀、手钳、大锤等工具
T8 T8A	187	62	制造冲头、手锯条、剪刀、压缩空气工具及木工工具等
T8Mn T8MnA	187	62	制造冲头、手锯条、剪刀、压缩空气工具及木工工具等。因含锰量高、淬透性较好，故可制造断面较大的工具等

续表

牌号	退火硬度/HB（不大于）	淬火硬度/HRC（不小于）	用途举例
T9 T9A	192	62	用于要求韧性较好、硬度较高的工具，如冲头、凿岩工具、木工工具等
T10 T10A	197	62	用于不受剧烈冲击、有一定韧性及锋利刃口的各种工具，如车刀、刨刀、冲头、钻头、锥、手锯条、小尺寸冲模等
T11 T11A	207	62	用于不受剧烈冲击、有一定韧性及锋利刃口的各种工具，如车刀、刨刀、冲头、钻头、手锯条、小尺寸冲模等。还可做刻锉刀的凿子、钻岩石的钻头等
T12 T12A	207	62	用于不受冲击，要求高硬度、高耐磨的工具，如锉刀、刮刀、丝锥、精车刀、铰刀、锯片、量规等
T13 T13A	217	62	T13用于不受冲击，要求高硬度、高耐磨的工具，如锉刀、刮刀、丝锥、精车刀、铰刀、锯片、量规等。T13A用于要求更耐磨的工具，如剃刀、刻字刀、拉丝工具等

❈ 阅读思考
泥瓦匠用的工具是哪一类钢？

4. 铸造碳钢

铸造碳钢简称"铸钢"。铸钢中碳的含量一般为 0.15%～0.6%。若碳含量过高，则钢的塑性差，且铸造时易产生裂纹。生产中有许多形状复杂、力学性能要求高的机械零件难以用锻压或切削加工的方法制造，通常采用铸钢制造。由于铸造技术的进步、精密铸造的发展，铸钢件在组织、性能、精度等方面都已接近锻钢件，可在不经切削加工或只需少量切削加工后使用，能大量节约钢材和成本，因此铸钢得到了广泛应用，如图 3-7 所示。

❈ 温馨提示
铸造碳钢的最大缺点是熔化温度高、流动性差、收缩率大，而且在铸态时晶粒粗大。因此铸钢件均需进行热处理。

铸钢的牌号是用"ZG"后加两组数字组成，第一组数字代表屈服强度值，第二组数字代表抗拉强度值。如 ZG230-450 表示屈服强度为 230 MPa、抗拉强度为 450 MPa 的铸造碳钢。铸钢的牌号、性能及用途见表 3-5。

图 3-7 铸造碳钢的应用实例
(a) 轴承盖；(b) 棘轮棘爪；(c) 联轴器；(d) 制动轮

表 3-5 铸钢的牌号、性能及用途

牌号	屈服强度/MPa	抗拉强度/MPa	用途举例
ZG200-400	200	400	用于受力不大、要求韧性较好的各种机械零件，如机座、变速箱壳等
ZG230-450	230	450	用于受力不大、要求韧性较好的各种机械零件，如砧座、外壳、轴承盖、底板、阀体、犁柱等
ZG270-500	270	500	用途广泛。常用作轧钢机机架、轴承座、连杆、箱体、曲拐、缸体等
ZG310-570	310	570	用于受力较大的耐磨零件，如大齿轮、齿轮圈、制动轮、辊子、棘轮等
ZG340-640	340	640	用于承受重载荷、要求耐磨的零件，如起重机齿轮、轧辊、棘轮、联轴器等

❖ 阅读思考

（1）主要用于制造各种工程构件和机器零件的碳素结构钢，一般属于_____碳钢和_____碳钢；主要用于制造各种刃具、量具、模具的碳素工具钢，一般属于_____碳钢。（填低、中、高）

（2）圆规、铅笔刀、钢直尺各自用的是哪种钢？

阅读材料五：合金钢的分类

合金钢是为了改善钢的组织和性能，在碳钢的基础上有目的地加入一些元素而制成的钢，常加入的合金元素有硅、锰、铬、镍、钼、钨、钒、钛、铝、硼、稀土元素等。与碳钢相比，合金钢的淬透性、回火稳定性等性能显著提高，故应用日益广泛。

合金钢的分类方法有很多，但最常用的是下面两种分类方法。

1. 按合金元素总含量分类

（1）低合金钢：合金元素总含量 <5%。
（2）中合金钢：合金元素总含量 5%~10%。
（3）高合金钢：合金元素总含量 >10%。

2. 按用途分类

（1）合金结构钢：用于制造工程构件和机械零件的钢。
（2）合金工具钢：用于制造各种量具、刀具和模具等的钢。
（3）特殊性能钢：具有某些特殊物理、化学性能的钢。如不锈钢、耐热钢、耐磨钢等。

> ❖ 阅读思考
> 你在生活中接触过哪些合金钢？举例说明它们的应用。

阅读材料六：常用合金钢的牌号、性能及应用

合金钢牌号是按其碳含量、合金元素的种类及含量和质量级别来编制的。

一、合金结构钢牌号及应用

合金结构钢指用于制造重要工程构件和机械零件的钢。合金结构钢的牌号用"两位数字+元素符号+数字"表示。前面两位数字代表钢中平均碳的质量分数的万倍，元素符号代表钢中含有的合金元素，其后的数字表示该元素平均质量分数的百倍。如为高级优质钢，则在钢号后加符号"A"。

> ❖ 温馨提示
> 当合金元素的含量小于 1.5% 时不标出数字。

1. 低合金结构钢

低合金结构钢是在碳素结构钢的基础上加入少量的合金元素（含量小于3%），主要加入的合金元素为 Mn，强化了铁素体，提高了强度；V、Ti 等元素使晶粒细化、韧性提高。低合金结构钢主要用于建筑、桥梁、车辆和船舶等，如图 3-8 所示。

常用低合金结构钢的牌号、性能及用途见表 3-6。

(a)   (b)   (c)

图 3-8 低合金结构钢的应用实例

(a) 埃菲尔铁塔；(b) 轮船；(c) 桥梁

表 3-6 常用低合金结构钢的牌号、性能及用途

牌号	钢材厚度或直径/mm	力学性能			使用状态	用途举例
		σ_b/MPa	$\sigma_{0.2}$/MPa	δ_5/%		
Q295 (09MnV)	≤16	430~580	≥295	≥23	热轧或正火	车辆部门的冲压件、建筑金属构件、冷弯型钢
	>16~25		≥275			
Q295 (09Mn2)	≤16	440~590	≥295	≥22	热轧或正火	低压锅炉、中低压化工容器、薄板冲压件、输油管道、储油罐等
	>16~30	420~570	≥275	≥22		
Q345 (16Mn)	≤16	510~660	≥345	≥22	热轧或正火	各种大型钢结构、桥梁、船舶、锅炉、压力容器、重型机械、电站设备等
	>16~25	490~640	≥325	≥21		
Q390 (15MnV)	>4~16	530~680	≥390	≥18	热轧或正火	中高压锅炉、中高压石油化工容器、车辆、桥梁、起重机械及其他高载荷的焊接构件
	>16~25	510~660	≥375	≥18		
Q390 (16MnNb)	≤16	530~680	≥390	≥20	热轧或正火	大型焊接结构，如容器、管道及重型机械设备、桥梁等
	>16~20	510~660	≥375	≥19		

续表

牌号	钢材厚度或直径/mm	力学性能			使用状态	用途举例
		σ_b/MPa	$\sigma_{0.2}$/MPa	δ_5/%		
Q420 (14MnVTiRE)	≤12	550~700	≥440	≥19	热轧或正火	大型船舶、桥梁、高压容器、重型机械设备及其他焊接结构件
	>12~20	530~680	≥410	≥19		

> ❖ 温馨提示
>
> 所有的低合金结构钢中，以16Mn应用最广。

2. 合金渗碳钢

合金渗碳钢主要用于制造性能要求较高或截面尺寸较大，且在循环载荷、冲击载荷及摩擦条件下工作的零件，如汽车中的变速齿轮、内燃机中的凸轮等，如图3-9所示。

（a）

（b）

图3-9 合金渗碳钢的应用实例
（a）拨叉；（b）汽车中的变速齿轮

合金渗碳钢中碳的质量分数一般为0.10%~0.25%，以保证芯部有足够的韧性。加入铬、锰、镍、硼等合金元素，可提高钢的淬透性，并在保持良好韧性的条件下提高其强度；加入钼、钨、钒、钛等合金元素，可细化晶粒，提高渗碳层的耐磨性。

对于低、中淬透性渗碳钢，一般以正火作为预备热处理，来改善其切削加工性能；而对于高淬透性渗碳钢，一般在锻造后空冷，再经650℃的高温回火，以形成回火索氏体来改善切削加工性能。渗碳钢的最终热处理通常是渗碳、淬火和低温（180~200℃）回火，表面硬度可达58~64HRC。

常用渗碳钢的牌号、性能及用途见表3-7。

3. 合金调质钢

合金调质钢主要用于制造受力复杂的重要零件，如飞机起落架、机床的主轴、柴油机的连杆及汽车、拖拉机上的齿轮、轴等，如图3-10所示。这些零件均在多种载荷作用下工作，既要求有很高的强度，又要求有很好的塑性和韧性，即具有良好的综合力学性能。

表3-7 常用渗碳钢的牌号、性能及用途

牌号	试样尺寸/mm	热处理/℃			力学性能（不小于）					用途举例
		渗碳	第一次淬火	第二次淬火	回火	σ_b/MPa	σ_s/MPa	δ_5/%	ψ/%	α_k/(J·cm^{-2})	
20Cr	15	930	880（水、油）	780~820（水、油）	200	835	540	10	40	60	用于尺寸在30 mm以下、形状复杂而受力不大的渗碳件，如机床齿轮、齿轮轴、活塞销
20MnV	15	930	880（水、油）	780~820（水、油）	200	785	590	10	40	70	代替20Cr，也可作锅炉、压力容器和高压管道等
20CrMnTi	15	930	880（油）	870（油）	200	1 080	853	10	45	70	用于尺寸在30 mm以下、承受高速、中速或重载、摩擦的重要渗碳件，如齿轮、凸轮等
20SiMnTi	15	930	850~880（油）	780~800（油）	200	1 175	980	10	45	70	代替20CrMnTi
20CrNi4	15	930	880（油）	780（油）	200	1 175	1 080	10	45	80	用于承受高负荷的重要渗碳件，如大型齿轮和轴类件
18Cr2NiWA	15	930	950（空气）	850（空气）	200	1 175	835	10	45	100	用于大截面的齿轮、传动轴、曲轴、花键轴等

  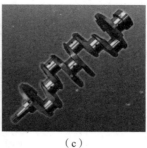

(a) (b) (c)

图 3-10 合金调质钢的应用实例

(a) 飞机起落架；(b) 机床主轴；(c) 曲轴

合金调质钢中碳的质量分数一般在 0.25%～0.50%，若碳的质量分数过低，则强度与硬度不足；若碳的质量分数过高，则韧性不足。加入锰、硅、铬、镍、硼等合金元素，可提高钢的淬透性，并强化铁素体、改善韧性；加入钼、钨、钒、钛等合金元素，可细化晶粒、提高耐回火性并进一步改善钢的性能。

常用合金调质钢的牌号、热处理、性能及用途见表 3-8。

表 3-8 常用合金调质钢的牌号、热处理、性能及用途

牌号	试样尺寸/mm	热处理/℃		力学性能（不小于）					用途举例
		淬火	回火	σ_b/MPa	σ_s/MPa	δ_5/%	ψ/%	α_k/(J·cm^{-2})	
40Cr	25	850（油）	520（水、油）	980	785	9	45	60	作重要调质件，如轴类件，连杆螺栓，汽车转向节、后半轴、齿轮等
40MnB	25	850（油）	500（水、油）	930	785	10	45	60	代替40Cr
30CrMnSi	25	880（油）	520（水、油）	1 100	900	10	45	50	用于飞机重要件，如起落架、螺栓、对接接头、冷气瓶等
30CrMo	25	850（油）	550（水、油）	980	835	12	45	80	作重要调质件，如大电机轴、锤杆、轧钢曲轴，是40CrNi的代用钢

续表

牌号	试样尺寸/mm	热处理/℃		力学性能（不小于）					用途举例
		淬火	回火	σ_b/MPa	σ_s/MPa	δ_5/%	ψ/%	α_k/(J·cm^{-2})	
38CrMoAlA	30	940（水、油）	640（水、油）	980	835	14	50	90	作需渗氮的零件，如镗杆、磨床主轴、精密丝杠、高压阀门、量规等
40CrMnMo	25	850（油）	600（水、油）	1 000	800	10	45	80	作受冲击载荷的高强度件，是40CrNi~NiMo钢的代用钢
40CrNiMo	25	850（油）	600（水、油）	980	835	12	55	78	作重型机械中高负荷的轴类、直升机的旋翼轴、汽轮机轴和齿轮等

❀ 温馨提示

调质处理是淬火后高温回火的热处理方法，其目的是使工件具有良好的综合机械性能。高温回火是指在500~650℃之间进行回火。

4. 合金弹簧钢

合金弹簧钢是一种专用结构钢，主要用于制造各种弹簧和弹性元件，如图3-11所示。

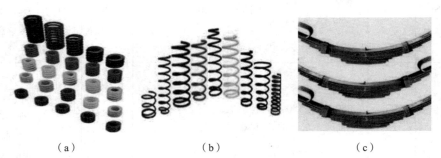

(a)　　　　　　　　(b)　　　　　　　　(c)

图3-11 合金弹簧钢的应用实例

(a) 减压弹簧；(b) 拉力弹簧；(c) 板簧

常用合金弹簧钢的牌号、热处理、性能及用途见表 3-9。

表 3-9 常用合金弹簧钢的牌号、热处理、性能及用途

牌号	热处理/℃		力学性能（不小于）				用途举例
	淬火	回火	σ_b/MPa	σ_s/MPa	δ_{10}/%	ψ/%	
55Si2Mn	870（油）	480	1 300	1 200	6	30	用于工作温度低于230℃、直径为ϕ20~ϕ30 mm的减振弹簧、螺旋弹簧
60Si2Mn	870（油）	480	1 300	1 200	5	25	用于工作温度低于230℃、直径为ϕ20~ϕ30 mm的减振弹簧、螺旋弹簧
50CrVA	850（油）	500	1 300	1 150	(δ_5) 10	40	用于直径为ϕ30~ϕ50 mm、工作温度在400℃以下的弹簧、板簧
60SiCrVA	850（油）	410	1 900	1 700	(δ_5) 6	20	用于直径小于ϕ50 mm的弹簧、工作温度低于250℃的重型板簧与螺旋弹簧
55SiMnMoVNb	880（油）	550	1 400	1 300	7	35	用于直径小于ϕ75 mm的重型汽车板簧

❖ 视野拓展

弹簧在工作时依靠其产生的大量的弹性变形，在各种机械中起缓和冲击、吸收振动和储存能量的作用。因此，制造弹簧的材料应具有高的弹性极限和疲劳极限、高的屈强比及一定的塑性与韧性。

弹簧钢有碳素弹簧钢和合金弹簧钢。碳素弹簧钢属于优质碳素结构钢，如55、65、65Mn、70等，碳的质量分数一般为0.6%~0.9%；而合金弹簧钢中碳的质量分数一般为0.45%~0.7%，以保证得到高的弹性极限和疲劳极限。加入锰、硅、铬等合金元素可提高钢的淬透性、屈强比、耐回火性及强化铁素体；加入钼、钨、钒等合金元素可细化晶粒、防止过热并进一步改善钢的性能。

根据弹簧尺寸的不同，成形和热处理方法也不同。对于弹簧丝直径或弹簧钢板厚度大于10~15 mm的螺旋弹簧或板弹簧，一般在热态下成形，成形后利用余热进行淬火，然后进行中温（350~520℃）回火，硬度一般为42~48HRC。热处理后的弹簧往往还要进行喷丸处理，使其表面强化，并产生残余压应力，以提高其疲劳极限。对于弹簧钢丝直径小于ϕ8~ϕ10 mm的弹簧，常用冷拉弹簧钢丝冷绕而成，一般属于小型螺旋弹簧。由于弹簧钢丝在生产过程中经过铅浴淬火处理及冷拉加工，已经具备了很好的性能，所以冷绕成形后不再进行淬火处理，只需进行200~300℃的去应力退火，以消除残余应力并使弹簧定形。

5. 滚动轴承钢

滚动轴承钢主要用于制造各种滚动轴承的内、外套圈及滚动体，也可用于制造各种工具和耐磨零件，如图 3-12 所示。滚动轴承钢应具有高的抗压强度、疲劳极限、硬度、耐磨性及一定的韧性，应用最广的是高碳铬钢。在制造大型滚动轴承时，为了进一步提高淬透性，还可加入硅、锰等合金元素。

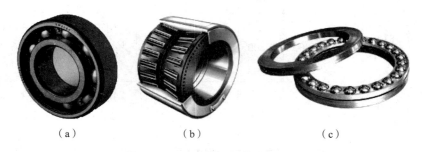

(a) (b) (c)

图 3-12 滚动轴承钢的应用实例
(a) 向心球轴承；(b) 圆锥滚子轴承；(c) 推力球轴承

常用滚动轴承钢的牌号、热处理及用途见表 3-10。

表 3-10 常用滚动轴承钢的牌号、热处理及用途

牌号	热处理/℃		回火后硬度 HRC	用途举例
	淬火	回火		
GCr9	810~820（水、油）	150~170	62~66	直径小于 φ20 mm 的滚动体及轴承内、外圈
GCr9SiMn	810~830（水、油）	150~160	62~64	直径小于 φ25 mm 的滚柱，壁厚小于 14 mm、外径小于 φ250 mm 的套圈
GCr15	820~840（油）	150~160	62~64	直径小于 φ25 mm 的滚柱，壁厚小于 14 mm、外径小于 φ250 mm 的套圈
GCr15SiMn	810~830（油）	160~200	61~65	直径小于 φ50 mm 的滚珠，壁厚大于或等于 14 mm、外径大于 φ250 mm 的套圈，直径大于 φ25 mm 的滚柱
GMnMoVRE	770~810（油）	170±5	≥62	代替 GCr15 钢，用于军工和民用方面的轴承

> **温馨提示**
> 滚动轴承钢对硫、磷等杂质元素的质量分数限制极高，一般规定硫的质量分数应在 0.020% 以下，磷的质量分数应在 0.027% 以下。

❖ 视野拓展

我国目前应用最多的是 GCr15 和 GCr15SiMn，前者用于制造中、小型滚动轴承，后者用于制造较大型滚动轴承。对于承受很大冲击或特大型的滚动轴承常用合金渗碳钢制造，而要求耐腐蚀的滚动轴承常用不锈钢制造。

滚动轴承钢的预备热处理为球化退火；最终热处理为淬火和低温回火，硬度可达 61～65HRC。对于精密轴承，为保证尺寸稳定性，可在淬火后进行冷处理（-60～-80℃），以减少残留奥氏体量，然后再进行低温回火和磨削加工，最后进行时效处理（120～130℃保温 10～20 h），以消除磨削应力，进一步稳定尺寸。

二、合金工具钢牌号及应用

合金工具钢与合金结构钢在牌号表示上的区别在于碳含量的表示方法不同。当 $\omega(C) < 1\%$ 时，牌号前面用一位数字表示平均碳的质量分数的千倍；当 $\omega(C) \geq 1\%$ 时不标碳含量。高速钢不论碳含量多少，都不标出，但当合金的其他成分相同，仅碳含量不同时，则在碳含量高的牌号前加"C"。

碳素工具钢易加工、价格便宜，但其热硬性差、淬透性低，且容易变形和开裂。合金工具钢具有更高的硬度、耐磨性和红硬性。所以，尺寸大、精度高、形状复杂及工作温度较高的工具都采用合金工具钢制造。

合金工具钢按用途分为刃具钢、量具钢和模具钢三大类。

1. 合金刃具钢

合金刃具钢主要用于制造各种金属切削刀具，如车刀、铣刀、钻头等，如图 3-13 所示。对合金刃具钢的性能要求是：高的硬度和耐磨性，高的热硬性，足够的强度、塑性和韧性。合金刃具钢又分为低合金刃具钢和高速工具钢。

（1）低合金刃具钢是在碳素工具钢的基础上加入少量的合金元素的钢，其最高工作温度不超过 300℃。

（a）　　　　　　　（b）　　　　　　　（c）

图 3-13　合金刃具钢的应用实例
(a) 丝锥；(b) 板牙；(c) 齿轮铣刀

常用低合金刃具钢的牌号、热处理及用途见表 3-11。

（2）高速工具钢是一种热硬性、耐磨性都很高的合金工具钢，其热硬性可达 600℃，切削时能长期保持刃口锋利，故又称"锋钢"。高速工具钢是目前应用广泛的刀具材料，如成形车刀、铣刀、拉刀、齿轮滚刀、插齿刀、铰刀和螺纹刀等，如图 3-14 所示。

表 3-11　常用低合金刃具钢的牌号、热处理及用途

牌号	热处理				用途举例
	淬火		回火		
	温度/℃	HRC（不小于）	温度/℃	HRC	
9Mn2V	780~810（油）	62	150~200	60~62	丝锥、板牙、铰刀、量规、块规、精密丝杠、磨床主轴
9SiCr	820~860（油）	62	180~200	60~63	耐磨性高、切削不剧烈的刀具，如板牙、丝锥、钻头、铰刀、齿轮铣刀等
CrWMn	800~830（油）	62	140~160	62~65	要求淬火变形小的刀具，如拉刀、长丝锥、量规、高精度冷冲模等
Cr2	830~860（油）	62	150~170	60~62	低速、切削量小、加工材料不是很硬的刀具和测量工具，如样板、冷轧辊
CrW5	800~820（油）	65	150~160	64~65	低速切削硬金属用的刀具，如车刀、铣刀、刨刀、长丝锥等
9Cr2	820~850（油）	62	130~150	62~65	冷轧辊、钢印、冲孔凿、尺寸较大的铰刀、木工工具

> ❖ 温馨提示
>
> 9SiCr 是最常用的低合金刃具钢，被广泛用于制造各种薄刃刀具，如板牙、丝锥、铰刀等。

(a) (b) (c)

图 3-14 高速工具钢的应用实例

(a) 铣刀；(b) 钻头；(c) 成形刀

高速工具钢中碳的质量分数一般为 0.70%~1.65%，加入的合金元素主要有钨、钼、铬、钒等，合金元素的质量分数在 10% 以上。碳的质量分数高是为了保证形成足够数量的合金碳化物，以提高钢的硬度和耐磨性；钨、钼是提高耐回火性、耐磨性和热硬性的主要元素；铬能明显提高淬透性，使高速工具钢在空冷条件下也能形成马氏体组织；钒能细化晶粒，并能提高钢的硬度、耐磨性及热硬性。

常用高速工具钢的牌号、热处理、硬度及用途见表 3-12。

表 3-12 常用高速工具钢的牌号、热处理、硬度及用途

牌号	热处理及性能					热硬性/HRC	用途
	退火		淬火、回火				
	温度/℃	硬度 HBW	淬火温度/℃	回火温度/℃	回火后硬度 HRC		
W18Cr4V	860~880	207~255	1 260~1 285	550~570	63~66	61.5~62	制造一般高速切削用车刀、刨刀、钻头、铣刀、铰刀等
W18Cr4V2	820~840	≤255	1 210~1 230	540~560	>64	60~61	制造要求耐磨性和韧性很高的高速切削刀具，如丝锥、钻头、滚刀、拉刀等
W6Mo5Cr4V2Al	850~870	≤269	1 230~1 240	540~560	67~69	65	制造加工合金钢的车刀和成形刀具，也可作热作模具零件

续表

牌号	热处理及性能					热硬性/HRC	用途
	退火		淬火、回火				
	温度/℃	硬度 HBW	淬火温度/℃	回火温度/℃	回火后硬度 HRC		
W9Mo3Cr4V	850~870	≤255	1 210~1 240	540~560	>64	63~64	具有W18Cr4V和W6Mo5Cr4V2的共同优点，应用广泛

> ❖ **温馨提示**
>
> 常用高速工具钢中 W18Cr4V 钢的热硬性较高，过热敏感性较小，磨削性能好，但热塑性较差，热加工废品率较高。由于麻花钻热轧工艺的需要，后来研制成功了 W6Mo5Cr4V2 高速工具钢。此外，还有 W9Mo3Cr4V。这三种高速工具钢的切削性能和力学性能近似，称为通用型。
>
> 高速工具钢只有经过适当的热处理才能获得良好的组织与性能。图 3-15 所示为 W18Cr4V 钢的热处理工艺曲线。高速工具钢正常淬火、回火后的组织为极细的回火马氏体、粒状碳化物和少量残留奥氏体，硬度可达 63~66HRC。为进一步提高高速工具钢刃具的切削性能和使用寿命，可在淬火、回火后再进行某些化学热处理，如渗氮、硫氮共渗等。
>
>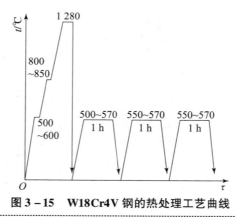
>
> 图 3-15 W18Cr4V 钢的热处理工艺曲线

2. 量具钢

量具钢是指用于制造测量工件尺寸的工具的钢，其应具有高硬度（大于 56HRC）、高耐磨性、高的尺寸稳定性及良好的磨削加工性能，形状复杂的量具还要求淬火变形小。

制造量具没有专用钢材。一般形状简单、尺寸较小、精度要求不高的量具可用碳素工具钢或渗碳钢制造；高精度、形状复杂的量具可用微变形合金工具钢制造；精密量具可用滚动轴承钢制造；要求耐腐蚀的量具可用不锈钢制造。如图 3-16 所示。

（a）

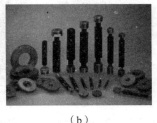
（b）

（c）

图 3-16 量具钢的应用实例

（a）精密测量工具；（b）塞规；（c）量块

量具钢的选用实例及热处理方法见表 3-13。

表 3-13 量具钢的选用实例及热处理方法

量具名称	选用钢号实例及热处理方法	热处理
形状简单、精度不高的量规、塞规等	T10A、T12A、9SiCr	淬火 + 低温回火
精度不高、耐冲击的卡板、平样板等	15、20、20Cr、15Cr	渗碳 + 淬火 + 低温回火
	50、60、65Mn	高频感应淬火
高精度量块等	GCr15、Cr2、CrMn	淬火 + 低温回火
高精度、形状复杂的量规、量块等	CrWMn	淬火 + 低温回火

❖ 阅读思考

你在生活中接触过哪些量具？它们是用什么材料制作的？

3．模具钢

模具钢按其用途分为冷作模具钢和热作模具钢两大类。

1）冷作模具钢

冷作模具钢主要用于制造使金属在冷态下成形的模具，如冲裁模、弯曲模、拉深模、冷挤压模等。冷作模具工作时，金属要在模具中产生塑性变形，因而受到很大压力、摩擦或冲击，其正常的失效形式一般是磨损过度，有时也可能因脆断、崩刃而提前报废。因此，冷作模具钢应具有高硬度、高耐磨性及足够的强度与韧性，同时要求具有高的淬透性和低的淬火变形倾向。

对于形状简单、尺寸较小、工作载荷不大的冷作模具可用碳素工具钢制造，如 T8A、T10A、T12A 等；而形状较复杂、尺寸较大、工作载荷较重、精度要求较高的冷作模具一般用低合金刃具钢来制造，如 9Mn2V、9SiCr、CrWMn、Cr2 等；对于工作载荷重、耐磨性要求高、淬火变形要求小的冷作模具一般用 Cr12 型合金工具钢制造，如 Cr12、Cr12MoV 等。滚动轴承钢、高速工具钢、高碳中铬型工具钢及基体钢也可用于制造冷作模具。冷作模具钢的应用实例如图 3-17 所示。

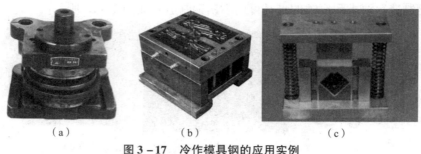

图 3–17 冷作模具钢的应用实例

(a) 冲孔模；(b) 冷挤压模；(c) 弯曲模

2）热作模具钢

热作模具钢主要用于制造使金属在热态下成形的模具，如各种热锻模、热压模、热挤压模和压铸模等，工作时型腔表面温度可达 600℃ 以上。热作模具在工作时，与高温金属周期性接触，反复受热和冷却，在模具型腔表面容易产生网状裂纹，这种现象称为热疲劳。对于热锻模具和热挤压模具，还要受到强烈的磨损与冲击。因此，热作模具钢应具有足够的高温强度和韧性、足够的耐磨性、一定的硬度、良好的耐热疲劳性能及高的淬透性，此外还应具有良好的导热性与抗氧化性。

热作模具一般采用中碳合金工具钢制造，其碳质量分数为 0.3%~0.6%，以保证获得较高的强度与韧性。加入的合金元素主要有铬、镍、锰、硅等，其目的是提高淬透性、强化铁素体、改善韧性、提高耐回火性和耐热疲劳性能。5CrNiMo 和 5CrMnMo 是最常用的热锻模具钢。5CrNiMo 钢具有较高的高温强度和韧性，耐磨性高，淬透性良好，适于制造大型热锻模具；5CrMnMo 钢的淬透性和韧性稍低，但价格便宜，适于制造中、小型热锻模具。热挤压模具和压铸模具因与高温金属接触时间更长，故应具有更高的高温性能和耐热疲劳性能，常用 3Cr2W8V 钢制造。热作模具钢的应用实例如图 3–18 所示。

图 3–18 热作模具钢的应用实例

(a) 连杆锻造模具；(b) 压铸模

> ❖ **温馨提示**
>
> 冷作模具钢为保证其高硬度、高耐磨性，最终热处理方式为淬火后低温回火。热作模具钢为保证足够的韧性，最终热处理一般为调质处理或淬火后中温回火，有些热作模具还可以采用渗氮、碳氮共渗等化学热处理方法来提高其耐磨性和使用寿命。

三、特殊性能钢牌号及应用

特殊性能钢具有特殊物理或化学性能，用来制造除要求具有一定的机械性能外，还要求具有特殊性能的零件。其种类很多，机械制造中主要使用不锈耐酸钢、耐热钢、耐磨钢。不锈耐酸钢包括不锈钢与耐酸钢，能抵抗大气腐蚀的钢称为不锈钢，而在一些化学介质（如酸类等）中能抵抗腐蚀的钢称为耐酸钢。

1. 不锈钢

在腐蚀性介质中具有抵抗腐蚀能力的钢称为不锈钢。

不锈钢钢号前的数字表示平均含碳量的千分之几，合金元素仍以百分数表示。当含碳量≤0.03%及≤0.08%时，在钢号前分别冠以"00"或"0"，例如不锈钢3Cr13的平均含碳量为0.3%、铬为13%；0Cr13钢的平均含碳量≤0.08%、铬为13%；00Cr18Ni10钢的平均含碳量≤0.03%、铬为18%、镍为10%。

生产上常用的不锈钢，按其组织状态可分为马氏体不锈钢、铁素体不锈钢和奥氏体不锈钢三类。

1) 马氏体不锈钢

马氏体不锈钢属于铬不锈钢，通常称为Cr13型不锈钢。因淬火后能得到马氏体，故又称马氏体不锈钢。其中1Cr13和2Cr13钢适于制造在腐蚀条件下受冲击载荷作用的结构零件，如汽轮机叶片、水压机阀等，这两种钢的最终热处理一般为调质处理；而3Cr13和7Cr13钢适于制造手术医疗工具、量具、弹簧及滚动轴承等。马氏体不锈钢的应用实例如图3-19所示。

 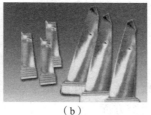

（a）　　　　　　　（b）

图3-19　马氏体不锈钢的应用实例

（a）不锈钢手术工具；（b）汽轮机叶片

2) 铁素体不锈钢

铁素体不锈钢也属于铬不锈钢。这类钢具有单相铁素体组织，其耐腐蚀性、塑性及焊接性能均高于马氏体不锈钢，有较强的抗氧化能力，但强度较低，主要用于制造化学工业中要求耐腐蚀的零件。铁素体不锈钢的应用实例如图3-20所示。

（a）　　　　　　　（b）

图3-20　铁素体不锈钢的应用实例

（a）不锈钢储存罐；（b）不锈钢餐具

3) 奥氏体不锈钢

奥氏体不锈钢属于铬镍不锈钢，通常称为 18-8 型不锈钢。这类钢碳的质量分数低，铬、镍的质量分数高，经热处理后呈单相奥氏体组织，无磁性，其塑性、韧性和耐腐蚀性均高于马氏体不锈钢，有较高的化学稳定性，焊接性能良好。其主要用于制造在强腐蚀性介质中工作的零件，经冷变形强化后也可用作某些结构材料。奥氏体不锈钢的应用实例如图 3-21 所示。

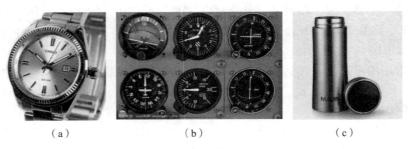

图 3-21 奥氏体不锈钢的应用实例
(a) 手表；(b) 仪表盘指针；(c) 保温杯

> ❖ 阅读思考
>
> 你在生活中接触过哪些不锈钢制品？根据使用性能和成形方法来判断它应该是哪一类不锈钢。

2. 耐热钢

在高温下具有高的抗氧化性能和较高强度的钢称为耐热钢。钢的耐热性能包括高温抗氧化性和高温强度两个方面。

金属在高温下的强度有两个特点：一是温度升高，金属原子间结合力减弱、强度下降；二是在再结晶温度以上，即使金属受的应力不超过该温度下的弹性极限，也会缓慢地发生塑性变形，且变形量随时间的增长而增大，最后导致金属破坏。这种现象称为蠕变，其产生的原因是在高温下金属原子扩散能力增大，使那些在低温下起强化作用的因素逐渐减弱或消失。耐热强钢采用的合金元素，如铬、镍、钼、钨、硅等，除具有提高高温强度的作用外，还可提高高温抗氧化性。图 3-22 所示为耐热钢的应用实例。

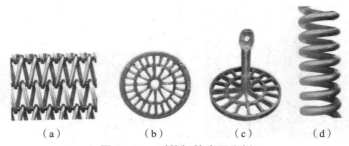

图 3-22 耐热钢的应用实例
(a) 输送带；(b) 锅炉炉栅；(c) 热处理炉挂具；(d) 电阻丝

3. 耐磨钢

耐磨钢是指在强烈冲击载荷作用下才能发生硬化的高锰钢。它只有在强烈冲击与摩擦的作用下才具有耐磨性，在一般机器工作条件下它并不耐磨。耐磨钢主要用于制造坦克、拖拉机的履带，挖掘机铲斗的斗齿以及防弹钢板、保险箱钢板、铁路道岔等。由于高锰钢极易加工硬化，使切削加工困难，故大多数高锰钢零件是通过铸造成型的。图3-23所示为耐磨钢的应用实例。

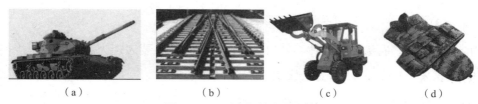

图 3-23 耐磨钢的应用实例

(a) 坦克车履带；(b) 铁路道岔；(c) 铲车铲斗；(d) 防弹钢板

阅读材料七：铸铁的分类

铸铁是含碳量大于2.11%的铁碳合金，主要由铁、碳和硅组成。铸铁的价格较低，且稳定性好、加工容易，尤其抗压强度较高、抗振性好，所以应用很广，如机床的各类床身和箱体、炒菜铁锅、取暖炉、污井盖、暖气片、下水管、水龙头壳体，等等，如图3-24所示。

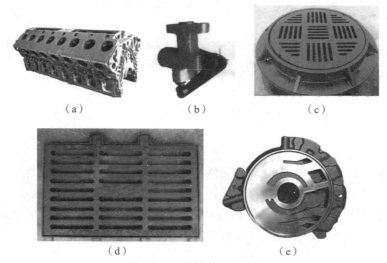

图 3-24 铸铁的应用实例

(a) 箱体；(b) 阀体；(c) 下水道盖；(d) 水箅子；(e) 泵壳

根据碳在铸铁中存在形式的不同，铸铁又可分为以下三大类。

1. 白口铸铁

碳的存在形式：渗碳体（Fe_3C），断口呈银白色；性能硬而脆，难以切削加工。主要用作炼钢原料，很少直接用来制造各种零件。

2. 灰口铸铁

碳的存在形式：石墨，断口呈暗灰色。石墨是游离状态的碳，其强度、硬度、塑性、韧性很低，硬度仅为 3~5HBS，伸长率接近于零。铸铁的组织可以看成是在铁或钢的基体上夹杂着石墨，石墨对基体产生割裂作用。因此，石墨的存在使铸铁的力学性能下降，其性能比钢低，不能锻造，且石墨的数量越多、越粗大，分布越不均匀，铸铁的力学性能越差。但石墨的存在也赋予铸铁许多钢所不及的优良性能，如铸造性能、减振性和减摩性等。

3. 麻口铸铁

碳的存在形式：石墨+渗碳体，断口为黑白色，性能主要表现为脆性大，很少使用。

> ❖ **视野拓展**
>
> 我们平时见到的铸铁制品，一般是各类灰口铸铁。根据石墨在灰口铸铁中存在形态的不同（见图3-25），灰口铸铁可分为：普通灰铸铁，如图3-25（a）所示；可锻铸铁，如图3-25（b）所示；球墨铸铁，如图3-25（c）所示；蠕墨铸铁，如图3-25（d）所示。
>
>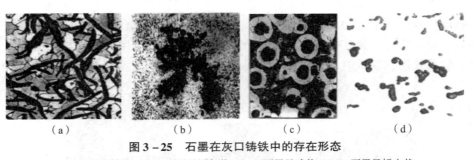
>
> 图3-25 石墨在灰口铸铁中的存在形态
> （a）石墨呈片状；（b）石墨呈团絮状；（c）石墨呈球状；（d）石墨呈蠕虫状

阅读材料八：常用铸铁的性能、牌号及应用

1. 灰铸铁

由于灰铸铁的抗压强度、硬度与耐磨性主要取决于基体，石墨的存在影响不大，故其抗压强度远高于抗拉强度。石墨的存在使铸铁具有的优良性能表现如下：

（1）铸造性能优良。由于灰铸铁具有接近于共晶的化学成分，故熔点比钢低，流动性好，而且铸铁在凝固过程中要析出比容较大的石墨，使铸铁的收缩率小。

（2）减磨性好。灰铸铁中的石墨本身具有润滑作用，而且石墨被磨掉后形成的空隙又能吸附和储存润滑油，保证了油膜的连续性。

（3）减振性强。由于受振动时石墨能起缓冲作用，阻止振动的传播，并把振动能转变为热能，因此灰铸铁的减振能力比钢大。

（4）切削加工性良好。由于石墨的存在使得铸铁基体的连续性被割裂，切屑易断裂，同时石墨本身的润滑作用又使刀具磨损减小。

（5）缺口敏感性较低。灰铸铁中片状石墨本身相当于很多小缺口，因此减弱了外加缺

口的作用，使其缺口敏感性降低。

尽管灰铸铁抗拉强度、塑性、韧性较低，但因具有上述一系列的优良性能，并且价格便宜、制造方便，使得灰铸铁在工业上应用十分广泛，特别适合于制造承受压力、要求耐磨和减振的零件，如机座、机床床身、叶轮等，如图3-26所示。

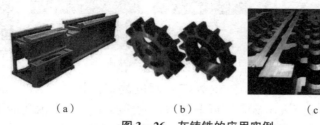

（a） （b） （c）

图3-26 灰铸铁的应用实例

(a) 机床床身；(b) 水泵叶轮；(c) 汽车发动机箱体

灰铸铁的应用

可锻铸铁的生产

灰铸铁的牌号表示为：HT（灰铁）+三位数字（最小抗拉强度值 σ_b，用单铸 $\phi30$ mm 试棒的抗拉强度值表示）。如 HT150 表示单铸试样最小抗拉强度值为 150 MPa 的灰铸铁。常用灰铸铁的牌号、最小抗拉强度及用途见表3-14。

表3-14 常用灰铸铁的牌号、最小抗拉强度及用途

牌号	最小抗拉强度/MPa	适用范围及举例
HT100	100	适用于载荷小、对摩擦和磨损无特殊要求的不重要铸件，如防护罩、盖、油盘、手轮、支架、底板、重锤、小手柄等
HT150	150	承受中等载荷的铸件，如机座、支架、箱体、刀架、床身、轴承座、工作台、带轮、端盖、泵体、阀体、管路、飞轮、电机座等
HT200	200	承受较大载荷和要求一定的气密性或耐蚀性等的较重要铸件，如气缸、齿轮、机座、飞轮、床身、气缸体、气缸套、活塞、齿轮箱、制动轮、联轴器盘、中等压力阀体等
HT250	250	
HT300	300	承受高载荷、耐磨和高气密性的重要铸件，如重型机床、剪床、压力机、自动车床的床身、机座、机架、高压液压件、活塞环、受力较大的齿轮、凸轮、衬套，大型发动机的曲轴、气缸体、气缸套和气缸盖等

2. 可锻铸铁

可锻铸铁是由一定化学成分的铁水浇注成白口坯件，经可锻化退火而获得的具有团絮状石墨的铸铁。

可锻铸铁的力学性能优于灰铸铁，尤其是塑性和韧性较好，接近于球墨铸铁；但与球墨铸铁相比，可锻铸铁具有铁水处理容易、质量稳定和废品率低等优点。可锻铸铁的应用实例如图3-27所示。

图 3-27　可锻铸铁的应用实例

(a) 万向节；(b) 汽车后桥壳；(c) 管接头

可锻铸铁的应用

可锻铸铁牌号：KTH（或 KTZ）+ 三位数字 + 两位数字，其中"KT"是"可铁"，"H"表示黑心可锻铸铁，"Z"表示珠光体可锻铸铁，两组数字分别表示其最小的抗拉强度和伸长率。如 KTH300-06 表示单铸试样最小抗拉强度值为 300 MPa、最小伸长率为 6% 的可锻铸铁。常用可锻铸铁的牌号、力学性能及用途见表 3-15。

表 3-15　常用可锻铸铁的牌号、力学性能及用途

牌号	试样直径/mm	最小抗拉强度/MPa	最小伸长率/%	应用举例
KTH300-06	φ12	300	6	汽车、拖拉机零件，如前后桥壳、减速器壳、制动器、支架等； 机床附件，如扳手等； 农机具零件，如犁刀、犁柱等； 纺织、建筑零件及各种管接头、中低压阀门等
KTH330-08		330	8	
KTH350-10		350	10	
KTH370-12		370	12	
KTZ450-06	φ15	450	6	曲轴、凸轮轴、连杆、齿轮、摇臂、活塞环、轴套、万向接头、棘轮、传动链条等
KTZ550-04		550	4	
KTZ650-02		650	2	
KTZ700-02		700	2	

> ❖ 温馨提示
> 可锻铸铁是不能锻造的，所有的铸铁都不能锻造。可锻铸铁的成形方法仍然是铸造，之后根据需要再进行必要的机加工。

3. 球墨铸铁

球墨铸铁是指一定成分的铁水在浇注前，经过球化处理和孕育处理，获得具有球状石墨的铸铁。球化处理是一种向铁水中加入球化剂，使石墨呈球状结晶的工艺方法。我国常用的球化剂有镁、钙及稀土元素等。球化后的铁水要及时进行孕育处理，即向铁水中加入硅、铁等孕育剂，促进石墨化，并且使得石墨球细小、圆整，分布均匀，从而提高球墨铸铁的力学性能。

由于球墨铸铁中的石墨呈球状，使得其对基体的割裂作用和应力集中的作用减至最

小，在铸铁中，球墨铸铁具有最高的力学性能。同时，也由于石墨的存在，使球墨铸铁具有优良的铸造性能、减摩性和切削加工性。但球墨铸铁的白口倾向大，铸件容易产生疏松，其熔炼工艺和铸造工艺都比灰铸铁要求高。球墨铸铁的应用实例如图3-28所示。

（a） （b） （c）

图 3-28 球墨铸铁的应用实例

（a）法兰；（b）电动机壳；（c）球墨井盖

球墨铸铁的应用

球墨铸铁的牌号：QT（球铁）+ 三位数字（最小抗拉强度 σ_b）+ 两位数字（最小伸长率 δ），后面两组数字都是用单铸试样时的抗拉强度值和伸长率来表示的。如 QT400-18 表示单铸试样最小抗拉强度值为 400 MPa、最小伸长率为 18% 的球墨铸铁。常用球墨铸铁的牌号、力学性能及用途见表 3-16。

表 3-16 常用球墨铸铁的牌号、力学性能及用途

牌号	最小抗拉强度/MPa	最小伸长率/%	应用举例
QT400-18	400	18	汽车和拖拉机底盘零件、轮毂、电机机壳、闸瓦、联轴器、泵体、阀体、法兰等
QT400-15	400	15	
QT450-10	450	10	
QT500-7	500	7	电机机架、传动轴、直齿轮、链轮、罩壳、托架、连杆、摇臂、曲柄、离合器片等
QT600-3	600	3	
QT700-2	700	2	汽车和拖拉机传动齿轮、曲轴、凸轮轴、气缸体、气缸套、转向节等

4. 蠕墨铸铁

蠕墨铸铁是指一定成分的铁液在浇注前，经蠕化处理和孕育处理，获得具有蠕虫状石墨的铸铁。蠕化处理是一种向铁液中加入使石墨呈蠕虫状结晶的蠕化剂的工艺。我国常用的蠕化剂有稀土镁钛合金、稀土硅铁合金和稀土钙硅铁合金等。孕育处理可以减少蠕墨铸铁的白口倾向，延缓蠕化衰退和提供足够的石墨结晶核心，使石墨细小并分布均匀。常用的孕育剂是硅、铁等。

蠕墨铸铁的强度、韧性、耐磨性等都比灰铸铁高；由于石墨是相互连接的，故其强度和韧性都不如球墨铸铁，但铸造性能、减振性和导热性都优于球墨铸铁，并接近于灰铸

铁。蠕墨铸铁的应用实例如图3-29所示。

 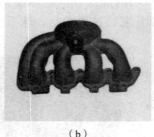 

(a) (b) (c)

图3-29 蠕墨铸铁的应用实例

(a) 汽车制动鼓；(b) 排气管；(c) 增压阀

蠕墨铸铁的牌号：RuT（蠕铁）+ 三位数字（最小抗拉强度值 σ_b，用单铸试样的抗拉强度值表示）。如 RuT420 表示单铸试样最小抗拉强度值为 420 MPa 的蠕墨铸铁。常用蠕墨铸铁的牌号、力学性能及用途见表3-17。

表3-17 常用蠕墨铸铁的牌号、力学性能及用途

牌号	最小抗拉强度/MPa	适用范围及举例
RuT420	420	适用于强度或耐磨性高的零件，如制动盘、活塞、制动鼓、玻璃模具等
RuT380	380	
RuT340	340	
RuT300	300	适用于强度高及承受热疲劳的零件，如排气管、气缸盖、液压件、钢锭模等
RuT260	260	适用于承受冲击载荷及热疲劳的零件，如汽车底盘零件、增压器、废气进气壳体等

❖ 阅读思考

你在生活中接触过哪些铸铁制品？根据使用性能来判断它们是哪一类铸铁，举例说明。

任务二 了解钢的热处理常识

任务导入

通过学习，让学习者了解我国热处理技术的悠久历史；了解热处理技术的概念、目的、类型及应用。本任务教学之前，有条件的学校可以组织学生参观热处理生产企业，让学生感性认知常见的各种热处理类型及工艺流程。

任务实施

阅读材料一：我国热处理技术的历史

热处理技术在我国已有悠久历史。16 世纪以前，我国在冶金学及金属材料加工工艺与应用方面居世界先进地位。早在商代就已经有了经过再结晶退火的金箔饰物；春秋中叶就开始利用渗碳原理将海绵铁制成钢；公元前 5 世纪，我国发明了使铁局部石墨化制造韧性铸铁的热处理技术，从而使其广泛用于农具、工具及兵器的生产；在洛阳出土的战国时代的铁锛是由白口铁经脱碳退火制成，说明了在当时即掌握了利用生铁脱碳制钢的技术；公元前 1 世纪又发明了炒钢炼钢法，这种炼钢法要比欧洲约早 1 800 年。

淬火技术早在公元前 3 世纪就在刀剑制作中得到应用，司马迁《史记·天官传》已有详细的记载，《汉书·王褒传》中也有"清水淬其锋"的记载；公元 2 世纪末，刀师蒲元已掌握了水质对淬火的影响；公元前 6 世纪有关著作中记载的綦母怀文将灌钢刀"予以五牲之溺，淬以五牲之脂"，可能是有关双液淬火的最早记录；东汉时期，我国还发明了利用生铁液对熟铁进行渗碳的工艺。关于古代热处理技术记载最为丰富的当属明代科学家宋应星的《天工开物》，该书中对退火、淬火、固体渗碳、形变强化、防氧化技术等均有生动的描述。

随着冶金及机械制造业的发展，热处理工艺技术和基础理论的研究有了极大进步，尤其是在近几十年，由于科技领域之间的相互渗透和世界性的能源危机，使热处理技术向优质、高效率、节约能源及无公害的方向发展，并使热处理技术领域日益扩大，如高能量密度表面淬火及表面合金化、表面覆层强化技术、离子热处理技术，等等。因此，热处理技术日益成为一种以多种学科为基础的综合技术。

> ❖ **阅读思考**
> （1）公元 6 世纪记载綦母怀文将灌钢刀"予以五牲之溺，淬以五牲之脂"，可能是_____的最早记录。
> （2）关于我国古代热处理技术方面较为丰富的记载是明代科学家_____的《_____》一书。

阅读材料二：热处理概述

钢的热处理是将固态钢材采用适当的方式进行加热、保温和冷却，以获得所需组织与性能的工艺。热处理的工艺方法虽然很多，但是无论何种热处理工艺，其均是由加热、保温、冷却三个阶段组成的，其工艺曲线如图 3-30 所示。

按照热处理在整个工艺流程中的位置和作用不同，热处理分为预先热处理和最终热处理。其中预

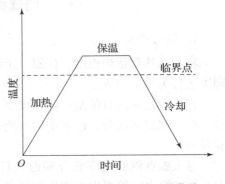

图 3-30 钢的热处理的工艺曲线

先热处理是为随后的加工或进一步热处理做准备，而最终热处理是赋予零件最终的使用性能。

通过适当的热处理，不但可以提高零件的使用性能，充分发挥钢材的潜力，延长零件的使用寿命，而且还可改善工件的工艺性能，提高加工质量，减小刀具磨损。因此，热处理技术在机械制造业中具有十分重要的作用。

❖ 阅读思考

（1）任何一种热处理工艺均是由_____、_____和_____三个阶段组成的。

（2）根据热处理在整个工艺流程中的位置和作用不同，热处理分为_____和_____。

问题解决

根据加热、冷却方式以及组织、性能变化特点等不同，钢的热处理有普通热处理和表面热处理两大类，具体类型如图3-31所示。

热处理的作用和地位

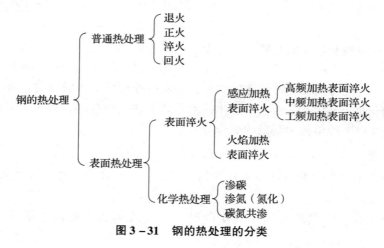

图 3-31　钢的热处理的分类

阅读材料三：退火与正火

1. 钢的退火

将钢加热到适当温度，保温一定时间，然后缓慢冷却（一般随炉冷却）至室温的热处理工艺称为钢的退火。

钢进行退火的目的是：降低硬度，提高塑性，以利于切削加工及冷变形加工；细化晶粒，均匀组织和成分，改善钢的性能或为后续热处理做准备；消除内应力，防止工件变形和开裂。

退火根据钢的化学成分和退火目的的不同，可分为完全退火、球化退火、去应力退火、扩散退火、等温退火和再结晶退火等。

1) 完全退火

将钢加热到完全奥氏体化（A_{C3} 以上 30~50℃），保温一定时间随之缓慢冷却到 500℃ 以下，出炉空冷至室温的退火工艺。

完全退火由于加热时钢的组织完全奥氏体化，且在随后的缓冷过程中奥氏体全部转变为细小而均匀的室温组织，因此可细化晶粒、消除内应力、降低硬度，以利于切削加工。

完全退火主要用于中碳钢及低、中碳合金钢的铸件、锻件、热轧型材等，有时也用于焊接件。

2) 球化退火

将钢加热到 A_{C1} 以上 20~30℃，保温一定时间后，以不大于 50℃/h 的冷却速度随炉冷却下来，使钢中碳化物呈球状的退火工艺。

经球化退火后，钢中的碳化物均发生了球化，得到了硬度更低、塑性更好的球状组织。因此球化退火的目的是降低硬度、提高塑性、改善切削加工性能。

球化退火主要适用于共析钢和过共析钢及其合金。

3) 去应力退火

将钢加热到略低于 A_1 的温度（一般取 500~650℃），保温一定时间后随炉缓冷至 200~300℃ 出炉空冷的退火工艺，又称低温退火。

去应力退火主要用于消除铸件、锻件和焊接件中由于塑性变形、焊接、切削加工、铸造等形成的残余应力。

4) 扩散退火

将钢加热到 A_{C3} 以上 150~250℃，长时间保温，使钢中元素充分扩散，然后缓慢冷却的退火工艺。

扩散退火的目的是减少金属铸锭、铸件或锻坯的化学成分偏析和组织不均匀性，以达到化学成分和组织的均匀化。

> **温馨提示**
> 在上述退火工艺中，去应力退火热处理前后没有发生组织变化。

2. 钢的正火

将钢加热到 A_{C3}（亚共析钢）或 A_{CCm}（过共析钢）以上 30~50℃，保温适当时间后，在空气中冷却的热处理工艺称为钢的正火。

正火的主要目的是：对低碳钢，可细化晶粒，提高硬度，改善切削加工性能；对中碳钢，可提高硬度和强度，作为最终热处理；对高碳钢，可消除网状碳化物，为后续加工及球化退火、淬火等做好组织准备。

正火主要用于以下场合：

（1）改善低碳钢和低碳合金钢的切削加工性。因低碳钢和某些低碳合金钢的退火组织中铁素体含量较多，硬度偏低，故在切削加工时易于产生"粘刀"现象，增加表面粗糙度值。采用正火能适当提高其硬度，将其调整到易切削的范围（160~230HBS），改善其切削加工性能。

（2）正火可细化晶粒，其组织力学性能较高，所以当力学性能要求不太高时，正火可作为最终热处理，也能满足普通结构零件的性能要求。

(3) 消除过共析钢中的网状渗碳体，改善钢的力学性能，并为球化退火做组织准备。

(4) 代替中碳钢和低碳合金结构钢的退火，改善它们的组织结构和切削加工性能。

❖ **拓展阅读**

金属切削过程中的"粘刀"现象。

在金属切削加工过程中，工件随着温度的升高，硬度变小、塑性增加，刀、屑界面摩擦随之变大。若温度上升到加工工件熔点时就会产生灼伤；塑性变大了，切割面不容易剥离，刀具和工件间产生了强制性的运动便产生金属屑黏附刀头的现象，即所谓的"粘刀"现象。

"粘刀"现象一般是被加工金属硬度低，一旦发生，势必造成刀具的损坏，且工件的精密度、光亮度等严重受损，刮花、表面灼伤、产生积屑瘤等问题应运而生，加工表面质量直线下降。因此要坚决加以预防。

❖ **阅读思考**

(1) 在常见的退火工艺中，适用于中碳钢锻件退火的是_____，适用于过共析钢铸件退火的是_____，在退火前后没有发生组织变化的是_____。

(2) 试比较退火与正火的异同。

阅读材料四：淬火与回火

1. 钢的淬火

淬火是将合金加热到 A_{C3} 或 A_{C1} 以上某一温度，保温一定时间，然后以适当速度冷却获得马氏体（或贝氏体）组织的热处理工艺。

淬火的主要目的是提高工件的强度、硬度和耐磨性。

钢件的淬火操作

1) 钢的淬火加热温度

对亚共析钢来说，通常钢的淬火加热温度选择 A_{C3} 以上 30~50℃；对过共析钢，淬火加热温度常选择在 A_{C1} 以上 30~50℃。

2) 淬火冷却介质

钢在淬火过程中，理想淬火冷却速度是在"鼻温"以上缓慢冷却，"鼻温"附近快速冷却，"鼻温"以下缓慢冷却。实际中很难找到完全符合上述特性的冷却介质。常用的淬火介质有油、水、盐水、碱水等，其冷却能力依次增加。对于碳钢零件通常采用水作为淬火冷却介质，合金钢零件通常选择油作为冷却介质。

3) 淬火方法

为了保证获得所需淬火组织，又要最大限度地减小变形和避免开裂，除了正确地进行加热及合理地选择冷却介质外，还应该根据工件的材料、尺寸、形状和技术要求选择合理的淬火方法。常用的淬火方法包括单液淬火、双液淬火、分级淬火及等温淬火等，如图3-32所示。

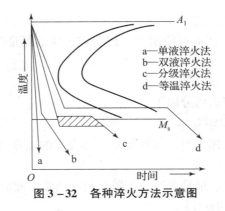

图 3-32　各种淬火方法示意图

淬火方法

(1) 单液淬火。

将钢件奥氏体化后,在单一淬火介质中冷却至室温的淬火热处理。

特点:操作简单,容易实现机械化和自动化。但单独采用一种介质进行冷却,综合的冷却特性不够理想,容易产生硬度不足等淬火缺陷。

(2) 双液淬火。

将钢件奥氏体化后,先浸入一种冷却能力强的介质,冷却至接近马氏体转变开始温度点(M_s)时,马上浸入另一种冷却能力弱的介质中使之发生马氏体转变的淬火热处理,如先水后油、先油后空气等。

特点:优点是内应力小,变形开裂小;缺点是操作困难,不易掌握。常用于碳素工具钢制作的零件有丝锥等。

(3) 分级淬火。

将钢件奥氏体化后,随之浸入温度稍高或稍低于 M_s 点的液态介质中,保温适当时间,待工件的内外层均达到介质温度后取出空冷或油冷,从而获得马氏体组织的淬火热处理。如先放入一定温度的盐浴或碱浴中,再空冷。

特点:工件内外温差小,可有效减小内应力,防止工件变形和开裂,但淬火过程中可能会出现非马氏体组织。因此,分级淬火主要用于合金钢工件以及截面不大、形状复杂的碳钢工件。

(4) 等温淬火。

将钢件奥氏体化后,放入温度稍高于 M_s 点的盐浴或碱浴中,保温足够时间,使奥氏体转变为下贝氏体组织的淬火热处理。

特点:可强化钢材,显著地减小淬火应力和变形。经淬火后的工件既具有良好的强度和韧性,也具有较高的硬度和耐磨性,常用于处理形状复杂的各种模具、成形刀具等。

2. 钢的回火

将淬火后钢件再加热到 A_{C1} 以下的某一温度,保温一定的时间,然后冷却到室温的热处理工艺称为钢的回火。

1) 回火的目的

(1) 消除内应力。通过回火减小或消除工件淬火时所产生的内应力,防止工件在使用过程中的变形和开裂。

(2) 获得所需要的力学性能。通过回火可提高钢的韧性,适当调整钢的强度和硬度,使工件具有较好的综合力学性能。

(3) 稳定组织和尺寸。回火可使钢的组织稳定，从而保证工件在使用过程中尺寸稳定。

回火的种类及应用

2) 回火的类型

根据回火温度不同，回火可分以下三种：

(1) 低温回火（150～250℃）。

低温回火得到回火马氏体组织，其性能是：具有高的硬度（最高可达64HRC）、高的耐磨性和一定的韧性。

低温回火主要用于刀具、量具、冷冲压模具及其他要求硬而耐磨的零件。

(2) 中温回火（350～500℃）。

中温回火得到的回火托氏体组织，其性能是：具有高的弹性极限、屈服点和适当的韧性，硬度可达35～50HRC。中温回火主要用于弹性零件及热锻模具等。

(3) 高温回火（500～650℃）。

高温回火得到的是回火索氏体组织，其性能是：具有良好的综合力学性能（足够的强度和高韧性相配合），硬度可达200～330HBS。其广泛用于螺栓、连杆、齿轮、曲轴等受力构件。

> ❖ **温馨提示**
>
> 生产中常把淬火及高温回火的复合热处理工艺称为调质。

> ❖ **拓展阅读**
>
> **钢的"淬透性"和"淬硬性"**
>
> 钢的淬透性是指在规定条件下，钢在淬火冷却时获得马氏体组织深度的能力，主要取决于钢的临界冷却速度。
>
> 钢的淬硬性是指钢在理想条件下淬火成马氏体后所能达到的最高硬度，主要取决于钢的含碳量。
>
> 淬透性和淬硬性是两个不同的性能指标，淬透性好的钢，其淬硬性未必好；同理，淬硬性好的钢，其淬透性也未必好。

> ❖ **阅读思考**
>
> (1) 常见的淬火方法有_____、_____、_____和_____。
> (2) 根据回火温度不同，回火工艺分为_____、_____和_____三种。
> (3) 钢的淬火硬度主要取决于_____。

问题解决

退火与正火主要应用于各类铸、锻、焊工件的毛坯或工件加工过程中的半成品，用这种工艺消除冶金及热加工过程中产生的缺陷，并为以后的机械加工及热处理准备良好的组织状态，因此通常把退火、正火称为预备热处理。

相对于退火来说，正火具有生产周期短、成本低、操作方便等退火无法比拟的优点，因此实际生产中在可能的条件下应优先采用正火。但在零件形状复杂时，由于正火的冷却速度较快，有引起开裂的危险，故以采用退火为宜。

淬火和回火是最重要的热处理工序。淬火与不同温度的回火工艺相结合，不仅可以显著提高钢的强度和硬度，而且可以获得不同强度、塑性、韧性的良好配合，满足零件对材料力学性能提出的要求。

阅读材料五：表面淬火

表面淬火是仅把零件需耐磨的表层淬硬，而中心仍保持未淬火的高韧性状态的热处理工艺。根据淬火加热方式的不同，表面淬火分为火焰加热表面淬火、感应加热表面淬火（工频、中频、高频、高频脉冲加热淬火）、激光表面加热淬火、离子束表面加热淬火等。

1. 火焰加热表面淬火

应用氧－乙炔（或其他可燃气体）火焰喷射到工件表面，使其被快速加热到淬火温度，随后立即喷水冷却的热处理工艺，称为火焰加热表面淬火，如图 3-33 所示。

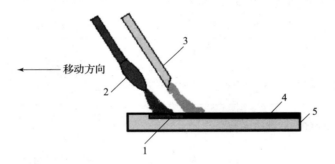

图 3-33 火焰加热表面淬火示意图
1—加热层；2—烧嘴；3—喷水管；4—淬硬层；5—工件

火焰加热表面淬火由于其加热温度及淬硬层深度不易控制，因此其淬火质量不稳定，一般适用于含碳量为 0.35%~0.7% 的中碳钢（如 45）或中碳合金钢（如 40Cr）的单件或小批量生产。

感应加热

2. 感应加热表面淬火

利用感应电流通过材料或工件所产生的热量，使材料或工件表层、局部或整体加热并快速冷却的淬火工艺，称为感应加热表面淬火。

图 3-34 所示为感应加热表面淬火示意图，将工件置于感应器中，当感应器中通入一定频率的交流电时，便产生交变磁场，于是工件内部将产生感应电流（涡流）。根据涡流的趋肤效应，工件表层因电流密度大、温升快而迅速达到淬火温度，芯部则因电流密度小、温升慢而基本维持在室温水平。在冷却水的快速冷却下，即可达到表面淬火的目的。

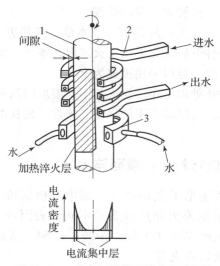

图 3-34 感应加热表面淬火示意图
1—工件；2—加热感应器；3—淬火喷水套

感应淬火的基本原理

感应加热表面淬火的淬硬层深度主要取决于电流频率，频率越高，淬硬层越浅（电流频率和淬硬层的关系见表 3-18），其主要适用于中碳钢、中碳合金钢等。

表 3-18 生产中常用的电流频率和淬硬层的关系

类别	常用频率	淬硬层深度/mm	应用举例
高频感应淬火	200~250 kHz	0.2~2	用于小模数齿轮和小轴类零件的表面淬火
中频感应淬火	2 500~8 000 Hz	2~5	用于中、小模数的齿轮、凸轮轴、曲轴的表面淬火
工频感应淬火	50 Hz	大于10	用于冷轧辊的表面淬火
超音频感应淬火	20~40 kHz	2.5~3.5	用于模数为 3~6 mm 的齿轮、花键轴、链轮等要求淬硬层沿轮廓分布的零件

❖ 阅读思考

（1）中碳钢或中碳合金钢若想获得"表面硬、芯部韧"的组织宜采取何种热处理工艺？

（2）感应加热表面淬火为什么可以获得比普通淬火高 2~3HRC 的硬度？

阅读材料六：化学热处理

将钢置于一定温度的活性介质中保温，使一种或几种元素渗入其表层，以改变其化学成分、组织和性能的热处理工艺，称为化学热处理。

化学热处理根据不同的分类标准分成不同的类型，通常以渗入元素来命名。例如工件表面渗入碳元素称为渗碳，渗入氮元素称为渗氮；同时渗入碳和氮元素称为碳氮共渗；渗入金属元素的称为渗金属等。但无论何种类型，热处理的过程均包含"分解""吸收"和"扩散"三个阶段。

1. 钢的渗碳

将工件放在渗碳介质中加热并保温，使碳原子渗入表层的化学热处理工艺称为钢的渗碳，如图3-35所示。渗碳后工件表层含碳量提高，但芯部仍为低碳。经淬火及低温回火后，零件表层具有高硬度、高耐磨性、高疲劳抗力，而芯部仍保持一定的强度及较高的塑性和韧性。

图3-35 钢的渗碳
（a）井式渗碳炉示意图；（b）井式渗碳炉实物图
1—风扇电动机；2—废气火焰；3—炉盖；4—砂封；5—电阻丝；6—耐热罐；7—工件；8—炉体

渗碳用钢的含碳量一般在0.15%~0.25%，如20CrMnTi。渗碳方法有气体渗碳、固体渗碳和液体渗碳，目前广泛应用的是气体渗碳法。气体渗碳常用煤油、丙酮、甲醇等渗碳剂裂解后产生的渗碳气体进行渗碳。

2. 钢的渗氮

在一定温度下（一般在A_{c1}以下）使活性氮原子渗入工件表面的化学热处理工艺，称为渗氮。工件经渗氮后，可以获得高的表面硬度、耐磨性、疲劳强度及耐蚀性。

常用的渗氮方法有气体渗氮、离子渗氮等。生产中应用较多的是气体渗氮，渗氮介质主要为氨气。优质碳素结构钢和合金结构钢均可用作渗氮用钢，应用历史最悠久的渗氮用钢为38CrMoAl。

3. 钢的碳氮共渗

在一定温度下，同时将碳、氮渗入工件表层奥氏体中并以渗碳为主的化学热处理工艺，称为碳氮共渗。

碳氮共渗常用的共渗方法为气体碳氮共渗，常用的介质为苯（煤油）+氨气等。经碳氮共渗后的工件，不但具有渗碳和渗氮的优点，而且提高了表面硬度、抗疲劳性和耐磨性。

❀ 温馨提示

工件表层渗入氮和碳并以渗氮为主的化学热处理工艺称为氮碳共渗。其共渗介质常采用尿素，其原理及应用可查阅相关资料。

4. 渗金属

将金属原子渗入工件表面的化学热处理工艺，称为渗金属。常见的渗金属方法有渗硼、铝、铬、钒、锰等。例如，渗铬可使渗后工件具有较好的耐蚀性与优良的抗氧化性、硬度和耐磨性，并可代替不锈钢与耐热钢用于机械和工具制造；再如，工件渗硼后表面具有很高的硬度和耐磨性、良好的耐腐蚀磨损和泥浆磨损的能力，耐磨性明显优于渗氮、渗碳和碳氮共渗层，但不耐大气和水的腐蚀。其主要用于泥浆泵零部件、热作模具和工件夹具。

> ❈ 阅读思考
> （1）化学热处理和其他热处理方法相比的本质区别在于化学热处理改变了工件的_____。
> （2）任何化学热处理均包含_____、_____和_____三个阶段。
> （3）渗碳的目的是什么？为什么渗碳后要进行淬火和低温回火？

问题解决

零件在工作过程中经常受到冲击载荷及表面的剧烈摩擦作用（如高速旋转的曲轴、齿轮等），因此该类零件表面必须具有高硬度、高耐磨性，以及芯部具有足够的塑性和韧性。此时则需要对其进行表面热处理。

表面淬火是一种对零件需要硬化的表面进行加热淬火的工艺。经表面淬火的零件不仅提高了表面硬度和耐磨性，而且与经过适当预先热处理的芯部组织相配合，可以获得高的疲劳强度和强韧性。由于表面淬火工艺简单、强化效果显著、热处理后变形较小、生产过程中易于实现自动化大批生产及生产效率很高，且具有很好的技术与经济的综合效益，因此在生产上广泛应用。

化学热处理通过改变表面化学成分及随后的热处理，可以在同一材料的工件上，使芯部与表面获得不同的组织和性能。例如，在保持工件芯部具有高的强韧性的同时，使表面有着很高的硬度和耐磨性、耐蚀性等一系列优良的性能。因此在机械制造、冶金、交通、造船、航天航空等领域具有广泛的应用。

任务三　认识其他常用工程材料

任务导入

通过学习，让学习者了解除钢铁材料以外的其他材料（有色金属、工程塑料等）在国民经济中的重要地位与作用，了解常用有色金属材料的组成及应用，学会简单的选择方法。

任务实施

阅读材料一：常用有色金属——铜及其合金

1. 工业纯铜

纯铜外观呈紫红色，所以又称为紫铜。其密度为 $8.93 \times 10^3 \, kg/m^3$，熔点为 1 083 ℃，具有良好的塑性、导电性、导热性和耐蚀性。但强度较低，不宜制作结构零件，而广泛用于制造电线、电缆、铜管以及配制铜合金。

我国工业纯铜的代号有 T1、T2、T3 三种，顺序号越大，纯度越低。T1、T2 用于制造导电器材或配制高级铜合金，T3 用来配制普通铜合金。

2. 铜合金

铜合金按其化学成分分为黄铜、青铜和白铜。

黄铜是以铜和锌为主的合金，如：H80，色泽美观，作装饰品，有较好的力学性能和冷、热加工性；H70，强度高，塑性好，冷成形性能好，可用深冲压方法制作弹壳、散热器、垫片等；H62，强度较高，热状态下塑性好，切削性好，易焊接，耐腐蚀，价格便宜，应用较多，常用作散热器、油管、垫片、螺钉等。

特殊黄铜是在铜锌合金中加入硅、锡、铝、铅、锰等元素，如铅黄铜 HPb59-1 有良好的切削加工性，用来制作各种结构零件；铝黄铜 HAl59-3-2 耐蚀性好，用于制作耐腐蚀零件。

青铜是锡铜合金或含铝、硅、铅、铍、锰的铜基合金，如锡青铜，具有良好的强度、硬度、耐磨性、耐蚀性和铸造性；铸造收缩率小，适用于铸造形状复杂、壁厚的零件，但流动性差，易形成分散的微缩气孔，不适于制造要求致密度高和密封性好的铸件；抗腐蚀性高，抗磨性好。铝青铜，价格低廉，性能优良，强度、硬度比黄铜和锡青铜高，而且耐蚀性、耐磨性也高。铝青铜作为锡青铜的代用品，常用于铸造承受重载的耐磨、耐蚀零件。铍青铜经淬火时效强化后强度、硬度高，弹性极限、疲劳强度、耐磨性、耐蚀性、导电性、导热性好，有耐寒、无磁性及冲击不产生火花等特性，用于制造精密食品或仪表中的贵重弹簧及零件和耐磨件，但价格昂贵，工艺复杂，且有毒。钛青铜的物理、化学性能和力学性能与铍青铜相似，但生产工艺简单，无毒，价格便宜。

白铜是以镍为主要添加元素的铜合金，锰白铜：锰铜 BMn3-13、康铜 BMn40-1.5、考铜 BMn43-0.5。其具有极高的电阻率及非常小的电阻温度系数。

> **阅读思考**
>
> 普通黄铜是_____、_____二元合金，在普通黄铜中再加入其他元素时称_____黄铜。

阅读材料二：常用有色金属简介——铝、钛及其合金

1. 工业纯铝

纯铝具有银白色的金属光泽，其密度为 $2.72 \times 10^3 \, kg/m^3$，熔点为 660 ℃，具有良好的

导电、导热性（仅次于银、铜）。铝在空气中易氧化，在表面形成一层致密的三氧化二铝氧化膜，它能阻止铝进一步氧化，从而使铝在空气中具有良好的抗蚀能力。铝的塑性高，强度、硬度低，易于加工成形。通过加工硬化，可使其强度提高，但塑性降低。纯铝主要用来配制铝合金，还可以用来制造导线包覆材料及耐蚀器具等。

2. 铝合金

纯铝的强度很低，其抗拉强度仅有 90~120 MPa，所以一般不宜直接作为结构材料和制造机械零件。但加入适量合金元素的铝合金，再经过强化处理后，其强度可以得到很大提高。铝合金按其成分、组织和工艺特点，可以分为铸造铝合金与变形铝合金。

1）变形铝合金

常用变形铝合金根据性能的不同，可分为防锈铝合金、硬铝合金、超硬铝合金和锻铝合金四种。图 3-36 所示为其应用实例。

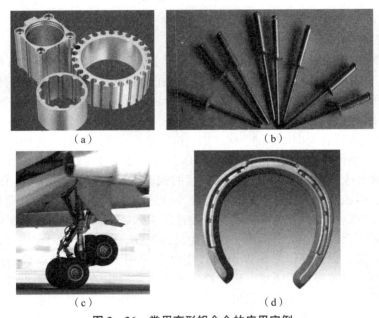

图 3-36 常用变形铝合金的应用实例

(a) 防锈铝合金制品；(b) 防锈铝合金抽芯铆钉；
(c) 飞机起落架（超硬铝合金）；(d) 马蹄掌（锻铝合金）

2）铸造铝合金

通过铸造成形的铝制零件，如摩托车的内燃机外壳缸体、汽车活塞体等，应用于形状结构较为复杂的零件中，硬度和强度比变形铝合金好。通常在铝合金中加入不同的元素来改变其强度等力学性能，常用的合金元素有铜、镁、锌、硅等。图 3-37 所示为其应用实例。

3. 钛及钛合金

Ti 在地壳中的含量为 0.56%（质量分数，下同），在所有元素中居第 9 位，而在可作为结构材料的金属中居第 4 位，仅次于 Al、Fe、Mg，其储量比常见金属 Cu、Pb、Zn 储量的总和还多。我国钛资源丰富，储量为世界第一。钛合金的密度小，比强度、比刚度高，抗腐蚀性能、高温力学性能、抗疲劳和蠕变性能都很好，具有优良的综合性能，是一种新型的、很有发展潜力和应用前景的结构材料。近年来，世界钛工业和钛材加工技术得到了飞速发展，海绵钛、变形钛合金与钛合金加工材料的生产和消费都达到了很高的水平，在航空航天领域、舰艇及兵器等军品制造中的应用日益广泛，在汽车、化学和能源等行业也有着巨大的应用潜力。

（a） （b）

图 3-37 铸造铝合金应用实例

（a）铸造铝合金门拉手；（b）铸造铝合金轮毂

❀ 阅读思考

（1）纯铝的强度很_____，其抗拉强度仅有 90～120 MPa，所以一般不宜直接作为结构_____和_____机械零件。

（2）铝合金按其成分、组织和工艺特点，可以将其分为_____与_____。

阅读材料三：常见的几种塑料

塑料根据其不同的使用特性通常分为通用塑料、工程塑料和特种塑料三种类型。

1. 通用塑料

一般是指产量大、用途广、成形性好、价格便宜的塑料。通用塑料有五大品种，即聚乙烯（PE）、聚丙烯（PP）、聚氯乙烯（PVC）、聚苯乙烯（PS）及丙烯青—丁二烯—苯乙烯共聚合物（ABS），它们都是热塑性塑料。

2. 工程塑料

一般指能承受一定外力作用，具有良好的机械性能和耐高、低温性能，尺寸稳定性较好，可以用作工程结构的塑料，如聚酰胺、聚砜等。

在工程塑料中又将其分为通用工程塑料和特种工程塑料两大类。

（1）通用工程塑料包括聚酰胺、聚甲醛、聚碳酸酯、改性聚苯醚、热塑性聚酯、超高分子量聚乙烯、甲基戊烯聚合物、乙烯醇共聚物等。

（2）特种工程塑料又有交联型和非交联型之分。交联型的有聚氨基双马来酰胺、聚三嗪、交联聚酰亚胺、耐热环氧树脂等，非交联型的有聚砜、聚醚砜、聚苯硫醚、聚酰亚胺、聚醚醚酮（PEEK）等。

3. 特种塑料

一般是指具有特种功能，可用于航空、航天等特殊应用领域的塑料。如氟塑料和有机硅具有突出的耐高温、自润滑等特殊功用，增强塑料和泡沫塑料具有高强度、高缓冲性等特殊性能，这些塑料都属于特种塑料的范畴。

> ❀ 阅读思考
>
> 根据各种塑料不同的使用特性，通常将塑料分为_____、_____和特种塑料三种类型。

阅读材料四：工程塑料的特性、分类及用途

1. 塑料的特性

与金属相比，塑料的优点是：质轻、比强度高、化学稳定性好，减摩、耐磨性好，电绝缘性优异，消声和吸振性好，成形加工性好，方法简单，生产率高。

塑料的缺点是：强度、刚度低，耐热性差，易燃烧和老化，导热性差，热膨胀系数大。

2. 塑料的分类及用途

根据树脂在加热和冷却时所表现的性质，塑料可分为热塑性塑料和热固性塑料两种。

1）热塑性塑料

热塑性塑料加热时变软，冷却后变硬，再加热又可变软，可反复成形，基本性能不变，其制品使用的温度低于120℃。热塑性塑料成形工艺简单，可直接经挤塑、注塑、压延、压制、吹塑成形，生产率高。

常用的热塑性塑料有：

（1）聚乙烯（PE），如图3-38所示，适用于薄膜、软管、瓶、食品包装、药品包装以及承受小载荷的齿轮、塑料管、板、绳等。

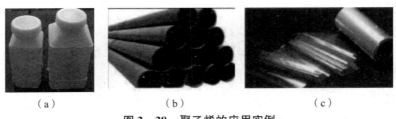

图3-38 聚乙烯的应用实例
(a) 聚乙烯塑料瓶；(b) 聚乙烯塑料管；(c) 聚乙烯薄膜

（2）聚氯乙烯（PVC），如图3-39所示，适用于如输油管、容器、阀门管件等耐蚀结构件以及农业和工业包装用薄膜、人造革材料（因材料有毒，故不能包装食品）等。

（3）ABS塑料（丙烯腈、丁二烯、苯乙烯三元共聚物），如图3-40所示，应用于机械、电器、汽车、飞机、化工等行业，如齿轮、叶轮、轴承、仪表盘等零件。

（4）有机玻璃（PMMP），如图3-41所示，应用于航空、电子、汽车、仪表等行业中的透明件、装饰件等。

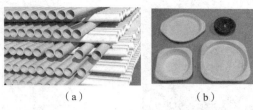

图 3-39 聚氯乙烯的应用实例

(a) 聚氯乙烯管材；(b) 聚氯乙烯容器

塑料的性能及应用

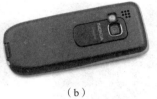

图 3-40 ABS 塑料的应用实例

(a) ABS 塑料线盘；(b) ABS 塑料手机壳

塑料的成形方法及加工方法

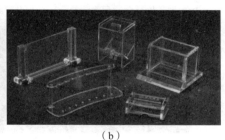

图 3-41 有机玻璃的应用实例

(a) 有机玻璃管材；(b) 有机玻璃制品

（5）聚酰胺（PA，俗称尼龙）具有良好的综合性能，包括力学性能、耐热性、耐磨损性、耐化学药品性和自润滑性，且摩擦系数低，有一定的阻燃性，易于加工，适于用玻璃纤维和其他填料填充增强改性，提高性能和扩大应用范围，在汽车、电气设备、机械部件、交通器材、纺织、造纸机械等方面得到广泛应用，如图 3-42 所示。

2）热固性塑料

热固性塑料加热软化，冷却后变得坚硬，固化后再加热则不再软化或熔融，不能再成形。热固性塑料抗蠕变性强，不易变形，耐热性高，但树脂性能较脆，强度不高，成形工艺复杂，生产率低。

常用热固性塑料有以下几类。

（1）酚醛塑料（PF），又称"电木"，如图 3-43 所示，用于制造开关壳、插座壳、水润滑轴承、耐蚀衬里、绝缘件及复合材料等。

（2）环氧树脂塑料（EP），如图 3-44 所示，适用于制造玻璃纤维增强塑料（环氧玻璃钢）、塑料模具、仪表、电器零件，以及涂覆、包封和修复机件。

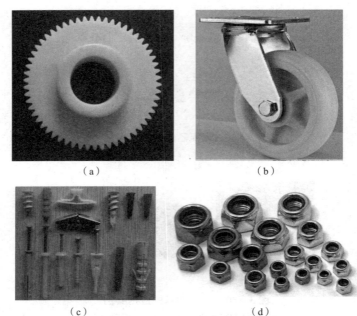

图 3-42 聚酰胺的应用实例

(a) 尼龙齿轮;(b) 尼龙滚轮;(c) 尼龙膨胀螺栓;(d) 尼龙锁紧螺母

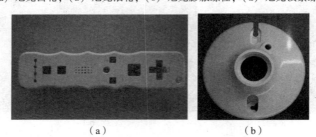

图 3-43 酚醛塑料的应用实例

(a) 酚醛塑料插座壳;(b) 酚醛塑料灯座

图 3-44 环氧树脂塑料的应用实例

(a) 环氧树脂绝缘板;(b) 环氧玻璃钢型材

> ❖ **阅读思考**
>
> (1) 根据树脂在加热和冷却时所表现的性质,塑料可分为_____和_____两种。
>
> (2) 热塑性塑料加热时变软、冷却后变硬,再加热又可变软,可反复成形,基本性能_____,其制品的使用温度低于_____℃。

❀ 视野拓展

高分子材料是以高分子化合物为主要组成物的材料。高分子化合物通常是指相对分子质量大于5 000的化合物，它是由一种或几种简单的低分子化合物重复连接而成。工程上应用的高分子物质主要是人工合成的物质，如聚苯乙烯、聚氯乙烯等，是由低分子乙烯或低分子氯乙烯组成。这些低分子化合物通过聚合反应可形成高分子化合物。高分子化合物的分子成链状结构。分子链按其几何形状可分为线型和体型两种形态。

❀ 温馨提示

塑料是高分子合成材料，其是以合成树脂为基础，加入添加剂制成。

塑料的缺点是强度和刚度低；耐热性差，大多数塑料只能在100℃以下使用；易老化等。

阅读材料五：复合材料的性能、种类及应用

复合材料是由两种或两种以上性质不同的材料，经人工组合而成的多相固体材料。

1. 复合材料的特性

复合材料既保留了单一材料各自的优点，又有单一材料所没有的优良综合性能。其优点是强度高，抗疲劳性能好，耐高温，耐蚀性好，减摩、减振性好，并且制造工艺简单，可以节省原材料和降低成本；缺点是抗冲击性差，不同方向上的力学性能存在较大差异。

2. 复合材料的分类及用途

复合材料分为基体相和增强相。基体相起黏结剂的作用，增强相起提高强度和韧性的作用。常用的复合材料有纤维增强复合材料、层叠复合材料和颗粒复合材料三种。

1）纤维增强复合材料

如玻璃纤维增强复合材料（俗称玻璃钢）是用热塑（固）性树脂与纤维复合的一种复合材料，其抗拉、抗压、抗弯强度和冲击韧性均有显著提高，主要用于减摩、耐磨零件及管道、泵体、船舶壳体等，如图3-45所示。

(a) (b)

图3-45 纤维增强复合材料应用实例

(a) 纤维增强热固性复合材料支架；(b) 纤维增强复合材料汽车零件

2）层叠复合材料

层叠复合材料是由两层或两层以上不同材料复合而成，其强度、刚度、耐磨、耐蚀、绝热、隔声、减轻自重等性能分别得到改善，用于飞机机翼、火车车厢、轴承、垫片等零

件，如图3-46所示。

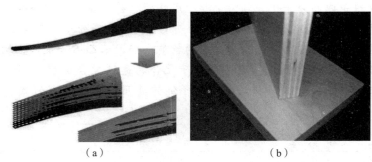

图3-46 层叠复合材料的应用实例
(a) 飞机机翼上下翼面的层叠复合材料；(b) 胶合板

3）颗粒复合材料

颗粒复合材料是由一种或多种材料的颗粒均匀分散在基体内所组成的。金属粒和塑料的复合是将金属粉加入塑料中，改善导热、导电性，降低线膨胀系数，如加铅粉的塑料可作防γ射线辐射的罩屏，如图3-47所示。

图3-47 颗粒复合材料应用实例
(a) 铝基颗粒增强复合材料制动盘；(b) 颗粒增强复合材料刀具

❖ 视野拓展

复合材料在制造业中用来制造高强度零件、化工容器、汽车车身、耐腐蚀结构件、绝缘材料和轴承等，复合材料的应用日益广泛。

❖ 阅读思考

常用的复合材料有_____复合材料、_____复合材料和_____复合材料三种。

阅读材料六：工程材料的选择常识简介

常用的机械零件分轴套类零件、轮盘类零件、叉架类零件和箱座类零件四类。正确选择零件的材料种类和牌号、毛坯类型和毛坯制造方法，合理安排零件的加工工艺路线，具有重要意义。

1. 选材的原则

（1）满足使用性能，主要是力学性能，即根据零件的工作条件、损坏（或失效）形式，选择满足力学性能的材料。

（2）兼顾材料的工艺性能，工艺性能对零件加工生产有直接的影响，甚至是决定性的。

（3）考虑经济性，常用金属材料的相对价格见表3-19。

表3-19 常用金属材料的相对价格

材料	相对价格	材料	相对价格
碳素结构钢	1	碳素工具钢	1.4~1.5
低合金结构钢	1.2~1.7	低合金工具钢	2.4~3.7
优质碳素结构钢	1.4~1.5	高合金工具钢	5.4~3.7
易切削钢	2	高速钢	13.5~15
合金结构钢	1.7~1.9	铬不锈钢	8
铬镍合金结构钢	3	铬镍不锈钢	20
滚动轴承钢	2.1~2.9	普通黄铜	13
弹簧钢	1.6~1.9	球墨铸铁	2.4~2.9

在选材时，还应立足于我国的资源，并考虑我国的生产和供应情况。对同一企业，所选用的材料种类、规格应尽量少而集中，以便于采购和管理，减少不必要的附加费用。

2. 选材的基本过程

选材的基本流程如图3-48所示。

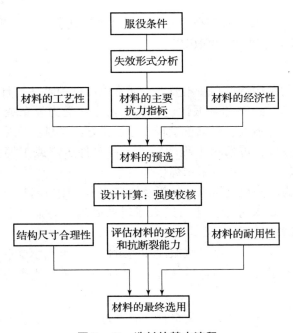

图3-48 选材的基本流程

> ❖ **阅读思考**
> 典型零件材料的选材原则主要包括哪些？

问题解决

典型零件的选材。

1. 典型轴选材举例

1）机床主轴选材

车床主轴一般可选用 45 钢；当机床主轴的载荷较大时，可用 40Cr 钢制造；当承受较大的冲击载荷和疲劳载荷时，则可采用合金渗碳钢制造，如 20Cr 或 20CrMnTi 等。

2）内燃机曲轴选材

按制造工艺把曲轴分为锻钢曲轴和铸造曲轴两种。锻钢曲轴主要由优质碳钢和中碳合金钢制造，如 35、40、35Mn2、40Cr、35CrMo 钢等；铸造曲轴主要由铸钢、球墨铸铁、珠光体可锻铸铁以及合金铸铁等制造，如 ZG230-450、QT700-2、KTZ450-5、KTZ500-4 等。

2. 典型齿轮选材举例

1）机床齿轮

机床传动齿轮工作时受力不大、转速中等、工作较平稳、无强烈冲击、强度和韧性要求均不高，一般用中碳钢（如 45 钢）制造，经调质后芯部有足够的强韧性，能承受较大的弯曲应力和冲击载荷。表面采用高频淬火强化，硬度可达 52HRC 左右，提高了耐磨性。

2）汽车齿轮

常用材料 20CrMnTi，其具有较高的力学性能，经渗碳、淬火、低温回火后，表面硬度达 58～62HRC，芯部硬度为 30～45HRC。

3. 箱座类零件

考虑箱座类零件的结构特点和使用要求，通常以铸件为毛坯，且以铸造性能良好、价格便宜，且有良好耐压、耐磨和减振性优的铸铁为主；受力复杂或受较大冲击载荷的零件，则采用铸钢件；受力不大，要求重量轻或导热良好的零件，则采用铝合金件；受力很小，要求自身较轻的零件，可选用工程塑料件。在单件生产或工期要求紧迫，或受力较大、形状简单、尺寸较大的，也可采用焊接件。

如选用铸钢件，为消除粗晶组织、偏析及铸造应力，则应对铸钢件进行完全退火或正火处理；对铸铁件一般要求进行去应力退火或时效处理；对铝合金铸件，应根据成分不同，进行退火或淬火时效处理。

减速器箱体要求有较强的刚度、减振性和密封性，轴承孔承受载荷较大，故该箱体材料选用 HT250，采用砂型铸造，铸造后进行去应力退火。单件生产也可采用焊接件。

> ❖ **温馨提示**
> 现代工业生产中特种加工工种使用材料的应用已越来越多，请查阅并收集这方面的资料，作为课外阅读提示内容。

思政园地

最大的环轧钢环,直径是15.673米。该锻环为第四代核电机组支承环,由山东伊莱特能源装备股份有限公司制造,近50米的圆周通体光滑平整,一体成形,中间没有一道焊缝,可承载核电机组堆容器7 000吨的重量,相当于顶着100节动车组的重量运行。安装到位后60年不用更换,代表了核电锻件的最高技术水准。

"第一圈"用了250吨钢材,在锻造过程中,各种杂质被清除,最后制成成品。业内专家称,"第一圈"通过锻造要解决的不仅仅是看得见的"外形",还有看不见的内部"性能",这就要靠"热处理"来实现。所谓热处理,就是把工件在特定时间内升温多少度、保温多少度、降温多少度,以调整金属内部结晶形态的过程。如果温度和时间失控,就可能导致工件内部晶粒粗大,产品性能下降,无法满足工程技术要求,导致整个项目前功尽弃。

课前检测

一、填空题

1. 无论是钢还是铸铁,主要由_____和_____两种元素组成,统称为铁碳合金。
2. 铸铁是含碳量大于_____的铁碳合金,主要由铁、碳和硅组成。
3. 球墨铸铁是指一定成分的铁水在浇注前,经过_____处理和_____处理,获得具有_____状石墨的铸铁。
4. 碳素钢(简称碳钢)是含碳量小于_____而且不含有特意加入合金元素的_____合金。
5. 合金钢按用途可分为:_____、_____和特殊性能钢。
6. 将固态钢材采用适当的方式进行_____、_____和冷却以获得所需组织与性能的工艺,称为钢的热处理。
7. 根据钢的成分和热处理目的的不同,可分为_____、_____和去应力退火。
8. 通常的淬火方法包括_____淬火、_____淬火、_____淬火等。
9. 按回火温度的不同,回火可分以下三种:_____温回火、_____温回火、_____温回火。
10. 生产中采用表面热处理的方法一般有两种,即_____和_____热处理。
11. 渗氮俗称_____,常用的渗氮方法:_____渗氮、_____渗氮等。生产中应用较多的是气体渗氮。
12. 根据树脂在加热和冷却时所表现的性质,塑料可分为热塑性塑料和热固性塑料两种。

13. 常用复合材料为_____复合材料、_____复合材料和_____复合材料三种。

二、选择题

1. 铸铁是含碳量大于（　　）的铁碳合金，主要由铁、碳和硅组成。
   A. 2.11%　　　B. 3.0%　　　C. 0.21%　　　D. 0.45%
2. 球墨铸铁：石墨呈（　　）．球状
   A. 片状　　　B. 团絮状　　　C. 球状　　　D. 蠕虫状
3. 根据钢中有害杂质硫、磷含量多少分：优质钢（　　）
   A. $w_s \leq 0.050\%$，$w_p \leq 0.045\%$　　　B. $w_s \leq 0.035\%$，$w_p \leq 0.035\%$
   C. $w_s \leq 0.025\%$，$w_p \leq 0.025\%$　　　D. $w_s \leq 0.025\%$，$w_p \leq 0.025\%$
4. 沸腾钢：脱氧程度（　　）的钢。
   A. 不完全　　　　　　　　　　B. 完全
   C. 介于沸腾钢和镇静钢之间的钢　　D. 无要求
5. 滚动轴承钢碳质量分数一般为（　　）。
   A. 0.1%~0.2%　　　　　　　B. 0.25%~0.5%
   C. 0.5%~0.7%　　　　　　　D. 0.95%~1.10%
6. 中温回火温度范围是（　　）℃。
   A. 150~250　　B. 350~500　　C. 350~650　　D. 500~650
7. 黄铜是（　　）为主的合金。
   A. 铜和锌　　B. 铜和铝　　C. 铜和锰　　D. 铜和硅
8. （　　），俗称"电木"，用于制造开关壳，插座壳，水润滑轴承，耐蚀衬里，绝缘件及复合材料等。
   A. 聚乙烯（PE）　　　　　　B. 聚氯乙烯（PVC）
   C. ABS 塑料　　　　　　　　D. 酚醛塑料（PF）

三、判断题：（对的打√，错的打×）

1. 碳素钢（简称碳钢）是含碳量小于2.11%而且不含有特意加入合金元素的铁碳合金。（　　）
2. 合金钢是为了改善钢的组织和性能，在碳钢的基础上，有目的地加入一些元素而制成的钢。（　　）
3. 高速钢是一种具有高硬度、高耐磨性和高耐热性的工具钢，又名风钢或锋钢。（　　）
4. 塑料是以天然或合成的高分子化合物为主要成分的原料，添加各种辅助剂塑制成形，故称为塑料。（　　）
5. 复合材料是由两种或两种以上性质不同的材料，经人工组合而成的多相固体材料。（　　）

四、综合题

1. 什么是机械工程材料？常用的机械工程材料有哪些？

课中检测

一、填空题

1. 牌号 HT150 表示单铸试样最小抗拉强度值为_____MPa 的_____铸铁。

2. 牌号 QT400－18 表示单铸试样最小抗拉强度值为_____ MPa，最小伸长率为_____的_____铸铁。

3. 牌号 RuT420 表示单铸试样最小抗拉强度值为_____ MPa 的_____铸铁。

4. 牌号 KTH300—06 表示单铸试样最小抗拉强度为_____ MPa，最小伸长率为_____的_____铸铁。

5. 高速钢是一种具有_____硬度、_____耐磨性和_____耐热性的工具钢，又名风钢或锋钢，意思是淬火时即使在空气中冷却也能_____，并且很锋利。

6. 耐磨钢是指在强烈冲击载荷作用下才能发生_____的_____钢。它只有在强烈冲击与摩擦的作用下，才具有_____性，在一般机器工作条件下，它并不耐磨。

7. 普通热处理有"四火"，包括_____、_____、_____与_____。

8. 将钢加热到适当温度，保持一定时间，然后在炉中缓慢地冷却的热处理工艺称为钢的_____。钢进行退火的目的是：降低_____，提高_____，改善_____；细化晶粒，消除组织缺陷；消除内应力。

9. 将钢放入渗碳的介质中加热并保温，使活性碳原子渗入钢的表层的工艺称为_____。目的是通过渗碳及随后的_____和低温_____，使表面具有高的硬度、耐磨性和抗疲劳性能，而心部具有一定的强度和良好的韧性配合。

10. 纯铜外观_____色，所以又称为紫铜。其密度为 8.93×10^3 kg/m³，熔点为 1 083 ℃，具有良好的塑性、导电性、导热性和耐蚀性。但_____较低，不宜制作_____零件，而广泛用于制造电线、电缆、铜管以及配制铜合金。

11. 我国工业纯铜的代号有_____、_____、_____三种。顺序号越大，纯度越_____。T1、T2 用于制造导电器材或配制高级铜合金。T3 用来配制普通铜合金。纯铝具有_____的金属光泽，其密度为 2.72×10^3 kg/m³，熔点为 660 ℃，具有良好的_____、_____性（仅次于银、铜）。

12. 塑料是以天然或合成的_____化合物为主要成分的原料，添加各种_____（如填料、增塑剂、稳定剂、交联剂及其他添加剂）塑制成形，故称为塑料。

二、选择题

1. Q235－AF 表示碳素结构钢中屈服强度为（　　）MPa 的 A 级沸腾钢。
   A. 2　　　　　B. 35　　　　　C. 235　　　　　D. 0

2. 硅、锰、铬、镍、硼等合金元素的加入提高钢的（　　）。
   A. 淬透性　　　B. 强度　　　　C. 硬度　　　　D. 塑性

3. 合金量具钢要求硬度（　　）56 HRC。
   A. 大于　　　　B. 小于　　　　C. 等于　　　　D. 小于或等于

4. 不锈钢的钢号前的数字表示平均含碳量的（　　）之几。
   A. 十分　　　　B. 百分　　　　C. 千分　　　　D. 万分

5. 将钢加热到适当温度，保持一定时间，然后在炉中缓慢地冷却的热处理工艺称为钢的（　　）。
   A. 退火　　　　B. 150～250 正火　　　C. 淬火　　　　D. 回火

6. （　　）淬火将加热后的零件投入一种冷却剂中冷却至室温。
   A. 单液　　　　B. 双液　　　　C. 分级　　　　D. 综合

7. 低温钛合金在（　　）℃时还能保持良好的韧性。
A. 0　　　　　　　　B. -275　　　　　　　C. -253　　　　　　　D. -150

三、判断题：（对的打√，错的打×）
1. 可锻铸铁具有较好的力学性能，可以进行锻造加工。（　　）
2. 由于灰铸铁的抗压强度、硬度与耐磨性主要取决于基体，石墨的存在影响不大，故其抗压强度远低于抗拉强度。（　　）
3. 合金工具钢与合金结构钢在牌号的表示上碳含量的表示方法相同。（　　）
4. 钢的最高淬火硬度，主要取决于钢中奥氏体碳的质量分数。（　　）
5. 热固性塑料加热软化，冷却后坚硬，固化后再加热能再成形。（　　）

四、综合题
1. 什么是碳素钢？常存杂质元素对碳素钢性能有何影响？
2. 何谓合金钢？合金元素对合金钢性能有哪些影响？
3. 刀具材料应具备的性能有哪些？
4. 正火和退火有何异同？试说明二者的应用有何不同？
5. 回火的目的是什么？工件淬火后为什么要及时回火？
6. 工程塑料的性能如何？种类有哪些？各自特点如何？
7. 何谓复合材料？复合塑料的性能如何？

课后检测

一、填空题
1. 灰铸铁是指一定成分的铁水作简单的_____处理，浇注后获得具有_____状石墨的铸铁。其力学性能主要决定于_____和_____的分布状态。
2. 由于球墨铸铁中的石墨呈_____状，使其对基体的_____作用和应力集中的作用减至最小，在铸铁中，_____铸铁具有最高的力学性能。
3. 蠕墨铸铁是指一定成分的铁液在浇注前，经_____处理和_____处理，获得具有_____状石墨的铸铁。
4. 碳素结构钢主要用于制造各种工程构件和机器零件，一般属于_____碳钢和_____碳钢；碳素工具钢主要用于制造各种刀具、量具、模具等，一般属于_____碳钢。
5. 碳素工具钢因含碳量比较_____，硫、磷杂质含量较_____，经淬火、低温回火后硬度比较_____，耐磨性_____，但_____较低。主要用于制造各种低速切削刀具、量具和模具。
6. 将淬火后钢件再加热到_____以下的某一温度，保温一定时间后，然后冷却到_____的热处理工艺称为钢的回火。目的是降低淬火钢的_____，提高_____，调整硬度，消除内应力，稳定工件的尺寸，获得所需要的力学性能。
7. 表面热处理仅处理工件_____，对工件的_____不作处理，保持其原来的特性。一般应用在工件表面需要具有较高的_____，而芯部又要有较高的_____。
8. 热塑性塑料加热时变软，冷却后变硬，再加热又可变软，可反复成形，基本性能_____，其制品使用的温度低于_____℃。
9. 热固性塑料加热软化，冷却后_____，固化后再加热则不再软化或熔融，不能再成形。热固性塑料抗_____性强，不易变形，耐热性高，但树脂性能较脆，强度不高，成形工艺复杂，生产率低。

二、选择题

1. 日常生活中，如炒菜铁锅、取暖炉、污井盖、暖气片、下水管、水龙头壳体等等主要选用（　　）。
    A. 铸铁　　　　　　B. 钢　　　　　　C. 铝合金　　　　　D. 有色金属

2. 低合金结构钢主要用于建筑、桥梁、车辆、船舶等，以（　　）为最广。
    A. 16 Mn　　　　　B. 09 MnV　　　　C. 15 MnV　　　　　D. 09 Mn2

3. 变速齿轮主要用（　　）。
    A. 低合金结构钢　　B. 合金渗碳钢　　C. 合金调质钢　　　D. 合金弹簧钢

4. （　　）主要用于制造坦克、拖拉机的履带，挖掘机铲斗的斗齿以及防弹钢板、保险箱钢板、铁路道岔等。
    A. 不锈耐酸钢　　　B. 耐热钢　　　　C. 耐磨钢　　　　　D. 不锈钢

5. 零件在感应淬火前一般先进行正火或调质处理，表面淬火后需进行（　　）回火，以减少淬火应力和降低脆性。
    A. 低温　　　　　　B. 中低温　　　　C. 低温　　　　　　D. 高温

6. （　　）适用于薄膜、软管、瓶、食品包装、药品包装等；
    A. 聚乙烯（PE）　　B. 聚氯乙烯（PVC）　C. ABS 塑料　　　D. 聚酰胺（PA）

7. （　　）用于飞机机翼，火车车厢，轴承，垫片等零件。
    A. 纤维增强复合材料　　　　　　　　B. 层叠复合材料
    C. 颗粒复合材料　　　　　　　　　　D. 玻璃钢

三、判断题：（对的打√，错的打×）

1. 机械零件的结构、形状、大小和使用条件不同，对材料的要求也不同。（　　）
2. 无论是钢还是铸铁，主要由铁和碳两种元素组成，统称为铁碳合金。（　　）
3. 白口铸铁主要用作炼钢原料，很少直接用来制造各种零件。（　　）
4. 一般的说，材料的硬度越高，耐磨性越好，其强度也越高。（　　）
5. 碳素工具钢主要用于制造各种低速切削刀具、量具和模具。（　　）
6. 淬火后的钢，随回火温度的增高，其强度和硬度也增高。（　　）
7. 钢的质量分数越高，其淬火加热温度越高。（　　）
8. 高碳钢可用正火代替退火，以改善其切削性能。（　　）
9. 钢的晶粒因过热而粗化时，就有变脆的倾向。（　　）
10. 为了防止环境污染，所以塑料不能作为包装材料。（　　）

四、综合题

1. 耐热钢和耐磨钢有何性能特点？举例说明各自的用途。
2. 常用的刀具材料有哪些？举例说明其用途？
3. 完全退火、球化退火与去应力退火在加热规范、组织转变和应用上有何不同？
4. 淬火的目的是什么？亚共析钢和过共析钢的淬火加热温度应如何选择？
5. 复合材料的种类有哪些？举例说明其用途？
6. 机械零件选材的原则有哪些？

单元四　机械产品加工工艺常识

单元导入

现代化高科技技术不断发展，而新技术的发展则需要依赖于机械。组成机械产品不可或缺的是零部件，机械产品的性能、精密度以及耐久性、耐磨性都与机械的加工工艺有直接的关系，而机械产品性能则直接影响到机械化的进程，进而影响到全社会的科技进步。因此，深入了解机械加工工艺技术、探讨加工工艺知识对于机械化以及科技化的进步将是一个十分重要的任务。本单元的主要任务是熟悉钳工加工的常用技术、机械加工的常用技术以及培养严谨负责的工作态度。

任务一　熟悉钳工加工技术基础

任务导入

钳工是机械制造业中不可缺少的工种之一。通过学习，让学生熟悉钳工工作场地的常用设备及工、量具，了解平面划线、锯削、锉削、钻孔、攻螺丝的相关概念，熟悉钳工加工相关工、量具的选用原则，掌握其加工方法，并能进行一般零件的加工。

任务实施

阅读材料一：钳工实习场地及常用设备、工具及其使用

1. 钳工实习场地

如图 4-1 所示，钳工实习场地一般分为钳工工位区、台钻区和刀具刃磨区等区域，各区域由白线分隔开，区域之间留有平面图和安全通道。

工作时，钳工工具一般都放置在台虎钳的右侧，量具则放置在台虎钳的正前方，如图 4-2 所示。

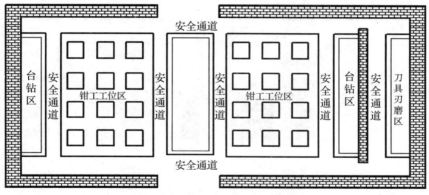

图 4-1 钳工实习场地平面图

图 4-2 工量具摆放的示意图

> ❖ **温馨提示**
>
> （1）在钳工场地中走动时，要在安全通道内。
> （2）工、量具不得混放。
> （3）摆放时，工具的柄部均不得超出钳工台面，以免被碰落砸伤人员或损坏工具。
> （4）工具均平行摆放，并留有一定间隙。
> （5）工作时，量具均平放在量具盒上。
> （6）量具数量较多时，可放在台虎钳的左侧。

2. 钳工常用的设备

钳工常用设备一般可分为主要设备（钳台、台虎钳、砂轮机）、钻床、钳工常用工具等。其图例、功用与相关知识见表 4-1～表 4-3。

表 4-1 钳工主要设备简介

名称	图例	功用与相关知识
钳台	长方形钳台	钳台也称钳工台或钳桌，主要用来安装台虎钳。台面一般为长方形、六角形等，其长、宽尺寸由工作需要确定，高度一般以 800～900 mm 为宜

续表

名称	图例	功用与相关知识
钳台	 六角形钳台	钳台也称钳工台或钳桌，主要用来安装台虎钳。台面一般为长方形、六角形等，其长、宽尺寸由工作需要确定，高度一般以800~900 mm为宜
台虎钳	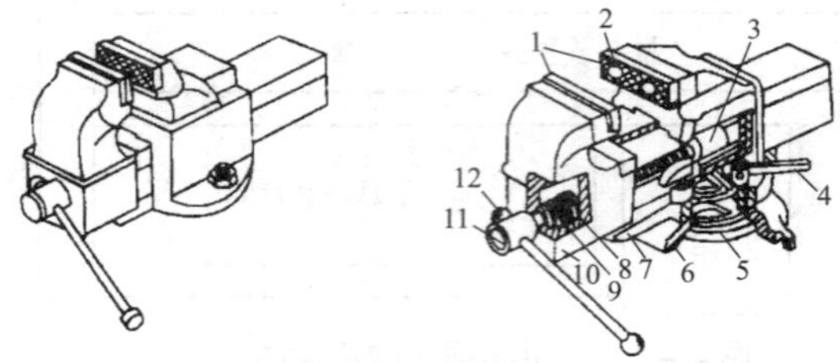 （a）固定式台虎钳　（b）回转式台虎钳 1—钳口；2—螺钉；3—螺母；4, 12—手柄；5—夹紧盘； 6—转盘座；7—固定钳身；8—挡圈；9—弹簧； 10—活动钳身；11—丝杠	台虎钳是用来夹持工件的通用夹具。在钳台上安装台虎钳时，必须使固定钳身的钳口工作面处于钳台边缘之外，台虎钳必须牢固地固定在钳台上，两个固定螺钉必须扳紧
砂轮机		砂轮机主要是用来磨削各种刀具或工具的，如磨削錾子、钻头、刮刀、样冲、划针等，也可用于刃磨其他刀具

❖ **视野拓展**

砂轮机的安全操作注意事项：

砂轮机主要由砂轮、机架和电动机组成。工作时，砂轮的转速很高，很容易因系统不平衡而造成砂轮机的振动，因此要做好平衡调整工作，使其在工作中平稳旋转。由于砂轮质硬且脆，如使用不当容易导致砂轮碎裂而造成事故。因此，使用砂轮机时要严格遵守以下的安全操作注意事项：

（1）砂轮的旋转方向要正确，使磨屑向下飞离，不致伤人。

（2）砂轮机启动后，要等砂轮转速平稳后再开始磨削，若发现砂轮跳动明显，则应及时停机修整。

（3）砂轮机的搁架与砂轮间的距离应保持在 3 mm 以内，以防磨削件轧入，造成事故。

（4）磨削过程中，操作者应站在砂轮的侧面或斜侧面，不要站在正对面。

表 4–2　钳工常用钻床

名称	图例	功用与相关知识
台式钻床		台式钻床转速高，使用灵活，效率高，故适用于较小工件的钻孔。由于其最低转速较高，故不宜进行锪孔和铰孔加工。 钻孔时，拨动手柄使主轴上下移动，以实现进给和退刀。钻孔深度通过调节标尺杆上的螺母来控制。一般台钻有五挡不同的主轴转速，可通过安装在电动机主轴和钻床主轴上的一组 V 带轮来变换主轴转速
立式钻床		立式钻床适宜加工小批、单件的中型工件。由于主轴变速和进给量调整范围较大，因此可进行钻孔、锪孔、铰孔和攻螺纹等加工；通过操纵手柄，使进给变速箱沿立柱导轨上下移动，从而调节主轴至工作台的距离；摇动工作台手柄，也可使工作台沿立柱导轨上下移动，以适应不同尺寸的加工；在钻削大工件时，可将工作台拆除，将工件直接固定在底座上加工。台式钻床的最大钻孔直径有 $\phi25$ mm、$\phi35$ mm、$\phi40$ mm、$\phi50$ mm 等几种
摇臂钻床		摇臂钻床的主轴变速范围和进给量调整范围广，所以加工范围广泛，可用于钻孔、扩孔、锪孔、铰孔和攻螺纹等加工。 摇臂钻床操作灵活省力，钻孔时，摇臂可沿立柱上下升降和绕立柱回转 360°角。主轴变速箱可沿摇臂导轨做大范围移动，便于钻孔时找正钻头的加工位置。摇臂和主轴变速箱位置调整结束后，必须锁紧，以防止钻孔时产生摇晃而发生事故。可在大型工件上钻孔或在同一工件上钻多孔，最大钻孔直径可达 $\phi80$ mm

表 4-3 钳工常用工具

名称	图例	功用与相关知识
手锤	  锤头的形状	手锤是用来敲击的工具，有金属手锤和非金属手锤两种。常用金属锤有钢锤和铜锤两种，常用非金属锤有塑胶锤、橡胶锤、木槌等。手锤的规格是以锤头的重量来表示的，如 0.5 lb①、1 lb 等
螺丝刀		主要作用是旋紧或松退螺丝。常见的螺丝刀有一字形螺丝刀、十字形螺丝刀和双弯头形螺丝刀三种
固定扳手		主要用于旋紧或松退固定尺寸的螺栓或螺帽。常见的固定扳手有单口扳手、梅花扳手、梅花开口扳手及开口扳手等。固定扳手的规格是以钳口开口的宽度标识的
活动扳手		钳口的尺寸在一定的范围内可自由调整，用来旋紧或松退螺栓、螺帽。活动扳手的规格是以扳手全长尺寸来标识的

---

① 1 lb = 0.453 59 kg。

单元四　机械产品加工工艺常识

续表

名称	图例	功用与相关知识
管扳手		钳口有条状齿，常用于旋紧或松退圆管、磨损的螺帽或螺栓。管扳手的规格是以扳手全长尺寸来标识的
特殊扳手	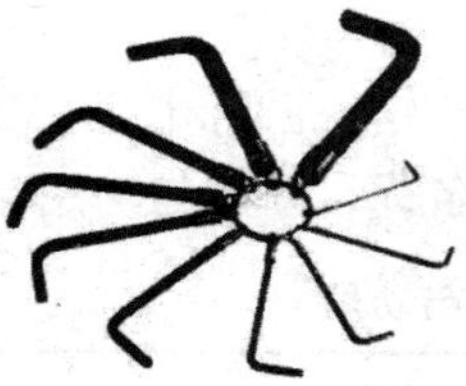 	为了某种目的而设计的扳手称为特殊扳手。常见的特殊扳手有六角扳手、T型夹头扳手、面扳手及扭力扳手等
夹持用手钳	 	夹持用手钳的主要作用为夹持材料或工件
夹持剪断用手钳	 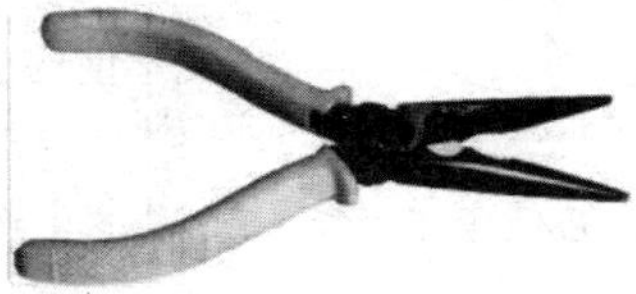	常见的夹持剪断用手钳有侧剪钳和尖嘴钳。夹持剪断用手钳的主要作用除可夹持材料或工件外，还可用来剪断小型物件，如钢丝、电线等
拆装扣环用卡环手钳	 	有直轴用卡环手钳和套筒用卡环手钳。拆装扣环用卡环手钳的主要作用是装拆扣环，即可将扣环张开套入或移出环状凹槽
特殊手钳	 	常用的特殊手钳有剪切薄板、钢丝、电线的斜口钳，剥除电线外皮的剥皮钳，夹持扁物的扁嘴钳，夹持大型筒件的链管钳等

177

❖ 阅读思考
（1）钳工常用的设备有_____、_____和_____等。
（2）常见的钻床有_____钻床、_____钻床和_____钻床等。
（3）钳工常用的工具有哪些？

阅读材料二：钳工常用量具的类型与使用

1. 钳工常用量具

钳工基本操作中常用的量具有钢尺、刀口直尺、内外卡钳、游标卡尺、千分尺、直角尺、量角器、厚薄规、量块和百分表等。钳工常用量具的名称、图例与功用见表4-4。

表4-4 钳工常用量具的名称、图例与功用

名称	图例	功用
钢直尺		钢直尺是常用量具中最简单的一种，可用来测量工件的长度、宽度、高度和深度等，规格有150 mm、300 mm、500 mm和1 000 mm四种
游标卡尺	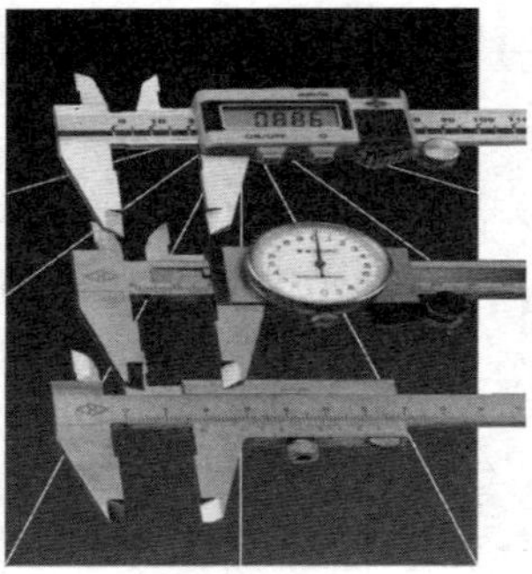  （a）高度游标卡尺 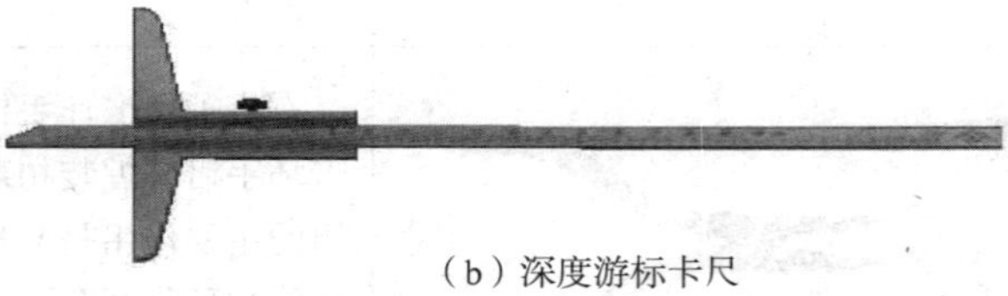 （b）深度游标卡尺	游标卡尺是一种中等精密度的量具，可以直接测量出工件的外径、孔径、长度、宽度、深度和孔距等尺寸
千分尺	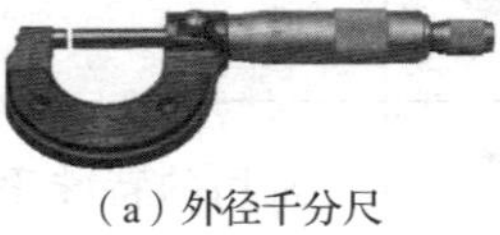 （a）外径千分尺 　（b）电子数显外径千分尺  （c）内测千分尺 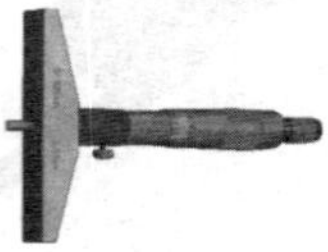　（d）深度千分尺	千分尺是一种精密量具，它的精度比游标卡尺高，而且比较灵敏。因此，一般用来测量精度要求较高的尺寸

续表

名称	图例	功用
百分表	 	百分表可用来检验机床精度和测量工件的尺寸、形状及位置误差等
万能游标量角器	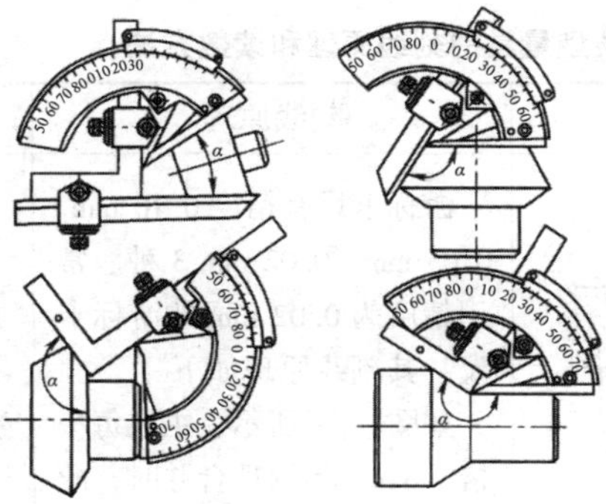	万能游标量角器又称角度尺,是用来测量工件内外角度的量具。按游标的测量精度可分为 2′ 和 5′ 两种,其示值误差分别为 ±2′ 和 ±5′,测量范围是 0°~320°
量块	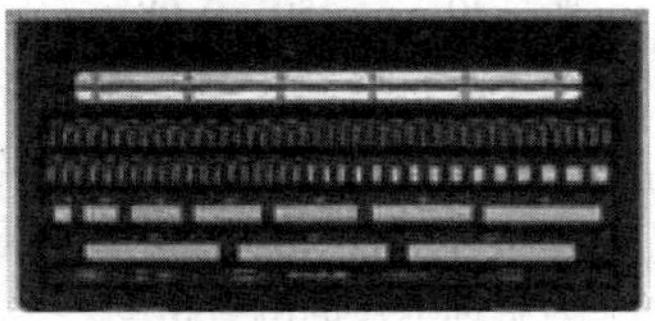	量块是机械制造业中长度尺寸的标准。量块可对量具和量仪进行校正检验,也可以用于精密划线和精密机床的调整。量块与有关附件并用时,可以用于测量某些精度要求高的尺寸
塞尺		塞尺(又叫厚薄规或间隙片)是用来检验两个接合面之间间隙大小的片状量规
90°角尺	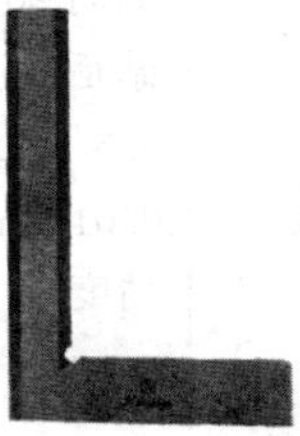	90°角尺常用的有刀口形角尺和宽座角尺等,可用来检验零部件的垂直度及用作划线的辅助工具

续表

名称	图例	功用
刀口形直尺		刀口形直尺主要用于检验工件的直线度和平面度误差

2. 典型量具的刻线原理和读数方法

钳工加工产品的品质测量常用的量具有游标卡尺、千分尺、万能角度尺等，其名称、图例、刻线原理和读数方法见表4-5。

表4-5 钳工典型量具的刻线原理和读数方法

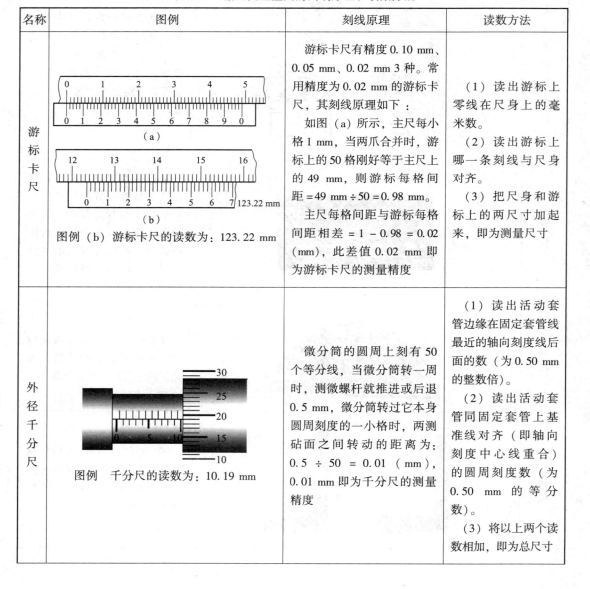

名称	图例	刻线原理	读数方法
游标卡尺	图例(b) 游标卡尺的读数为：123.22 mm	游标卡尺有精度0.10 mm、0.05 mm、0.02 mm 3种。常用精度为0.02 mm的游标卡尺，其刻线原理如下：如图(a)所示，主尺每小格1 mm，当两爪合并时，游标上的50格刚好等于主尺上的49 mm，则游标每格间距=49 mm÷50=0.98 mm。主尺每格间距与游标每格间距相差=1-0.98=0.02(mm)，此差值0.02 mm即为游标卡尺的测量精度	(1)读出游标上零线在尺身上的毫米数。 (2)读出游标上哪一条刻线与尺身对齐。 (3)把尺身和游标上的两尺寸加起来，即为测量尺寸
外径千分尺	图例 千分尺的读数为：10.19 mm	微分筒的圆周上刻有50个等分线，当微分筒转一周时，测微螺杆就推进或后退0.5 mm，微分筒转过它本身圆周刻度的一小格时，两测砧面之间转动的距离为：0.5÷50=0.01(mm)，0.01 mm即为千分尺的测量精度	(1)读出活动套管边缘在固定套管线最近的轴向刻度线后面的数(为0.50 mm的整数倍)。 (2)读出活动套管同固定套管上基准线对齐(即轴向刻度中心线重合)的圆周刻度数(为0.50 mm的等分数)。 (3)将以上两个读数相加，即为总尺寸

续表

名称	图例	刻线原理	读数方法
万能角度尺	万能角度尺 1—主尺；2—角尺；3—游标； 4—基尺；5—制动器；6—扇形板； 7—卡块；8—活动直尺	万能角度尺主尺上的刻度线每格1°。由于游标上刻有30格，所占的总角度为29°，因此，两者每格刻线的度数差是$1°-\dfrac{29°}{30}=\dfrac{1°}{30}=2'$，即万能角度尺的精度为2′	万能角度尺的读数方法和游标卡尺相同，即先读出游标零线前的角度，再从游标上读出角度"分"的数值，两者相加就是被测零件的角度数值

3. 常用量具的正确使用

正确选择量具，并使用量具进行技术参数的测量以及学会保养量具，延长量具的使用寿命，是每个工程技术人员必备的基本功，所以我们必须做到：

（1）爱护和合理选用量具，要选用相应精度的量具进行测量。

（2）严禁把标准量具作一般量具使用。

（3）严防温差对量具的影响，尽量缩小因热胀冷缩产生的测量误差。

（4）量具不应放在有灰尘或油腻的地方，以免脏物侵入量具内，降低测量精度。

（5）千分尺、游标卡尺不用时，测量基准面要脱离。

（6）严禁量具做动态测量，以免出现事故和量具损坏。

（7）当发现量具失准、缺附件或损坏时，要及时送去计量检测部门检修。

（8）量具用完后擦拭干净，放在量具盒内。

❖ **温馨提示**

量具的维护和保养：

测量前应把量具和工件的测量面擦干净，减少量具磨损，以免影响测量精度；使用时不要将量具和工具、刀具放在一起；使用完毕应及时擦净、涂油，以免生锈；发现精密量具不正常时，应交送专业部门检修。

❖ **阅读思考**

（1）游标卡尺是中等精度的量具，常用来测量工件的_____、_____、_____、_____和_____等尺寸。

（2）游标卡尺和千分尺是钳工中常用的量具，它们的测量精度一般是多少？

阅读材料三：平面划线

根据图样和技术要求，在毛坯或半成品上用划线工具划出加工界线，或划出作为基准的点、线的操作过程称为划线。

1. 划线的特点

划线是根据图样或实物的尺寸要求，用划线工具在毛坯或半成品工件上划出待加工部位的轮廓或作为基准点、线的操作。这些点和线标明了工件某部分的形状、尺寸或特征，并确定了加工的尺寸界限。

2. 划线的作用

（1）确定工件上各加工位置和加工余量。

（2）可全面检查毛坯的形状和尺寸是否符合图样要求，能否满足加工要求。

（3）当坯料出现缺陷时，还可通过划线时的"借料"方法来达到可能的补救。

（4）在板料上按划线下料，可做到正确排料、合理使用材料。

❖ 动手练一练

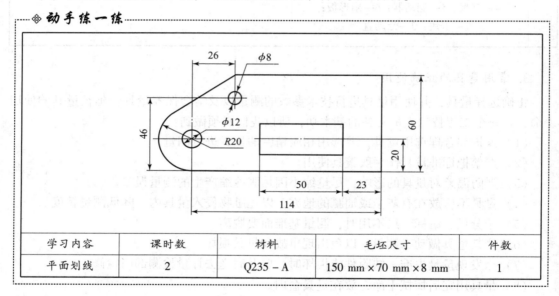

学习内容	课时数	材料	毛坯尺寸	件数
平面划线	2	Q235－A	150 mm × 70 mm × 8 mm	1

常用划线工具及使用常识：

常用划线工具及使用常识见表4－6。

表4－6　常用划线工具及使用常识

名称	图例	使用常识
划线平台	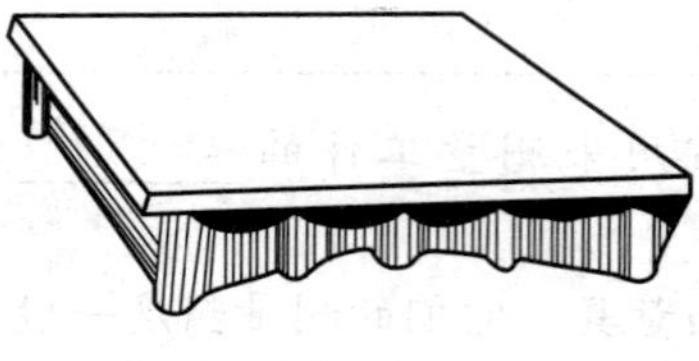	划线平台又称平板，是用来安放工件和划线工具，并在其工作表面上完成划线过程的基准工具

续表

名称	图例	使用常识
划线方箱	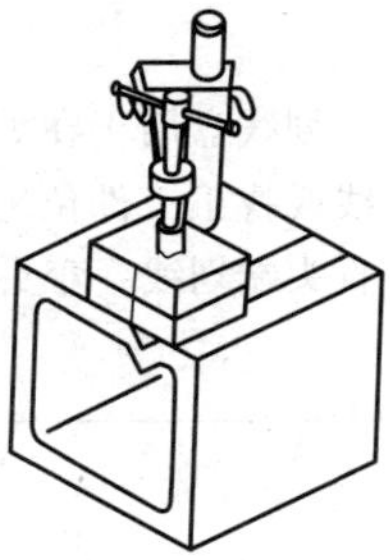	方箱通常带有V形槽并附有夹持装置，用于夹持尺寸较小而加工面较多的工件。通过翻转方箱，能实现一次安装后在几个表面划线的工作
V形铁	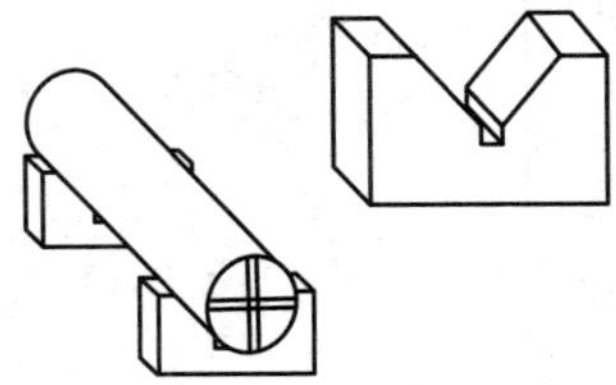	V形铁主要用于安放轴、套筒等圆形工件，以确定中心并划出中心线
垫铁		用来支持、垫平和升高毛坯工件的工具，常用斜垫铁对工件的高低做少量调节
直角铁	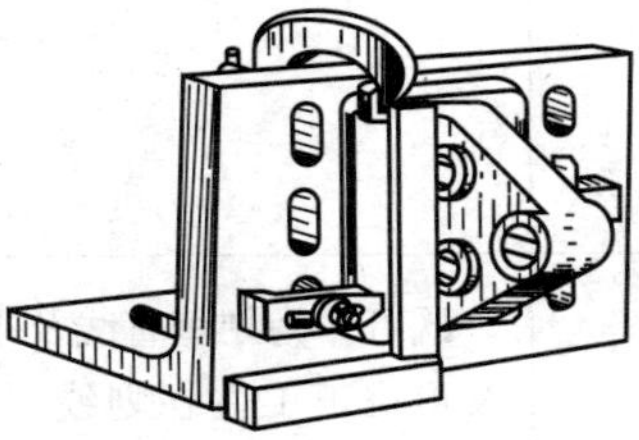	直角铁有两个经精加工的互相垂直的平面，其上的孔或槽用于固定工件时穿压板螺钉
千斤顶	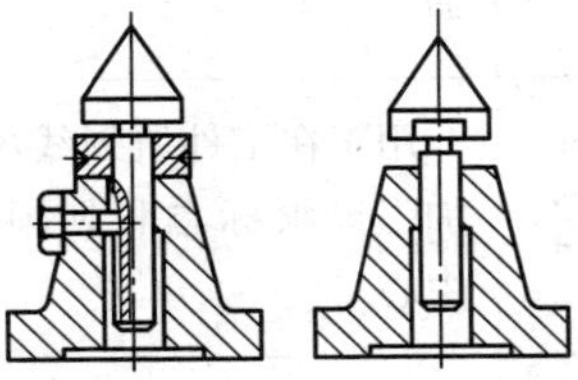	千斤顶用于支撑较大的或形状不规则的工件，常三个一组使用，其高度可以调节，以便于找正
划针	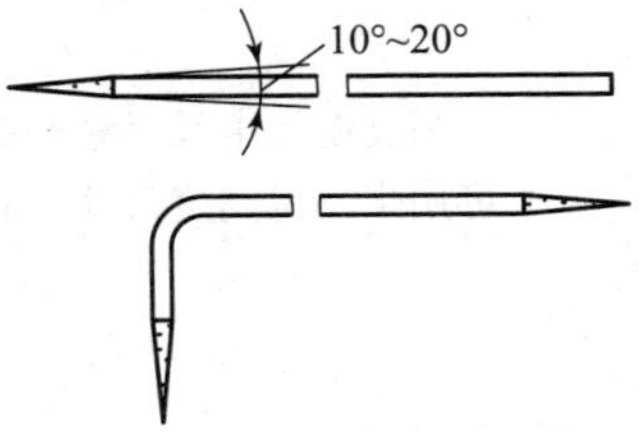	用来在工件上划线条，一般用 $\phi 3 \sim \phi 4$ mm 的弹簧钢丝或高速钢制成，尖端磨成 $15° \sim 20°$ 的尖角，经淬火处理

续表

名称	图例	使用常识
划线盘	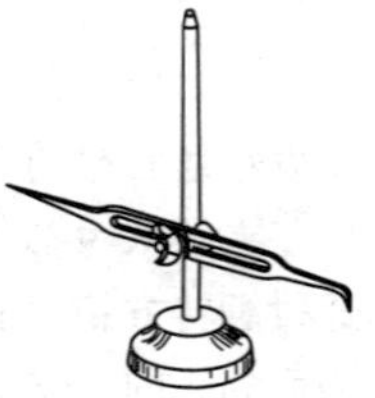	划线盘用于在划线平台上对工件进行划线或找正工件位置，使用时一般用划针的直头端划线，弯头端用于对工件的找正
划规	 （a）普通划规　（b）扇形划规　（c）弹簧划规 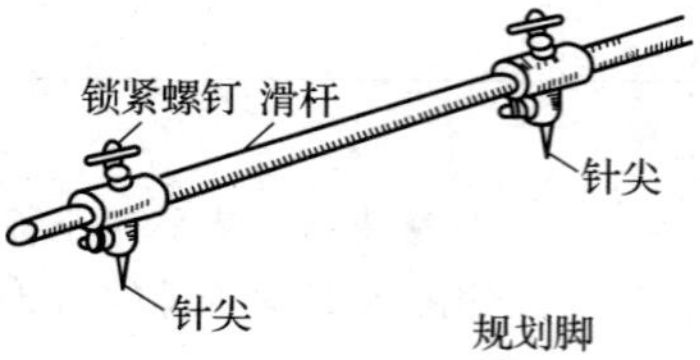 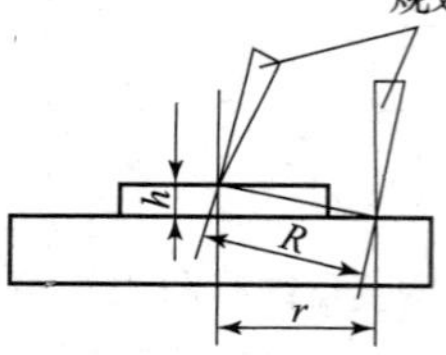 锁紧螺钉　滑杆　针尖　针尖　规划脚	用于划圆和圆弧线、等分线段、量取尺寸等
90°角尺	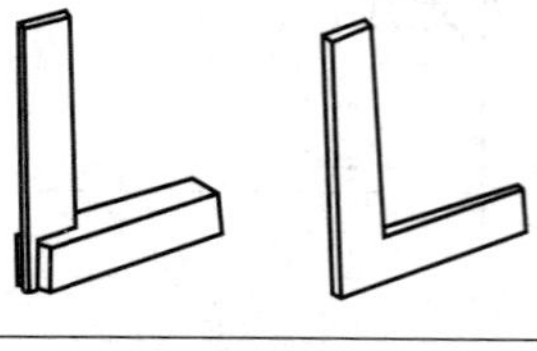	既可作为划垂直线及平行线的导向工具，又可找正工件在划线平板上的垂直位置，检查两垂直面的垂直度或单个平面的平面度
样冲	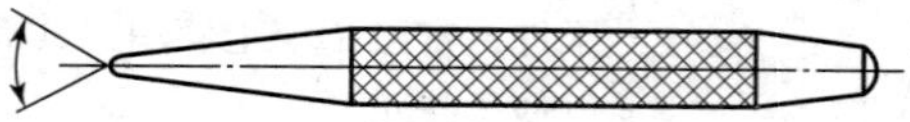 60°	用于在工件所划线条上打样冲眼，作为加强界限标志和划圆弧或钻孔时的定位中心
高度游标卡尺	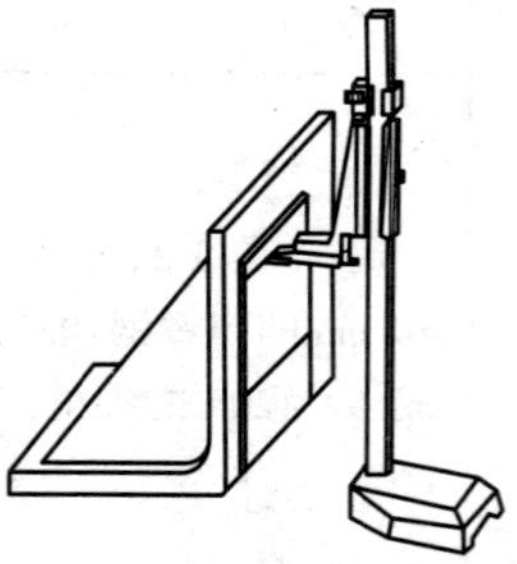	高度游标卡尺是精密的量具及划线工具，可用来测量高度尺寸，其量爪可直接划线

划线的操作要领：

划线前，首先要看懂图样和工艺要求，明确划线任务，检验毛坯和工件是否合格；然后对划线部位进行清理、涂色，确定划线基准，选择划线工具进行划线。

1. 划线前的准备

划线前的准备包括对工件或毛坯进行清理、涂色及在工件孔中装中心塞块等。

常用的涂料有石灰水和蓝油。石灰水用于铸件毛坯表面的涂色。蓝油是由质量分数为 2%～4% 的龙胆紫、3%～5% 的虫胶和 91%～95% 的酒精配制而成的，主要用于已加工表面的涂色。

2. 确定划线基准

所谓基准，即工件上用来确定其他点、线、面位置的依据。划线基准确定的原则如下：

(1) 划线基准应与设计基准一致，并且划线时必须先从基准线开始。
(2) 若工件上有已加工表面，则应以已加工表面为划线基准。
(3) 若工件为毛坯，则应选重要孔的中心线等作为划线基准。
(4) 若毛坯上无重要孔，则应选较平整的大平面为划线基准。

常用的划线基准有三种，如图 4-3 所示。

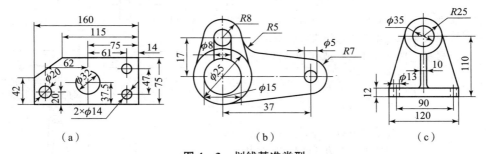

图 4-3 划线基准类型

(a) 以两个互相平行的平面为基准；(b) 以两条互相垂直的中心线为基准；
(c) 以一个平面与一条中心线为准

3. 划线前的找正与借料

找正就是利用划线工具，通过调节支撑工具，使与工件有关的毛坯表面都处于合适的位置。找正时应注意的事项如下：

(1) 当毛坯工件上有不加工表面时，应按不加工表面找正后再划线，这样可使加工表面与不加工表面之间的尺寸均匀。注意：当工件上有两个以上不加工表面时，应选择重要的或较大的不加工表面作为找正依据，并兼顾其他不加工表面，这样不仅可以使划线后的加工表面与不加工表面之间的尺寸比较均匀，而且可以使误差集中到次要或不明显的部位。

(2) 当工件上没有不加工表面时，可通过对各待加工表面的自身位置找正后再划线，这样可以使各待加工表面的加工余量均匀分布，避免加工余量相差悬殊，有的过多、有的过少。

当毛坯的尺寸、形状或位置误差和缺陷难以用找正划线的方法得以补救时，就需要利用借料的方法来解决。

借料就是通过试划和调整，使各待加工表面的余量互相借用、合理分配，从而保证各待加工表面都有足够的加工余量，使误差和缺陷在加工后便可排除。

借料时，首先应确定毛坯的误差程度，从而决定借料的方向和大小；然后从基准开始逐一划线。若发现某一待加工表面的余量不足，则应再次借料，重新划线，直至各待加工表面都有允许的最小加工余量为止。

问题解决

方铁划线

划线操作方法：

划线操作主要有划平行线、划垂直线和划圆弧线等，分别见表 4-7～表 4-9。

表 4-7 划平行线的方法

主要方法		练习要领	示意图
方法一	用钢直尺或钢直尺与划规配合划平行线	划已知直线的平行线时，用钢直尺或划规按两线距离在两处的同侧划一短直线或弧线，再用钢直尺将两直线相连，或作两弧线的切线，即得平行线	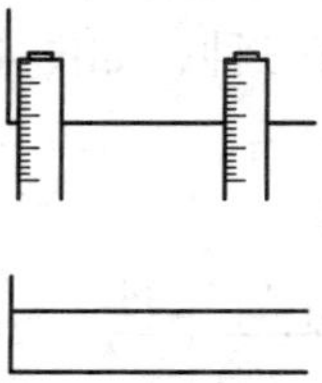 （a）用钢直尺划平行线 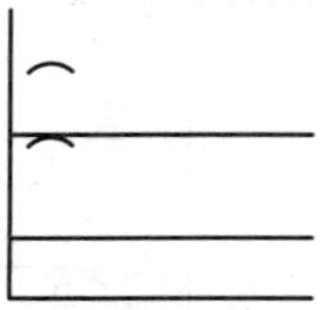　（b）用划规与钢直尺配合划平行线
方法二	用单脚规划平行线	将单脚规的一脚靠住工件已知直边，在工件直边的两端以相同距离用另一脚各划一短线，再用钢直尺连接两短线即成	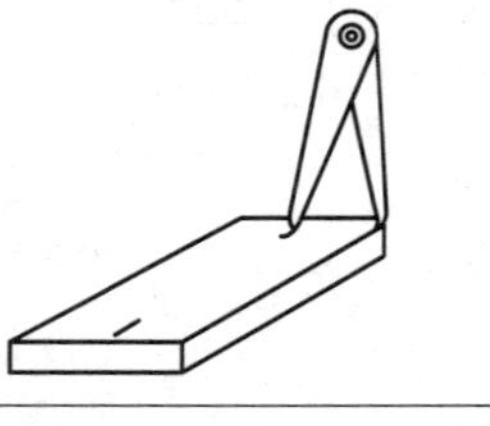
方法三	用钢直尺与 90°角尺配合划平行线	用钢直尺与 90°角尺配合划平行线时，为防止钢直尺松动，常用夹头夹住钢直尺。当钢直尺与工件表面能较好地贴合时，可不用夹头	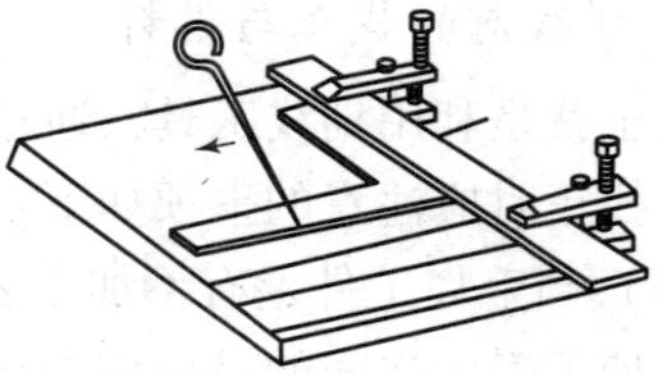
方法四	用划线盘或高度游标卡尺划平行线	若工件可垂直放在划线平台上，则可用划线盘或高度游标卡尺测量尺寸后，沿平台移动，划出平行线	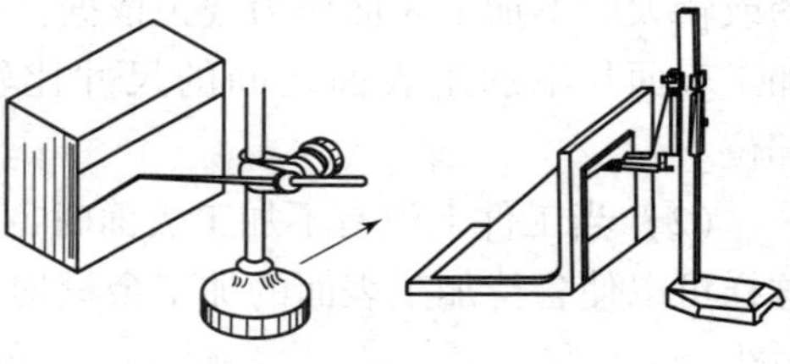

单元四　机械产品加工工艺常识

表4-8　划垂直线的方法

主要方法		练习要领	示意图
方法一	用90°角尺划垂直线	90°角尺的一边对准或紧靠工件已知边,划针沿尺的另一边垂直划出的线即为所需垂直线	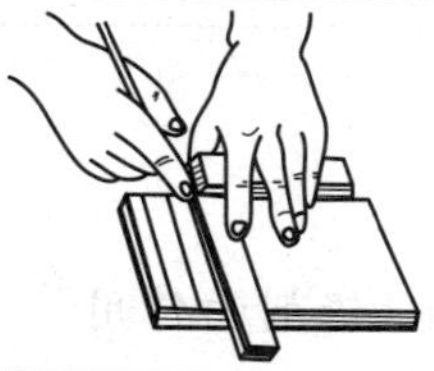
方法二	用划线盘或高度游标卡尺划垂直线	先将工件和已知直线调整到垂直位置,再用划线盘或高度游标卡尺划出已知直线的垂直线	见表4-7方法四的示意图

划圆弧线前要先划中心线,确定中心点,在中心点打样冲眼,然后用划规以一定的半径划圆弧。求圆心的方法见表4-9。

表4-9　求圆心的方法

主要方法		练习要领	示意图
方法一	单脚规求圆心	将单脚规两脚尖的距离调到大于或等于圆的半径,然后把划规的一只脚靠在工件侧面,用左手大拇指按住,划规另一脚在圆心附近划一小段圆弧,如图(a)所示。划出一段圆弧后再转动工件,每转1/4周就依次划出一段圆弧,如图(b)所示。当划出第四段后,即可在四段弧的包围圈内目测确定圆心位置,如图(c)所示	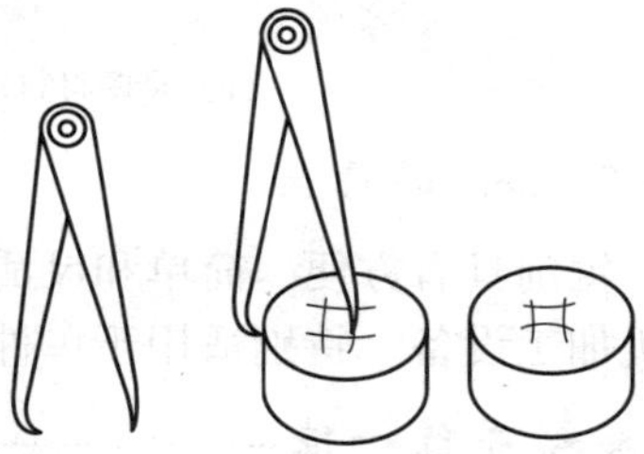 (a)　(b)　(c)
方法二	用划线盘求圆心	把工件放在V形架上,将划针尖调到略高或略低于工件圆心的高度,左手按住工件,右手移动划线盘,使划针在工件端面上划出一短线。再依次转动工件,每转过1/4周便划一短线,共划出4根短线,再在这个"#"形线内目测出圆心位置	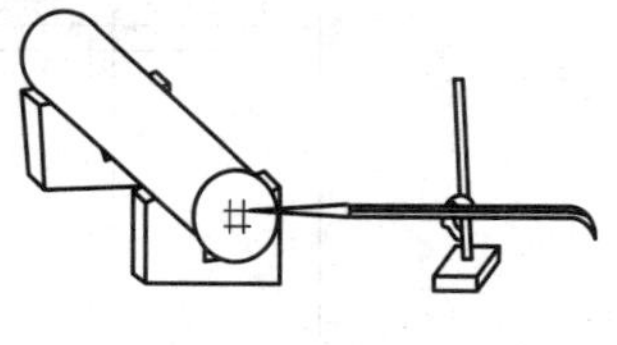

> **温馨提示**
>
> **划线注意事项**
>
> (1) 为熟悉图形的作图方法,练习前可先让学生做一次纸上练习。
> (2) 必须正确掌握划线工具的使用方法,根据图纸要求选择合适的划线工具。
> (3) 针尖要保持尖锐,划线要尽量一次完成。
> (4) 保证划线尺寸的准确性、线条细而清晰以及确保冲眼位置的准确性。
> (5) 工具摆放要合理,工件划线后必须仔细复检校对。
> (6) 划线结束后要把平台表面擦净,上油防锈。
> (7) 对切点、交点及所有的已划线进行冲点。

❖ **阅读思考**

（1）在实际工作中划线有何作用？
（2）如何确定划线基准？常用划线基准有哪几种形式？

阅读材料四：锯削

1. 锯削的作用

锯削是指用手锯对材料或工件进行分割或锯槽等的加工方法。锯削适宜于对较小材料或工件的加工，如图 4-4 所示。

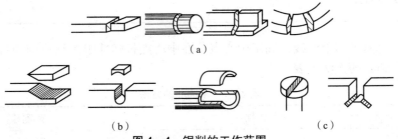

图 4-4 锯削的工作范围
（a）锯断材料；（b）锯掉工件上的多余部分；（c）在工件上锯槽

2. 锯削的特点

锯削具有方便、简单和灵活等优点，只需要手锯和钳台就可以完成操作，不需要专门的机加工设备，特别适用于单件、小批量生产。

❖ **动手练一练**

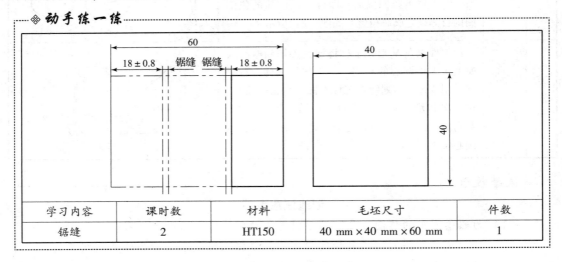

学习内容	课时数	材料	毛坯尺寸	件数
锯缝	2	HT150	40 mm × 40 mm × 60 mm	1

问题解决

锯削工具使用与操作要领：

锯削工具的名称、图例、功用及相关知识见表 4-10。

表 4-10 常用锯削工具的功用及相关知识

名称	图例	功用及相关知识
锯弓	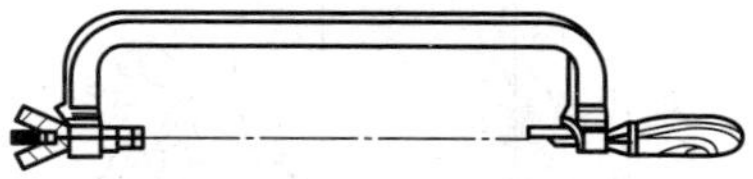 （a）固定式 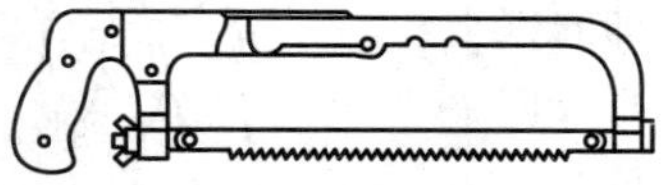 （b）可调式	两种锯弓各有一个夹头。夹头上的销子插入锯条的安装孔后，可通过旋转翼形螺母来调节锯条的张紧程度。 锯弓的作用是张紧锯条，且便于双手操持，有固定式和可调节式两种，一般都选用可调节式锯弓。这种锯架分为前、后两段，前段套在后段内，可伸缩，能安装几种长度规格的锯条，灵活性好，因此得到广泛应用
锯条	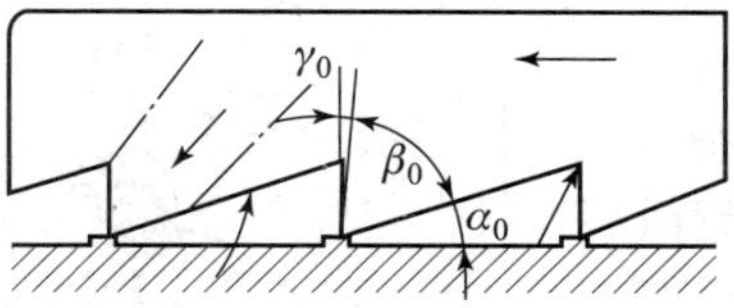 （a） 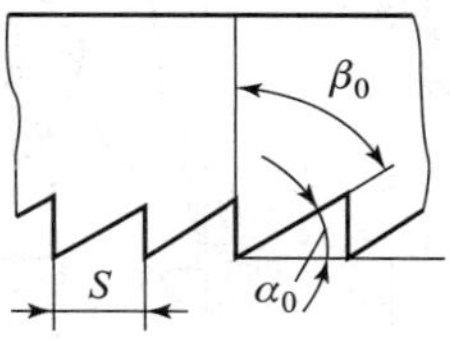 （b）	锯条安装时应使锯齿方向与切削方向一致。 锯条是用来直接锯削材料或工件的刃具，其规格是以两端安装孔的中心距来表示的。常用的锯条规格是 300 mm，其宽度为 10~25 mm，厚度为 0.6~1.25 mm。 锯条的切削部分由许多均布的锯齿组成。常用的锯条后角 $\alpha_0 = 40°$、楔角 $\beta_0 = 50°$、前角 $\gamma_0 = 0°$，如图（a）所示。制成这一后角和楔角的目的是使切削部分具有足够的容屑空间和使锯齿具有一定的强度，以便获得较高的工作效率

锯削动作要领及起锯方法见表 4-11。

表 4-11 锯削动作要领及起锯方法

方铁锯割

内容	说明	动作要领	示意图
锯削姿势及锯削运动	正确的锯削姿势能减轻疲劳，提高工作效率	（1）握锯时，要自然舒展，右手握手柄，左手轻扶锯弓前端。 （2）锯削时，夹持工件的台虎钳高度要适合锯削时的用力需要，如图（a）所示，即从操作者的下颚到钳口的距离以一拳一肘的高度为宜。	 （a）

续表

内容	说明	动作要领	示意图
锯削姿势及锯削运动	正确的锯削姿势能减轻疲劳，提高工作效率	（3）锯削时右腿伸直，左腿弯曲，身体向前倾斜，重心落在左脚上，两脚站稳不动，靠左膝的屈伸使身体做往复摆动，即起锯时，身体稍向前倾，与竖直方向约成10°角，此时右肘尽量向后收，如图（b）所示。随着推锯的行程增大，身体逐渐向前倾斜。当行程达2/3时，身体倾斜约18°左右，左、右臂均向前伸出，如图（c）、（d）所示。当锯削最后1/3行程时，用手腕推进锯弓，身体随着锯的反作用力退回到15°角位置，如图（e）所示。锯削行程结束后，取消压力，将手和身体都退回到最初位置。 （4）锯削速度以20~40次/min为宜。速度过快，易使锯条发热，磨损加重；速度过慢，又将直接影响锯削效率。一般锯削软材料可快些，锯削硬材料可慢些，必要时可用切削液对锯条进行冷却润滑。 （5）锯削时，不要仅使用锯条的中间部分，而应尽量在全长度范围内使用。为避免局部磨损，一般应使锯条的行程不小于锯条长的2/3，以延长锯条的使用寿命。 （6）锯削时的锯弓运动形式有两种：一种是直线运动，适用于锯薄形工件和直槽；另一种是摆动，即在前进时，右手下压而左手上提，操作自然省力。锯断材料时，一般采用摆动式运动。 （7）锯弓前进时，一般需加不大的压力，而向后拉时不加压力	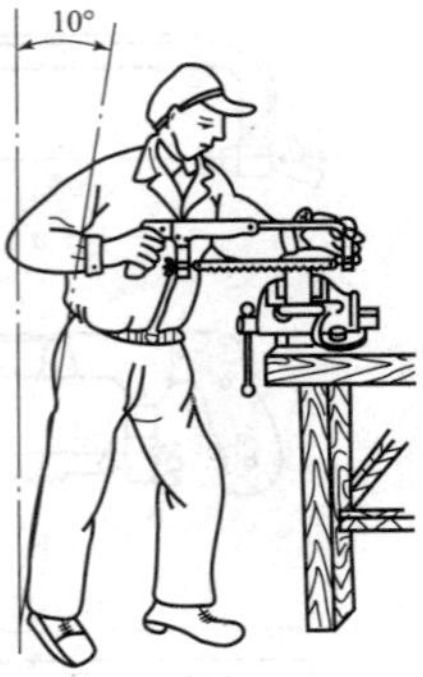 （b）  （c）  （d）  （e）

续表

内容		说明	动作要领	示意图
起锯方法	远起锯	即从工件远离操作者的一端起锯。此时锯条逐步切入材料，不易被卡住，一般应采用远起锯的方法	（1）无论用哪一种起锯方法，起锯角度都要小些，一般不大于15°，如图（c）所示。 （2）如果起锯角太大，锯齿易被工件的棱边卡住，如图（d）所示。 （3）但起锯角太小会由于同时与工件接触的齿数多而不易切入材料，锯条还可能打滑，使锯缝发生偏离，工件表面被拉出多道锯痕而影响表面质量，如图（e）所示。 （4）为了使起锯平稳，位置准确，可用左手大拇指确定锯条位置，如图（f）所示，起锯时压力要小、行程要短	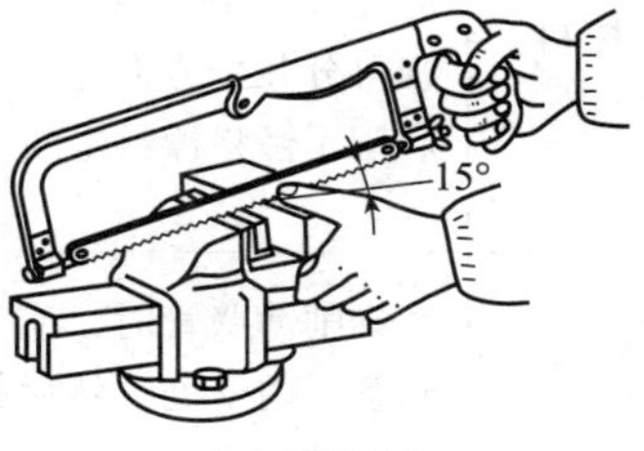 （a）远起锯 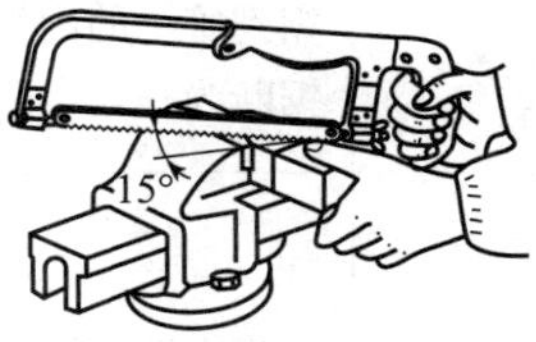 （b）近起锯 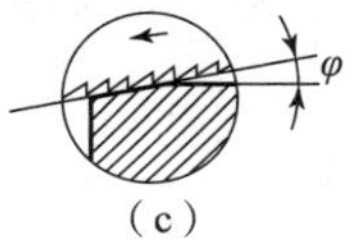 （c）（d）（e）（f） 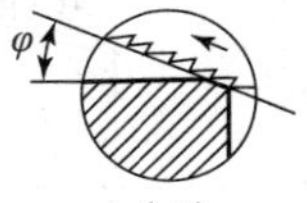 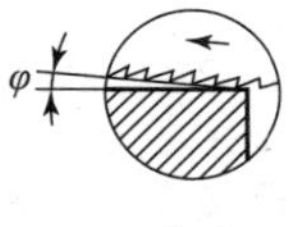 
	近起锯	即从工件靠近操作者的一端起锯。如果这种方法掌握不好，锯齿会一下子切入较深，而易被棱边卡住，使锯条崩裂		
锯路		为减少锯缝两侧面对锯条的摩擦阻力，避免锯条被夹住或折断，锯路有交叉形［见图（a）］和波浪形［见图（b）］等	锯齿按一定的规律左右错开，排列成一定形状	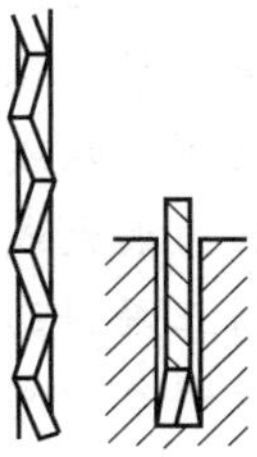 （a）（b） 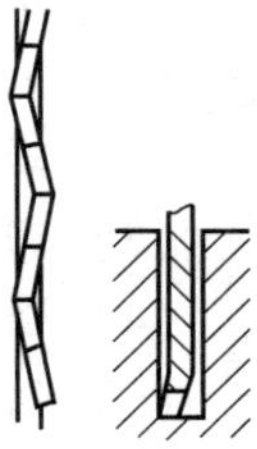

各种材料的锯削方法见表 4-12。

表 4-12 各种材料的锯削方法

材料	动作要领	示意图
棒料	若要求锯削断面平整，则应从开始起连续锯到结束。若断面要求不高，则可分几个方向锯下，锯到一定程度后用手锤将棒料击断	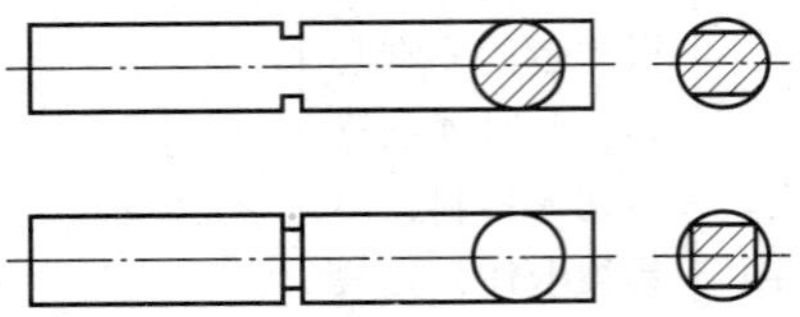
管子	锯削薄壁管时，应先从一个方向锯到管子内壁处，然后把管子向推锯的方向转过一定角度，并连接原锯缝再锯到管子的内壁处，如此不断，直到锯断为止	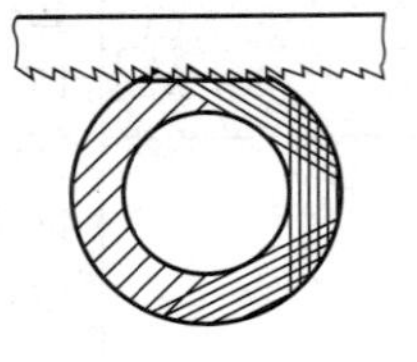
深缝锯削	当锯缝深度超过锯弓高度时，可将锯条转过 90°，重新装夹后再锯	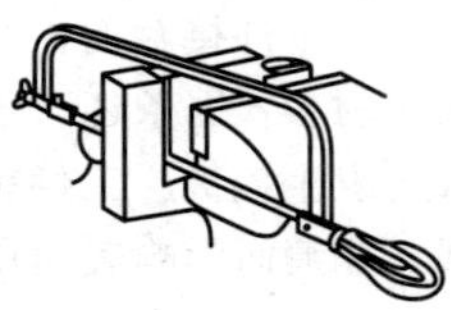 （a） 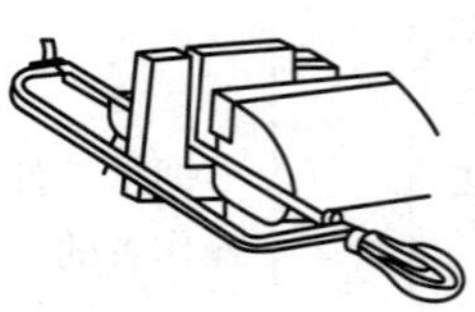　（b）
薄板	可将薄板夹在两木块之间进行锯削，或手锯做横向斜推锯	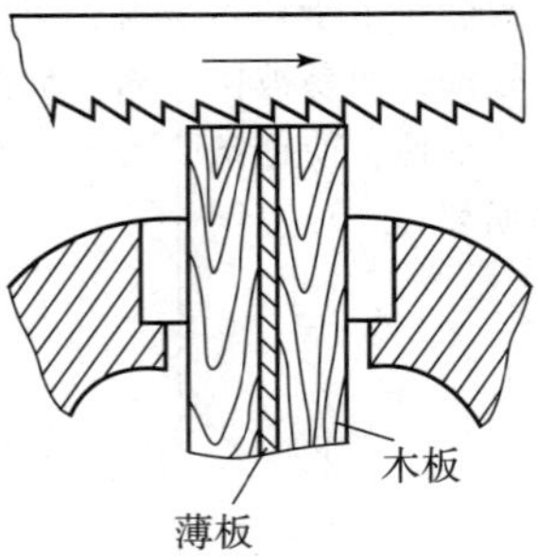 木板　薄板

❂ **视野拓展**

锯条折断可能产生的以下原因：
(1) 工件未夹紧，锯削时工件有松动。
(2) 锯条装得过松或过紧。
(3) 锯削压力太大或锯削方向突然偏离锯缝方向。
(4) 强行纠正歪斜的锯缝，或调换新锯条后仍在原锯缝过猛地锯下。
(5) 锯削时锯条中间局部磨损，当拉长锯削时锯条被卡住而折断。
(6) 中途停止使用时，手锯未从工件中取出而碰断。
(7) 工件将要锯断时没有及时掌握好，使锯弓与台虎钳相撞而折断锯条。

❖ **视野拓展**

锯缝歪斜可能产生的原因：
(1) 工件安装时，锯缝线未能与铅垂线方向保持一致。
(2) 锯条安装太松或相对锯弓平面扭曲。
(3) 使用锯齿两面磨损不均的锯条。
(4) 锯削压力太大而使锯条左右偏摆。
(5) 锯弓未扶正或用力歪斜。

❖ **温馨提示**

锯削注意事项：
(1) 锯削时，必须注意工件的夹持及锯条锯齿方向的安装要正确，并注意起锯方法和起锯角度正确，以免一开始锯削就造成废品或锯条损坏。
(2) 起锯时，起锯角大小要正确，锯削时的摆动姿势要自然。
(3) 随时注意控制好锯缝的平直情况，及时借正。
(4) 推锯方向要与钳口垂直，以保证锯缝与工件大平面垂直。
(5) 初学锯削时，锯削速度不易掌握，往往推出速度过快，锯条会很快被磨钝，应注意及时纠正。

❖ **阅读思考**

(1) 锯削有哪几种起锯方式？起锯时应注意哪些问题？
(2) 锯条折断可能产生的原因是什么？

阅读材料五：锉削

(1) 锉削是一种用锉刀对工件表面进行切削加工，从而使工件达到所要求的尺寸、形状和表面粗糙度等的加工方法。

(2) 锉削的应用范围很广，可以锉削平面、曲面、外表面、内孔、沟槽和各种复杂表面，还可以配键、做样板及在装配中修整工件，是钳工常用的操作之一。

❖ **动手练一练**

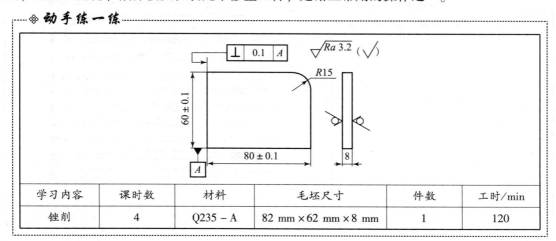

学习内容	课时数	材料	毛坯尺寸	件数	工时/min
锉削	4	Q235-A	82 mm×62 mm×8 mm	1	120

问题解决

锉削刀具及选用：

1. 锉刀

锉刀是用高碳工具钢 T13 或 T12 制成，经热处理后切削部分硬度达到 HRC62~72，锉刀的相关基础常识见表 4-13。

表 4-13 锉刀的相关基础常识

内容	相关知识	图例及有关参数
锉刀的构造及各部分名称	锉刀由手柄与锉身组成	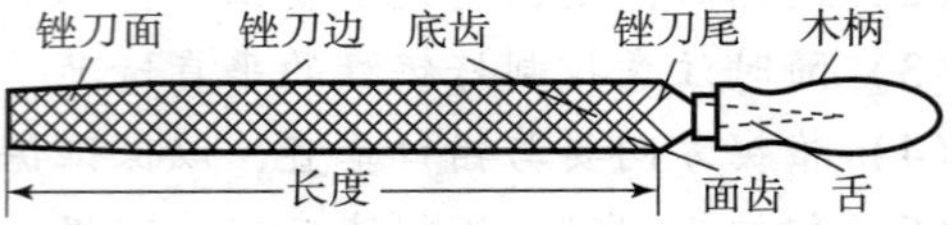 锉刀面　锉刀边　底齿　锉刀尾　木柄 ←——长度——→　面齿　舌
锉刀的类型	按锉刀的用途不同，可分为钳工锉、异形锉和整形锉，如右图所示	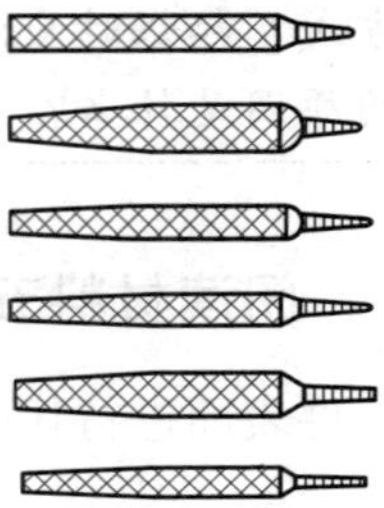 （a）钳工锉 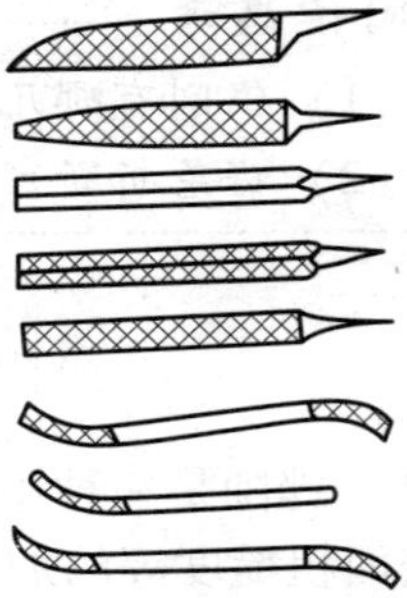　（b）异形锉 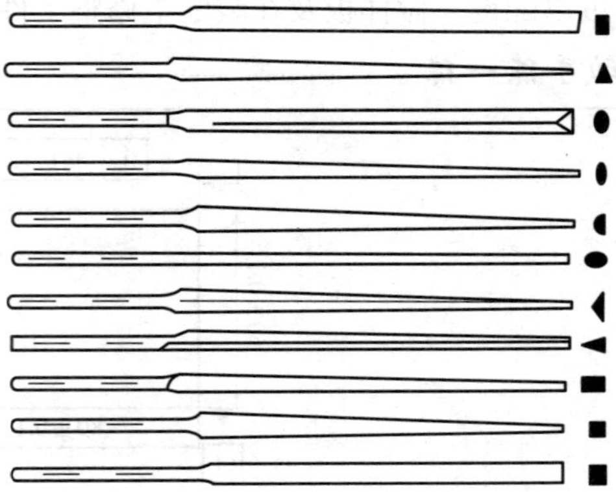 （c）整形锉

续表

内容	相关知识	图例及有关参数
锉刀的断面形状	钳工锉按锉刀近光坯锉身处的断面形状不同，又可分为扁锉、半圆锉、三角锉、方锉、圆锉等，其断面形状如图（a）~（e）所示。 异形锉用于加工特殊表面。按其断面形状不同，又可分为菱形锉、单面三角锉、刀形锉、双半圆锉、椭圆锉、圆边扁锉、棱边锉等。其断面形状如图（f）~（l）所示	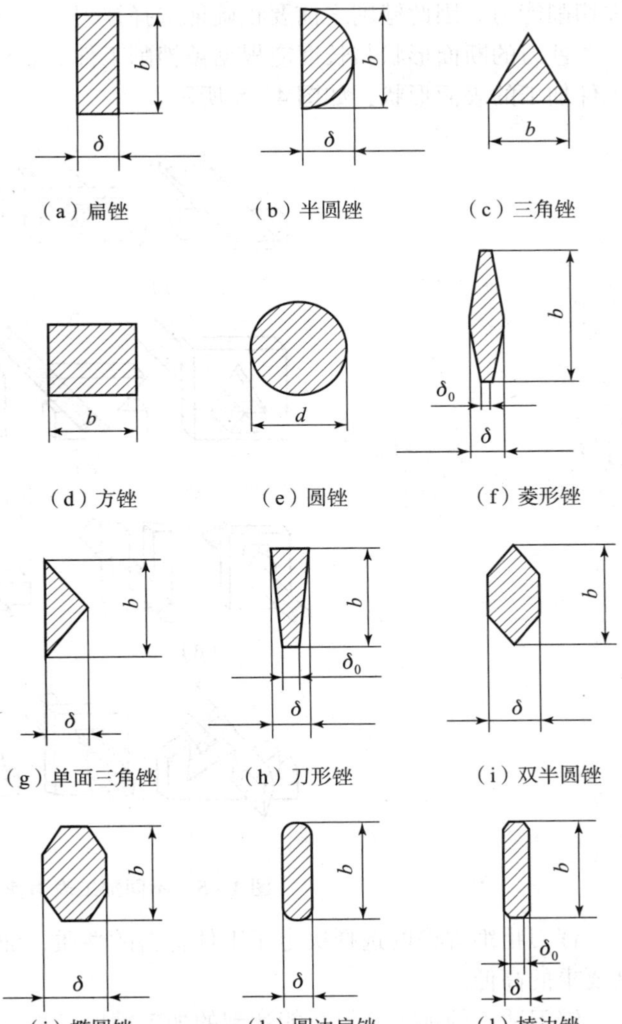 （a）扁锉　（b）半圆锉　（c）三角锉 （d）方锉　（e）圆锉　（f）菱形锉 （g）单面三角锉　（h）刀形锉　（i）双半圆锉 （j）椭圆锉　（k）圆边扁锉　（l）棱边锉
锉刀的规格	钳工锉刀的规格是指锉身的长度。异形锉和整形锉的规格指锉刀全长	钳工锉的长度规格有 100 mm、125 mm、150 mm、200 mm、250 mm、300 mm、350 mm、400 mm、450 mm，异形锉的长度规格为 170 mm，整形锉的长度规格有 100 mm、120 mm、140 mm、160 mm、180 mm
锉纹的主要参数	锉纹号是表示锉齿粗细的参数，按每 10 mm 轴向长度内主锉纹条数划分	钳工的锉纹号共分 5 种，分别为 1~5 号，锉齿的齿高不应小于主锉纹法向齿距的 45%。 异形锉、整形锉的锉纹号共分 10 种，分别为 00、0、1、…、7、8 号，锉齿的齿高应不小于主锉纹法向齿距的 40%，而在距锉刀梢端 10 mm 长度内齿高应不小于 30%；用切齿法制成的锉刀齿高应不小于主锉纹法向齿距的 30%

2. 锉刀的选择

每种锉刀都有它适当的用途,如果选择不当,就不能发挥它的效能,甚至会过早地丧失切削能力。因此锉削之前要正确地选择锉刀。

锉刀的断面形状与长度应根据被锉削工件的表面形状和大小选用。锉刀的形状应适应工件加工的表面形状,如图4-5所示。

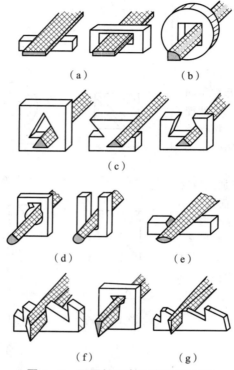

图4-5 不同加工表面使用的锉刀

锉刀粗细规格的选择决定于工件材料的性质、加工余量的大小及加工精度和表面粗糙度要求的高低。

锉刀适宜的加工余量,能达到的加工精度、表面粗糙度,以及供选择的锉刀粗细规格见表4-14。

表4-14 锉刀粗细规格

锉刀	适用场合		
	加工余量/mm	尺寸精度/mm	表面粗糙度/μm
1号(粗锉)	0.5~1	0.2~0.5	Ra100~25
2号(中锉)	0.2~0.5	0.05~0.2	Ra12.5~6.3
3号(细锉)	0.1~0.3	0.02~0.05	Ra12.5~3.2
4号(双细齿锉)	0.1~0.2	0.01~0.02	Ra6.3~1.6
5号(油光锉)	0.1以下	0.01	Ra1.6~0.8

问题解决

锉削操作要领与锉削表面质量检测：

1. 锉削操作要领

锉刀握法及操作说明见表 4-15，锉削加工的方法及其动作要领见表 4-16。

表 4-15　锉刀握法及操作说明

内容	操作示意图	操作说明
锉刀握法	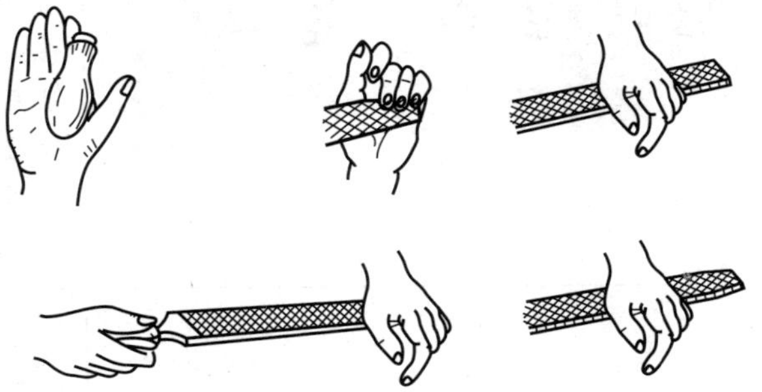	板锉握法：右手紧握锉刀柄，柄端抵在拇指根部的手掌上，大拇指放在锉刀柄上部，其余手指握住锉刀柄；左手将拇指压在锉刀头上，拇指自然伸直，其余四指弯向手心，用中指、无名指捏住锉刀前端。右手推动锉刀，左手协同右手使锉刀保持平衡

表 4-16　锉削加工的方法及其动作要领

内容	操作示意图	操作说明
站立姿势	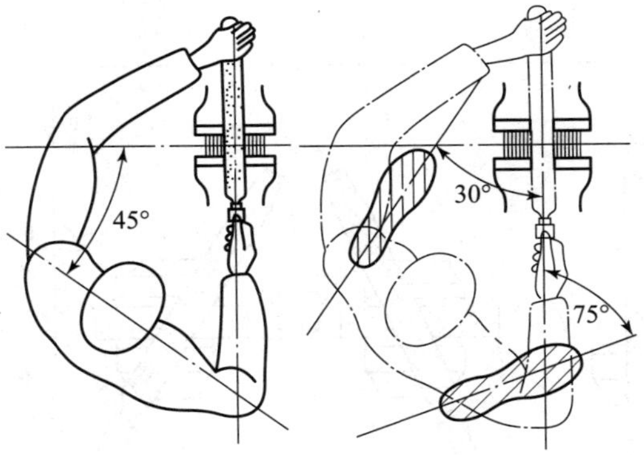	左臂弯曲，小臂与工件锉削面的左右方向基本平行，右小臂与工件锉削面的前后方向保持平行

续表

内容	操作示意图	操作说明
锉削动作	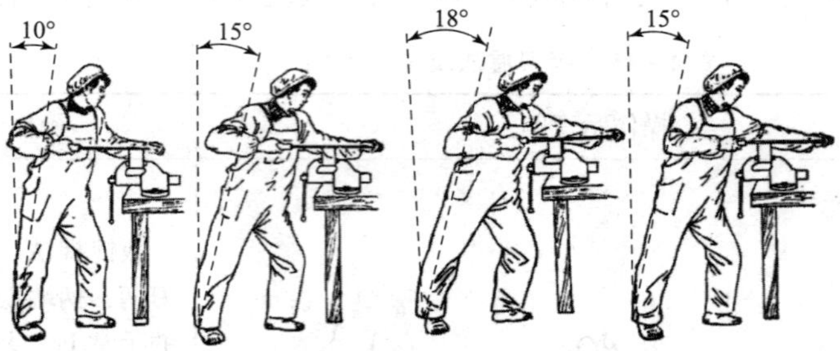	开始锉削时身体略前倾；锉削时身体先于锉刀一起向前，右脚伸直，左膝呈弯曲状，重心在左脚；当锉刀锉至行程将结束时，两臂继续用锉刀锉完行程，同时左腿自然伸直，顺势将锉刀收回，身体重心后移，当锉刀收回即将结束时，身体又先于锉刀前倾，做第二次锉削运动
两手用力锉削时	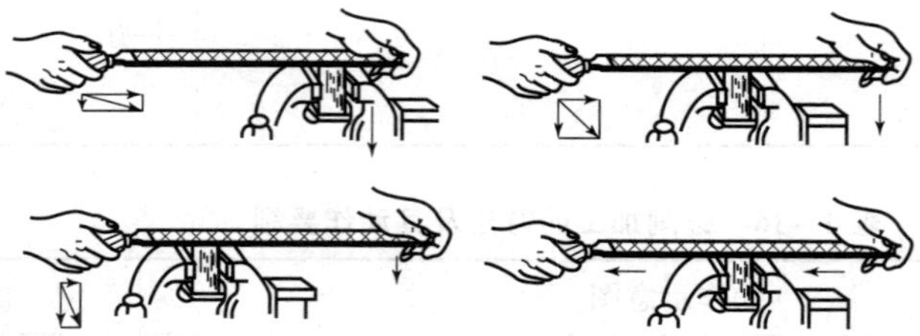	锉削行程中保持锉刀做直线运动。推进时右手压力要随锉刀推进而逐渐增加，左手压力则要逐渐减小，回程不加压力。锉削速度一般为40次/min左右
平面锉削	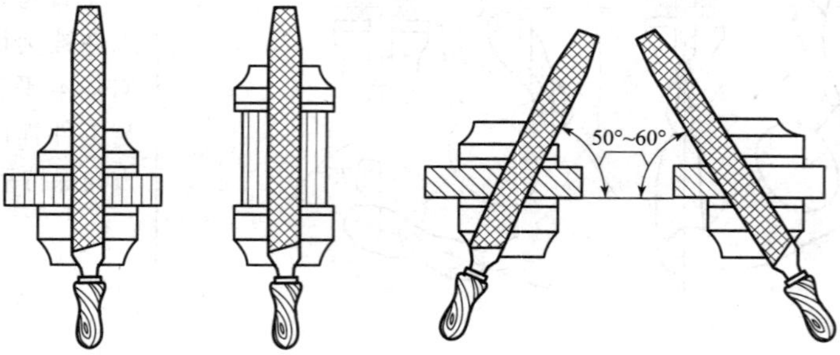	直锉：锉刀运动方向与工件夹持方向始终一致，用于精锉。 交叉锉：锉刀运动方向与工件夹持方向成一定角度，一般用于粗锉

续表

内容	操作示意图	操作说明
外圆弧面的锉削	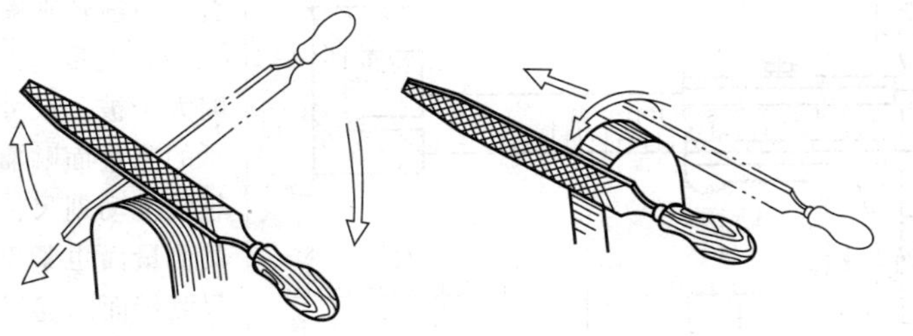 (a) (b)	（1）如图（a）所示，顺着圆弧面锉：锉削时，锉刀向前，右手下压，左手上提，同时绕工件圆弧中心转动。此方法适用于精锉圆弧面。 （2）如图（b）所示，横着圆弧面锉：锉削时，在推动锉刀直线运动的同时随工件做圆弧摆动。此方法适用于圆弧面的粗加工
内圆弧面的锉削	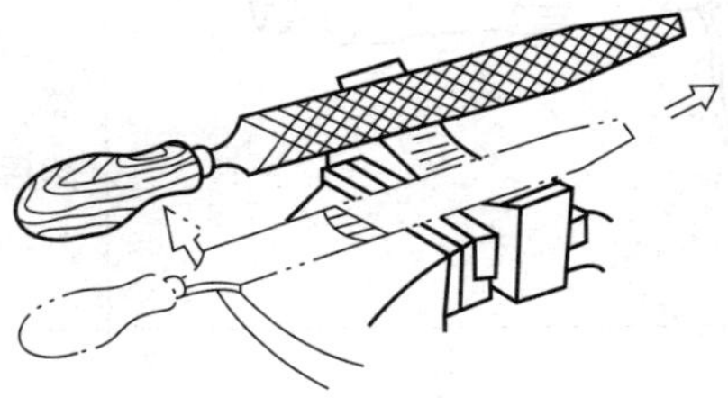	用圆锉或半圆锉。锉刀做直线运动的同时绕锉刀中心转动，并向左做微小移动
球面的锉削	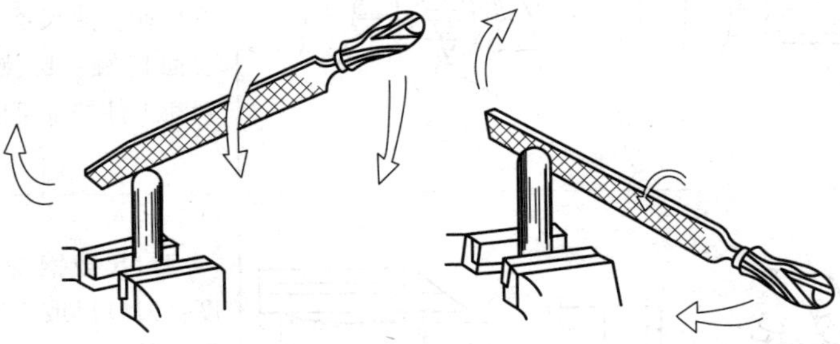	锉削圆柱形工件端部的球面时，锉刀以顺向和横向两种曲面锉法结合进行

2. 锉削表面质量检测

锉削表面检测常用量具及测量方法见表4-17。

表 4-17 锉削表面检测常用量具及测量方法

名称	示意图	操作说明
游标卡尺	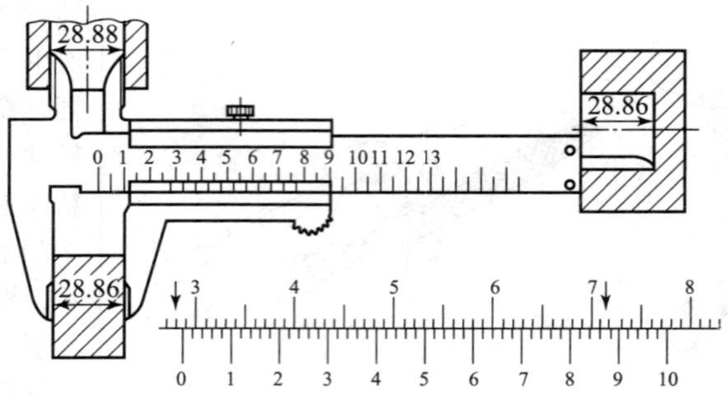	（1）测量前应校对零位。其主尺与副尺游标的零线正好对齐时，量爪两测量面贴合应不透光或微弱透光。 （2）测量时两量爪分开到略大于被测尺寸，将固定量爪的测量面贴靠工件，然后轻轻推动副尺，使副尺量爪的测量面也紧靠工件，当卡尺测量面的连线垂直于被测工件表面时，读出读数。读数时，视线应垂直于卡尺刻线表面
千分尺	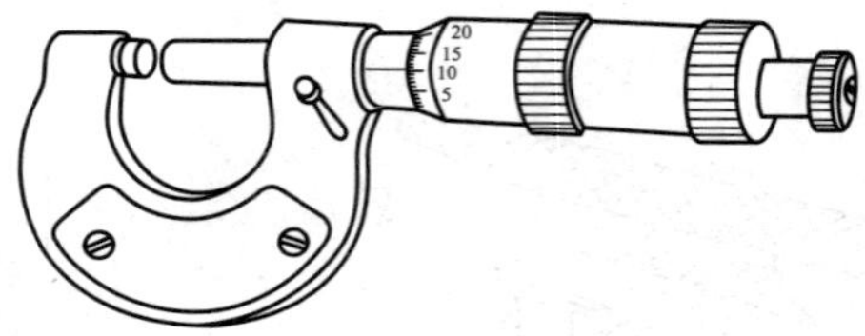	（1）使用前应对零（0~25 mm）或用标准样棒校准。 （2）使用时旋动固定套筒，使两测量面接近工件，然后旋转棘轮，当棘轮发出"吱吱"声后即可读数
直角尺	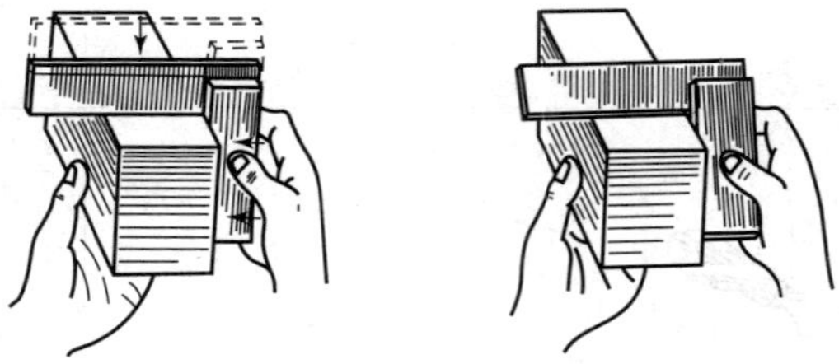	直角尺检查工件垂直度：使用时，先将尺座紧贴工件基准面，然后将角尺轻轻向下移动，使尺面与被测工件表面接触，目测透光情况，判断工件的垂直度
刀口尺或钢直尺	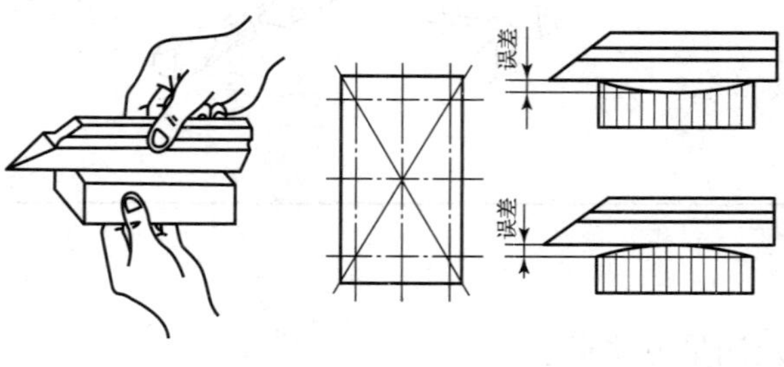	刀口尺或钢直尺检查平面度：刀口尺或钢直尺垂直放在工件表面上，沿纵向、横向、对角线方向多处逐一通过透光法检查，如不透光或微弱透光，则该平面是平直的；反之，则该面不平

❖ **温馨提示**

锉削注意事项

（1）掌握正确的锉削姿势是学好锉削技能的基础，因此必须练好锉削姿势。

（2）平面锉削的要领是锉削时保持锉刀的直线平衡运动。因此，在练习时要注意锉削力的正确运用。

（3）顺着圆弧锉时，锉刀上翘下摆的幅度要大，才易于锉圆。

（4）没有装柄及锉刀柄开裂的锉刀不能使用。

（5）不能用嘴吹锉屑，也不能用手擦摸锉削表面。

（6）工、量具要正确使用、合理摆放，做到文明生产。

❖ **阅读思考**

（1）锉削加工时，如何选用锉刀？

（2）锉刀的握法及站立姿势如何？

阅读材料六：钻孔

钻孔

钻孔是用麻花钻在实体材料上加工出孔的过程，钻孔是钳工的主要工作内容之一。

钻孔时，麻花钻的刚性和精度都较差，加之是深入工件内部加工，散热和排屑都比较困难，故加工精度不高，精度等级为 IT10~IT11，表面粗糙度值为 Ra12.5~50 μm。钻孔只能用于加工精度要求不高的孔或作为孔的粗加工。

❖ **动手练一练**

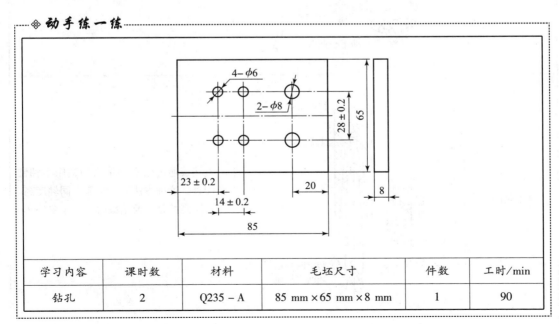

学习内容	课时数	材料	毛坯尺寸	件数	工时/min
钻孔	2	Q235-A	85 mm×65 mm×8 mm	1	90

问题解决

钻孔辅件与钻孔操作

1. 常用钻床

钻床的种类很多，常用的钻床有台式钻床、立式钻床和摇臂钻床等。各种常用钻床的功用及相关知识见表 4 – 2。

2. 钻孔辅件

钻孔辅件主要包括钻头及工件装夹的辅助器具及设备，常用钻孔辅件的功用及其相关知识见表 4 – 18。麻花钻的组成、功用及其相关知识见表 4 – 19。

表 4 – 18 麻花钻的组成、功用及其相关知识

名称	图例	功用及其相关知识
钻夹头	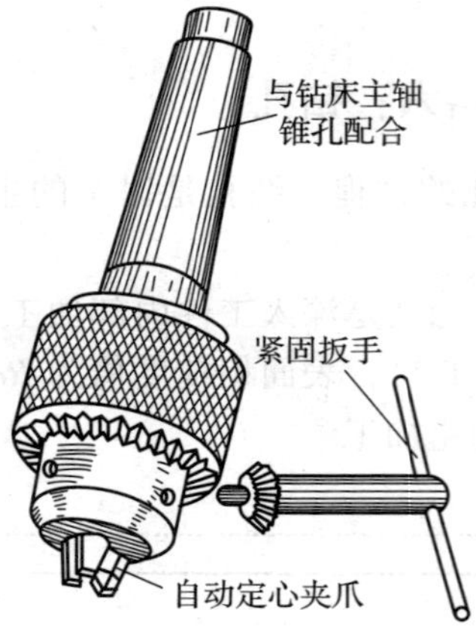 （与钻床主轴锥孔配合；紧固扳手；自动定心夹爪）	直柄钻头的装夹：切削时扭矩较小，但夹紧力过小，容易产生跳动
锥柄钻头	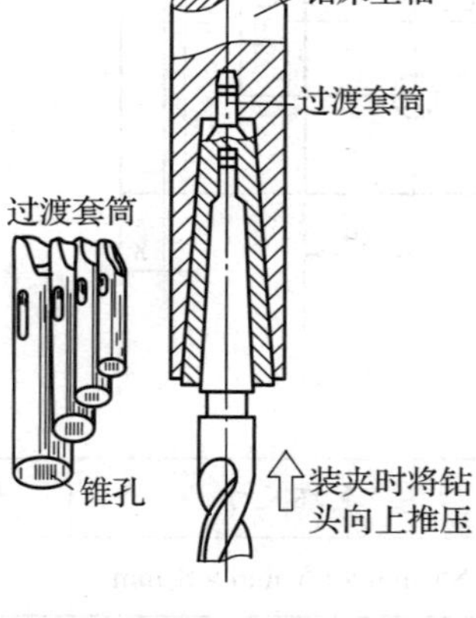 （钻床主轴；过渡套筒；锥孔；装夹时将钻头向上推压）	直接或通过钻套将钻头和钻床主轴锥孔配合，这种方法配合牢靠，同轴度高。应注意的是，换钻头时，一定要停车，以确保安全

续表

名称	图例	功用及其相关知识
手钳	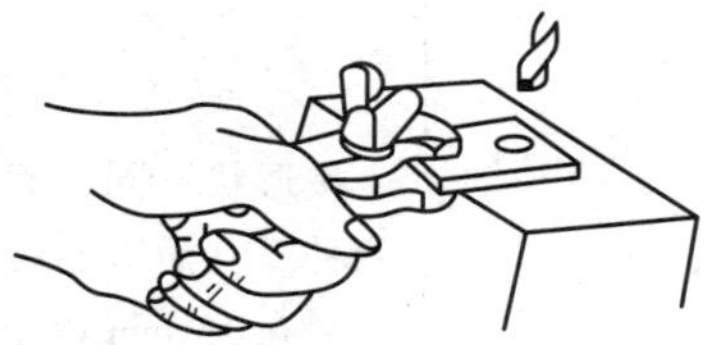	夹持工件： （1）钻孔直径在 8 mm 以下； （2）工件握持边应倒角； （3）孔将钻穿时，进给量要小
平口钳	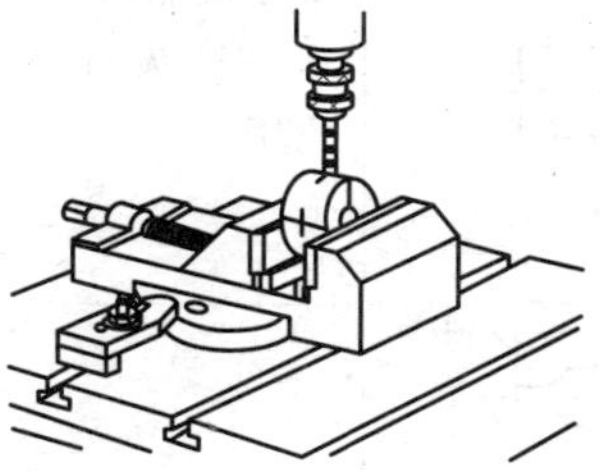	夹持工件：直径在 8 mm 以上或用手不能握牢的小工件
V 形架和压板	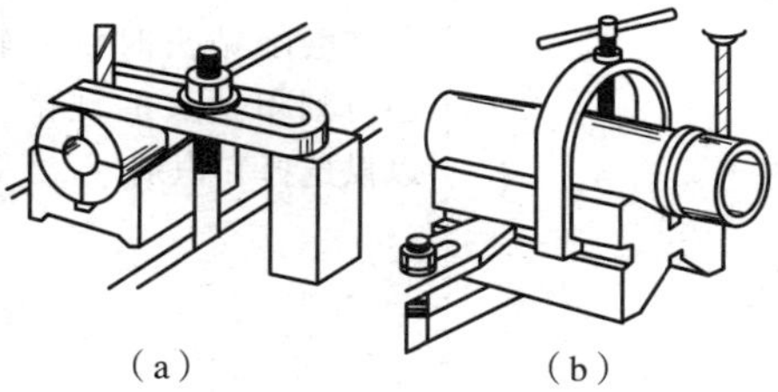 （a）　　　（b）	夹持工件： （1）钻头轴心线位于 V 形架的对称中心； （2）钻通孔时，应使工件钻孔部位距 V 形架端面一段距离，避免将 V 形架钻坏
压板	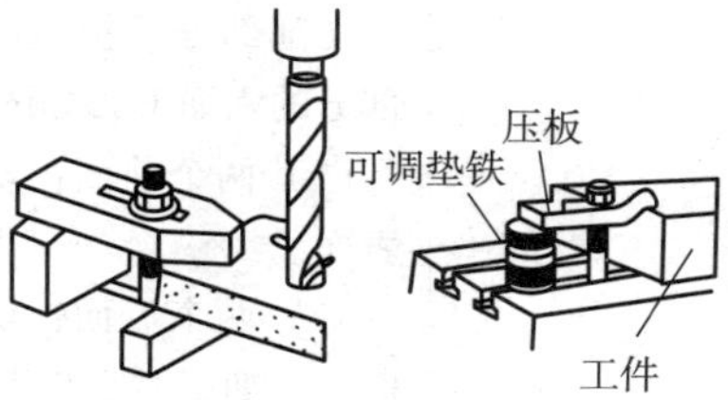 （a）　　　（b）	夹持工件： （1）钻孔直径在 10 mm 以上； （2）压板后端需根据工件高度用垫铁调整
钻床夹具	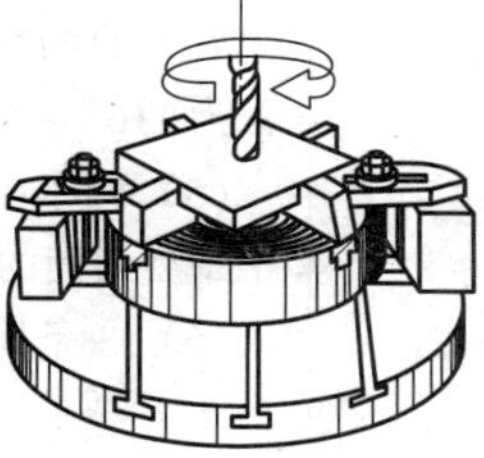	夹持工件：适用于钻孔精度要求高、零件生产批量大的工作

表 4-19　麻花钻的组成、功用及其相关知识

组成部分		图例	功用及其相关知识
柄部		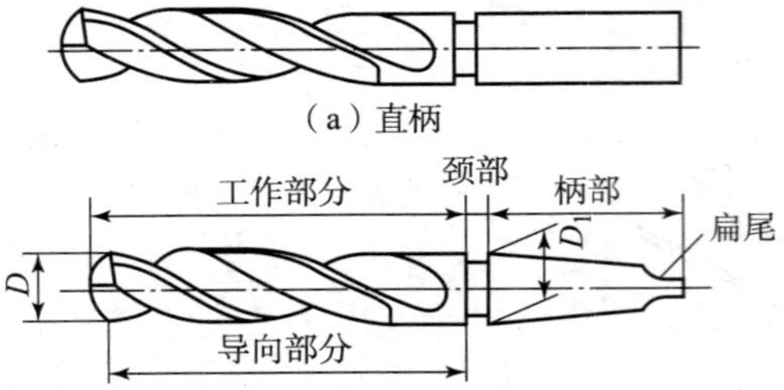 （a）直柄　（b）锥柄	按形状不同，柄部可分为直柄和锥柄两种。直柄所能传递的扭矩较小，用于直径在 13 mm 以下的钻头。当钻头直径大于 13 mm 时，一般采用锥柄。锥柄的扁尾既能增加传递的扭矩，又能避免工作时钻头打滑，还能供拆钻头时敲击之用
颈部			位于柄部和工作部分之间，主要作用是在磨削钻头时供砂轮退刀用。其次，还可刻印钻头的规格、商标和材料等，以供选择和识别
工作部分	切削部分	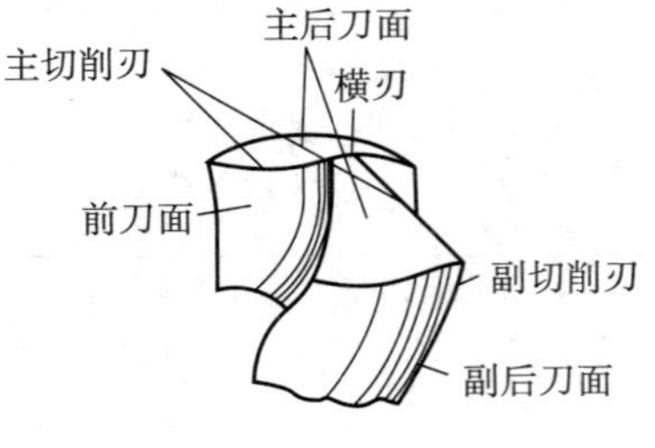	切削部分承担主要的切削工作。切削部分的六面五刃如图所示： （1）两个前面：切削部分的两螺旋槽表面。 （2）两个后面：切削部分顶端的两个曲面，加工时它与工件的切削表面相对。 （3）两个副后刀面：与已加工表面相对的钻头两棱边。 （4）两条主切削刃：两个前刀面与两个后刀面的交线，其夹角称为顶角，通常为 116°～118°。 （5）两条副切削刃：两个前刀面与两个副后刀面的交线。 （6）一条横刃：两个后刀面的交线

续表

组成部分		图例	功用及其相关知识
工作部分	导向部分	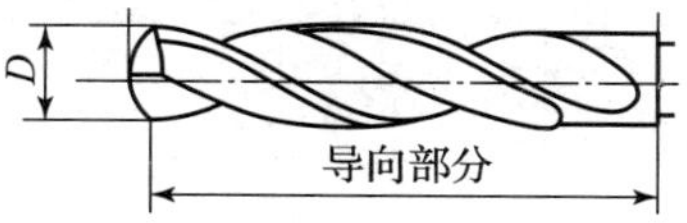 导向部分	在钻孔时起引导钻削方向和修光孔壁的作用，同时也是切削部分的备用段。导向部分各组成要素的作用如下： （1）螺旋槽：两条螺旋槽使两个刀瓣形成两个前刀面，每一刀瓣可看成是一把外圆车刀。切屑的排出和切削液的输送都是沿此槽进行的。 （2）棱边：在导向面上制得的很窄且沿螺旋槽边缘凸起的窄边。它的外缘不是圆柱形，而是被磨成倒锥，即直径向柄部逐渐减小。这样，棱边既能在切削时起导向及修光孔壁的作用，又能减少钻头与孔壁的摩擦
钻心			两螺旋形刀瓣中间的实心部分称为钻心。它的直径向柄部逐渐增大，以增强钻头的强度和刚性

3. 钻孔的操作要领

钻孔操作要领及注意事项见表4-20。

表4-20 钻孔操作要领及注意事项

内容	操作要领及注意事项	示意图
确定加工界线	钻孔前，要在工件上打上样冲眼作为加工界线，中心眼应打大些，如图（a）所示。钻孔时先用钻头在孔的中心锪一小坑（约占孔径1/4），检查小坑与所划圆是否同心。如稍有偏离，则可用样冲将中心冲大矫正或移动工件借正；如偏离较多，则可用窄錾在偏斜的相反方向凿几条槽再钻，便可以逐渐将偏斜部分矫正过来，如图（b）所示	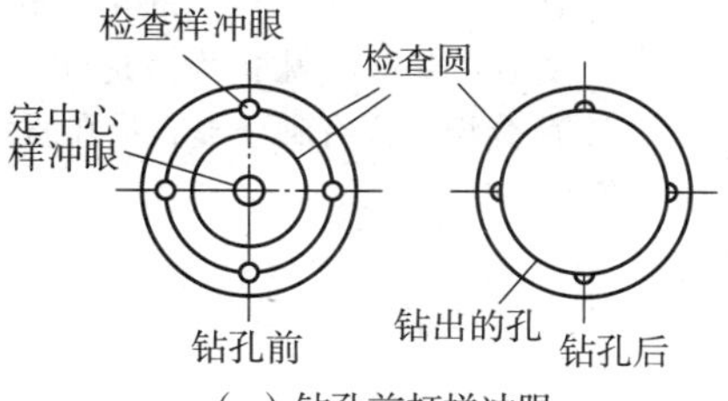 （a）钻孔前打样冲眼 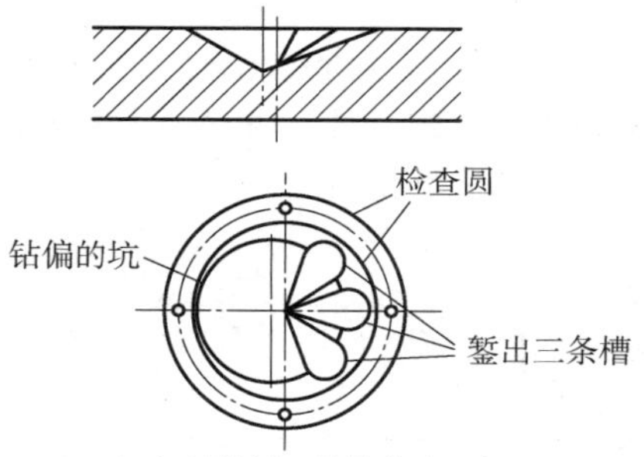 （b）錾槽纠正钻偏的孔

续表

内容	操作要领及注意事项	示意图
钻通孔	工件下面应放垫铁，或把钻头对准工作台空槽；在孔将被钻透时，进给量要小，变自动进给为手动进给，避免钻头在钻穿的瞬间抖动，出现"啃刀"现象，从而影响加工质量，损坏钻头，甚至发生事故	
钻盲孔	要注意掌握钻孔深度。控制钻孔深度的方法有： （1）调整好钻床上的深度标尺挡块。 （2）控制长度量具或用划线工具作记号	
钻深孔	用接长钻头加工，加工时要经常退钻排屑，如为不通孔，则需注意测量与调整钻深挡块	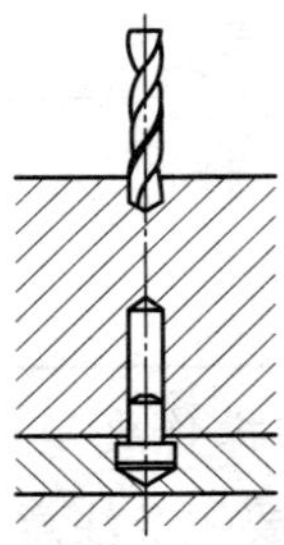
钻大孔	直径 D 超过 30 mm 的孔应分两次钻。第一次用（0.5~0.7）D 的钻头先钻，再用所需直径的钻头将孔扩大。这样，既利于钻头负荷分担，也有利于提高钻孔质量	
斜面钻孔	（1）在工件钻孔处铣一小平面后钻孔。 （2）用錾子先錾一小平面，再用中心钻钻一锥坑后钻孔	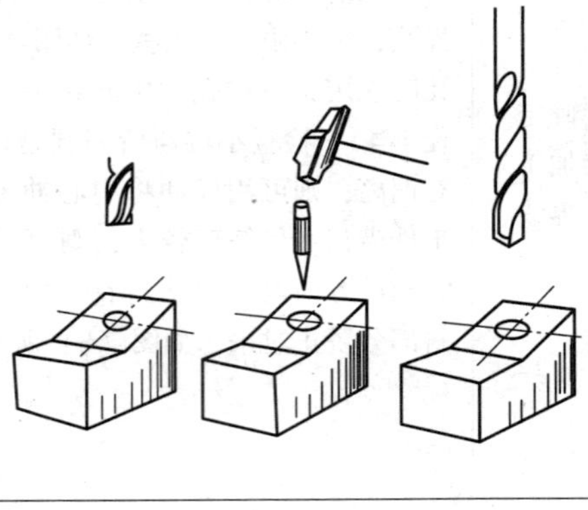

续表

内容	操作要领及注意事项	示意图
钻半圆孔与骑缝孔	（1）可把两件合起来钻削。 （2）两件材质不同的工件钻骑缝孔时，样冲眼应打在略偏向硬材料的一边。 （3）使用半孔钻	
切削液的选择	钻削钢件时，为降低表面粗糙度，多使用机油作冷却润滑油，而为提高生产率，则多使用乳化液；钻削铝件时，多用乳化液、煤油为切削液；钻削铸铁件时，用煤油为切削液。	

◆ 视野拓展

钻孔加工废品产生的原因和预防方法见表 4-21。

表 4-21　钻孔加工废品产生的原因和预防方法

废品形式	废品产生原因	预防方法
孔径大	（1）钻头两切削刃长度不等、角度不对称。 （2）钻头产生摆动	（1）正确刃磨钻头。 （2）重新装夹钻头，消除摆动
孔呈多角形	（1）钻头后角太大。 （2）钻头两切削刃长度不等、角度不对称	正确刃磨钻头，检查顶角、后角和切削刃
孔歪斜	（1）工件表面与钻头轴线不垂直。 （2）进给量太大，钻头弯曲。 （3）钻头横刃太长，定心不良	（1）正确装夹工件。 （2）选择合适进给量。 （3）磨短横刃
孔壁粗糙	（1）钻头不锋利。 （2）后角太大。 （3）进给量太大。 （4）冷却不足，切削液润滑性能差	（1）刃磨钻头，保持切削刃锋利。 （2）减小后角。 （3）减少进给量。 （4）选用润滑性能好的切削液
钻孔位偏移	（1）划线或样冲眼中心不准。 （2）工件装夹不准。 （3）钻头横刃太长，定心不准	（1）检查划线尺寸和样冲眼位置。 （2）工件要装稳、夹紧。 （3）磨短横刃

❖ **视野拓展**

钻孔时钻头损坏的原因和预防方法见表4-22。

表4-22 钻孔时钻头损坏的原因和预防方法

损坏形式	损坏原因	预防方法
钻头工作部分折断	(1) 用钝钻头钻孔。 (2) 进给量太大。 (3) 切屑塞住钻头螺旋槽，未及时排出。 (4) 孔快钻通时，进给量突然增大。 (5) 工件松动。 (6) 钻孔产生歪斜，仍继续工作	(1) 把钻头磨锋利。 (2) 正确选择进给量。 (3) 钻头应及时退出，排出切屑。 (4) 孔快钻通时，减少进给量。 (5) 将工件装稳紧固。 (6) 纠正钻头位置，减少进给量
切削刃迅速磨损	(1) 切削速度过高，切削液不充分。 (2) 钻头刃磨角度与工件硬度不适应	(1) 降低切削速度，充分冷却。 (2) 根据工件硬度选择钻头刃磨角度

❖ **温馨提示**

钻孔注意事项：
(1) 操作钻床时不准戴手套，女生必须戴工作帽。
(2) 工件必须夹紧，孔将钻穿时进给力要小。
(3) 钻孔时的切屑不可用棉纱或嘴吹来清除，必须用毛刷或钩子来清除。
(4) 严禁在开车状态下装拆工件，停车时不可用手去停主轴。
(5) 钻小孔时进给力要小，钻深孔时要经常退钻排屑。
(6) 起钻坑位置不正确的校正必须在锥坑外圆小于钻头直径之前完成。

❖ **阅读思考**

(1) 钻头工作部分损坏的原因有哪些？
(2) 钻削夹具有哪些？各适用于什么场合？
(3) 钻孔注意事项有哪些？

阅读材料七：攻螺纹

螺纹传统的加工方法是用丝锥或板牙来进行加工，用丝锥在圆孔内表面加工内螺纹的方法称为攻螺纹。

动手练一练

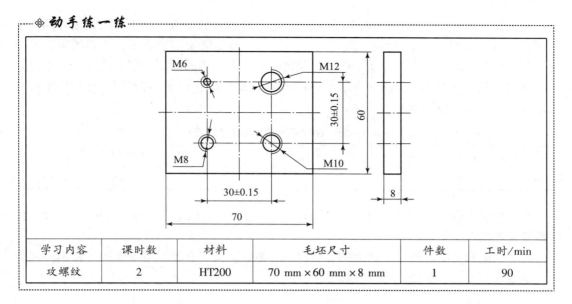

学习内容	课时数	材料	毛坯尺寸	件数	工时/min
攻螺纹	2	HT200	70 mm × 60 mm × 8 mm	1	90

问题解决

钻头刃磨动图

攻螺纹工具及辅具

攻螺纹：螺纹传统的加工方法是用丝锥或板牙来进行加工，而用丝锥在圆孔内表面加工内螺纹的方法称为攻螺纹。

丝锥是加工内螺纹的工具，有机用丝锥和手用丝锥两种。机用丝锥通常指高速钢磨牙丝锥，其螺纹公差带分 H_1、H_2、H_3 三种。手用丝锥用碳素工具钢和合金工具钢制造，螺纹公差带为 H4。

1. 丝锥的构造

丝锥的构造如图 4-6 所示，丝锥由工作部分和柄部组成。工作部分又包括切削部分和校准部分。

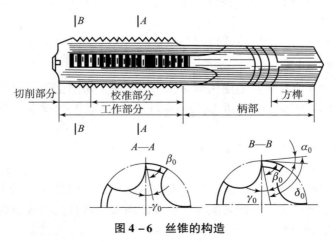

图 4-6 丝锥的构造

丝锥沿轴向开有几条容屑槽,以形成切削部分锋利的切削刃,起主要的切削作用。切削部分前角 $\gamma_0 = 8° \sim 10°$,后角铲磨成 $\alpha_0 = 6° \sim 8°$。前端磨出切削锥角,使切削负荷分布在几个刀齿上,故切削省力,便于切入。丝锥校准部有完整的牙型,用来修光和校准已切出的螺纹,并引导丝锥沿轴向前进,后角 $\alpha_0 = 6°$。为了适用不同工件材料,丝锥切削部分前角可按表 4-23 适当增减。

表 4-23　丝锥切削部分前角的选择

加工材料	铸青铜	铸铁	硬钢	黄铜	中碳钢	低碳钢	不锈钢	铝合金
前角/(°)	0	5	5	10	10	15	15~20	20~30

丝锥校准部分的大径、中径、小径均有 0.05~0.12/100 mm 的倒锥,以减小与螺孔的摩擦及所攻螺孔的扩张量。

为了制造和刃磨方便,丝锥上的容屑槽一般做成直槽。有些专用丝锥为了控制排屑方向,常做成螺旋槽,如图 4-7 所示。

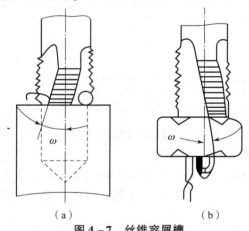

图 4-7　丝锥容屑槽
(a) 右旋槽；(b) 左旋槽

加工不通孔螺纹,为使切屑向上排出,容屑槽做成右旋槽,如图 4-7 (a) 所示;加工通孔螺纹,为使切屑向下排出,容屑槽做成左旋槽,如图 4-7 (b) 所示。一般丝锥的容屑槽为 3~4 个。

丝锥柄部分有方榫,用以夹持并传递扭矩。

2. 成组丝锥切削用量分配

为了减少切削力和延长丝锥的使用寿命,一般将整个切削工作量分配给几支丝锥来承担。通常 M6~M24 的丝锥每组有两支,M6 以下及 M24 以上的丝锥每组有三支,细牙螺纹丝锥为两支一组。

在成套丝锥中,对每支丝锥切削量的分配有两种方式。

1) 锥形分配

如图 4-8 (a) 所示,一组丝锥中,每支丝锥的大径、中径、小径都相等,切削部分的切削锥角及长度不等。锥形分配切削量的丝锥也叫等径丝锥。当攻制通孔螺纹时,用头攻(初锥)一次切削即可加工完毕,二攻(也叫中锥)、三攻(底锥)则用得较少。一组丝锥中，每支丝锥磨损很不均匀。由于头攻经常攻削成形，故切削变形严重，加工表面粗糙度差。一般只有 M12 以下丝锥采用锥形分配。

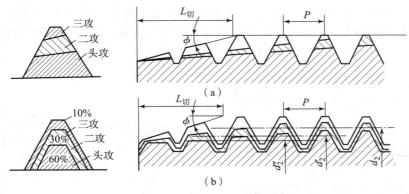

图 4-8　成套丝锥切削量分配

(a) 锥形分配；(b) 柱形分配

2) 柱形分配

如图 4-8 (b) 所示，柱形分配切削量的丝锥也叫不等径丝锥，即头攻（也叫第一粗锥）、二攻（第二粗锥）的大径、中径、小径都比三攻（精锥）小。头攻、二攻的中径一样，大径不一样；头攻大径小，二攻大径大。这种丝锥的切削量分配比较合理，三支一套的丝锥按 6∶3∶1 的顺序分担切削量，两支一套的丝锥按 7.5∶2.5 的顺序分担切削量，切削省力，各锥磨损量差别小，使用寿命较长。同时末锥（精锥）的两侧也参加少量切削，所以加工表面粗糙度值较小。一般 M12 以上的丝锥多属于这一种。表 4-24 列出了两种丝锥的主要参数。

表 4-24　单支和成组丝锥的主要参数比较

分类	适用范围/mm	名称	主偏角 K_r	切削锥长度 l_5
单支和成组丝锥（等径）	$P \leqslant 2.5$	初锥	4°30′	8 牙
		中锥	8°30′	4 牙
		底锥	17°	2 牙
成组丝锥（不等径）	$P > 2.5$	第一粗锥	6°	6 牙
		第二粗锥	8°30′	4 牙
		精锥	17°	2 牙

3. 丝锥的种类

丝锥种类很多，钳工常用的有机用、手用普通螺纹丝锥，圆柱管螺纹丝锥，圆锥管螺纹丝锥等。

GB/T 3464.1—2007 规定，机用和手用普通螺纹丝锥有粗牙、细牙，粗柄、细柄，单支、成组，以及等径、不等径之分。此外，还有长柄机用丝锥（GB/T 3464.2—2007）、短柄螺母丝锥（GB/T 967—2008）和长柄螺母丝锥（JB/T 8786—1998）等。

4. 铰杠

铰杠是手工攻螺纹时用来夹持丝锥的工具,分普通铰杠(见图4-9)和丁字铰杠(见图4-10)两种。各类铰杠又可分为固定式和活络式两种。其中丁字铰杠适用于在凸台旁边或箱体内部攻丝,活络式丁字铰杠用于M6以下丝锥,固定式丁字铰杠用于M5以下丝锥。

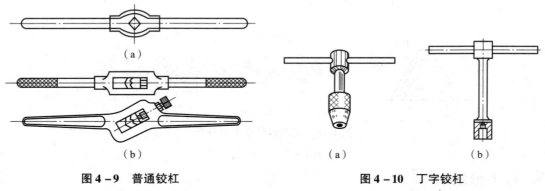

图4-9 普通铰杠
(a) 固定式;(b) 活络式

图4-10 丁字铰杠
(a) 固定式;(b) 活络式

铰杠的方孔尺寸和柄的长度都有一定的规格,使用时应按丝锥尺寸的大小合理选用,见表4-25。

表4-25 活络铰杠适用范围　　　　　　　　　　　　　　　　　　　　　mm

铰杠规格	150	225	275	375	475	600
丝锥范围	M5~M8	>M8~M12	>M12~M14	>M14~M16	>M16~M22	M24

问题解决

攻螺纹工艺与操作要领。

1. 攻螺纹底孔直径

攻螺纹底孔直径大小根据工件材料不同可按经验公式计算或查表得出。

经验公式:

钢和韧性材料:
$$D_{底} = D - P$$

铸铁和脆性材料:
$$D_{底} = D - (1.05 \sim 1.1)P$$

式中　$D_{底}$——底孔直径,mm;

　　　D——螺纹公称直径,mm;

　　　P——螺距,mm。

常用普通公制螺纹攻螺纹底孔直径也可从表4-26中查得。

表4-26 攻螺纹前普通公制螺纹钻孔直径   mm

螺纹直径	螺距	钻孔直径		螺纹直径	螺距	钻孔直径	
		铸铁、黄铜、青铜	钢、可锻铸铁			铸铁、黄铜、青铜	钢、可锻铸铁
2	4 0.25	6 1.75	1.6 1.75	14	2 1.5 1	11.8 12.4 12.9	12 12.5 13
2.5	0.45 0.35	2.05 2.15	05 2.15	16	2 5 1	13.8 14.4 14.9	14 14.5 15
3	5 0.35	2.5 2.65	2.5 2.65				
4	7 0.5	3.3 3.5	3 3.5	18	2.5 2 5 1	15.3 15.8 16.4 16.9	15.5 16 16.5 17
5	8 0.5	4.1 4.5	2 4.5				
6	1 0.75	4.9 5.2	5 5.2	20	2.5 2 5 1	17.3 17.8 18.4 18.9	17.5 18 18.5 19
8	25 1 0.75	6.6 6.9 7.1	6.7 7 7.2				
10	1.5 1.25 1 0.75	8.4 8.6 8.9 9.1	8.5 8.7 9 9.2	22	2.5 2 5 1	19.3 19.8 20.4 20.9	19.5 20 20.5 21
12	1.75 1.5 1.25 1	10.1 10.4 10.6 10.9	10.2 10.5 10.7 11	24	3 2 1.5 1	20.7 21.8 22.4 22.9	21 22 22.5 23

2. 不通孔螺纹的钻孔深度

钻孔深度按下式计算:

$$L = l + 0.7D$$

式中 L——钻孔深度,mm;

l——螺纹有效深度,mm;

D——螺纹大径,mm。

3. 攻螺纹的操作要领

攻螺纹的操作要领见表4-27。

攻丝

表4-27 攻螺纹的操作要领

内容	操作要领	示意图
准备工作	攻螺纹前螺纹底孔口要倒角,使丝锥容易切入,并防止攻螺纹后孔口的螺纹崩裂。工件的装夹位置要正确,应尽量使螺孔中心线置于水平或垂直位置,其目的是攻螺纹时便于判断丝锥是否垂直于工件表面	(a) 攻螺纹的方法 (b) 垂直度的检查
用头锥起攻螺纹	起攻时应把丝锥放正,用右手掌按住铰杠中部沿丝锥中心线用力加压,此时左手配合做顺向旋进;或两手握住铰杠两端平衡施加压力,并将丝锥顺向旋进,保持丝锥中心与孔中心线重合,不能歪斜,如图(a)所示。当切削部分切入工件1~2圈时,通过目测或用角尺检查来校正丝锥的位置,如图(b)所示。当切削部分全部切入工件时,应停止对丝锥施加压力,只需平稳地转动铰杠,靠丝锥上的螺纹自然旋进。经常将丝锥反方向转动1/2圈左右,使切屑碎断后容易排出,避免切屑过长而咬住丝锥	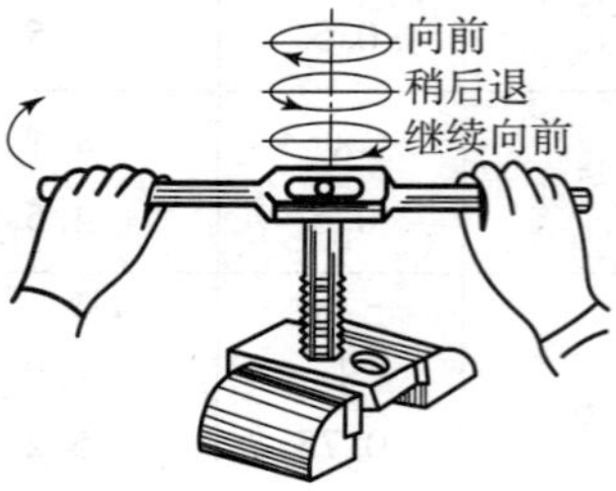
用二锥攻螺纹	先用手将丝锥旋入已攻出的螺孔中,直到用手旋不动时再用铰杠进行攻螺纹,这样可以避免损坏已攻出的螺纹和防止烂牙	
攻不通孔螺纹	攻不通孔螺纹时应在丝锥上作好深度标记,经常退出丝锥,排出孔中的切屑。当将要攻到孔底时,更应及时排出孔底积屑,以免攻到孔底丝锥被卡住	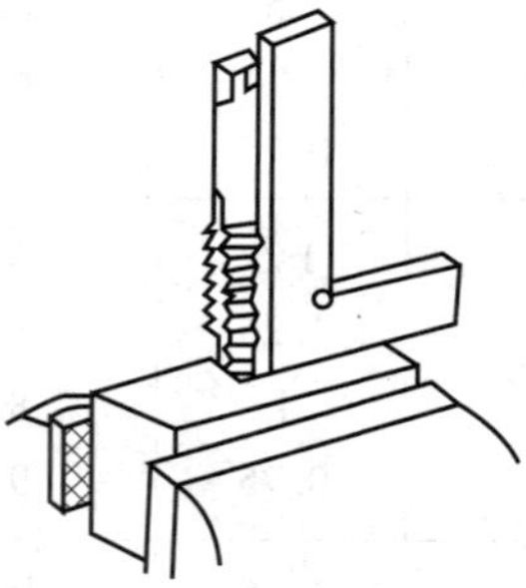
攻通孔螺纹	丝锥校准部分不应全部攻出头,否则会扩大或损坏孔口最后几牙螺纹	
退出丝锥	退出丝锥前应先用铰杠带动螺纹平稳地反向转动,当能用手直接旋动丝锥时应停止使用铰杠,以防铰杠带动丝锥退出时产生摇摆和振动,破坏螺纹表面粗糙度	
攻不同材料工件上螺孔	在攻材料硬度较高的螺孔时,应头攻、二攻交替攻削,这样可减轻头锥切削部分的载荷,防止丝锥折断。攻塑性材料的螺孔时,要加切削液,以减少切削阻力和提高螺孔的表面质量,延长丝锥的使用寿命。一般用机油或浓度较大的乳化液作切削液,要求高的螺孔也可用菜油或二硫化钼等	

❖ 视野拓展

攻螺纹时可能出现的问题和产生原因见表4-28。

表4-28 攻螺纹时可能出现的问题和产生原因

问题	产生原因
螺纹乱牙	(1) 攻螺纹时底孔直径太小，起攻困难，左右摆动，孔口乱牙。 (2) 换用二、三攻时强行校正，或没旋合好就攻下
螺纹滑牙	(1) 攻不通孔较小螺纹时，丝锥已到底仍继续旋转。 (2) 攻强度低或小孔径螺纹时，丝锥已切出螺纹仍继续加压，或攻完后连同铰杠做自由的快速转出。 (3) 未加适当的切削液及一直攻，不倒转，切屑堵塞将螺纹啃坏
螺纹歪斜	(1) 攻时位置不正，起攻时未做垂直度检测。 (2) 孔口端倒角不良，两手用力不均，切入时歪斜
螺纹形状不完整	(1) 攻螺纹底孔直径太大。 (2) 板牙经常摆动
丝锥折断	(1) 底孔太小。 (2) 攻入时丝锥歪斜或歪斜后强行校正。 (3) 没有经常反转断屑和清屑，或不通孔已攻到底还继续用力。 (4) 两手用力不均或用力过猛。 (5) 工件材料过硬或夹有硬点。 (6) 使用铰杠不当

❖ 温馨提示

攻螺纹注意事项

(1) 攻螺纹前应先在底孔孔口处倒角，其直径应略大于螺纹大径。

(2) 开始攻螺纹时应将丝锥放正，用力要适当。

(3) 当切入1~2圈时，要仔细观察和校正丝锥的轴线方向，要边工作、边检查、边校准。当旋入3~4圈时，丝锥的位置应正确无误，转动铰杠丝锥将自然攻入工件，绝不能对丝锥施加压力，否则将破坏螺纹牙型。

(4) 工作中，丝锥每转1/2~1圈时，丝锥要倒转1/2圈，将切屑切断并挤出。尤其是攻不通孔螺纹孔时，要及时退出丝锥排屑。

(5) 当更换后二攻时，要用手旋入至不能再旋入后再改用铰杠夹持丝锥工作。

(6) 在塑料上攻螺纹时，要加机油或切削液润滑。

(7) 将丝锥退出时，最好卸下铰杠，用手旋出丝锥，以保证螺孔的质量。

◈ **阅读思考**
（1）攻螺纹底径如何计算？
（2）丝锥的种类有哪些？
（3）攻螺纹的工作要点有哪些？

任务二 熟悉切削加工与刀具

任务导入

通过学习，让学生了解切削加工的概念；掌握切削用量三要素；了解刀具几何角度、刀具的种类和材料以及刀具的选用原则。

任务实施

阅读材料一：切削加工的基本概念

1. 切削加工

金属切削加工是指在金属切削机床上，利用金属切削刀具切去工件毛坯上多余的金属层（加工余量），以获得具有一定的表面精度（尺寸、形状和位置精度）和表面质量的机械零件加工方法。图4-11所示为常用刀具和工件做不同的相对运动来完成各种表面加工的方法。

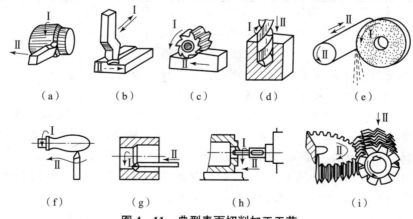

图4-11 典型表面切削加工工艺
(a) 车外圆；(b) 刨平面；(c) 铣平面；(d) 钻孔；(e) 磨外圆；
(f) 车型面；(g) 车床镗孔；(h) 镗床镗孔；(i) 滚齿

2. 切削运动

在切削加工过程中，刀具与工件按一定规律所做的相对运动称为切削运动。切削运动可分为主运动和进给运动。

1）主运动

主运动是从工件上切除切削层，使工件形成新表面的运动。主运动是速度最高、消耗功率最多的运动，通常主运动只有一个。图 4-11 中 I 所示的运动均为主运动，如车削中工件的旋转、铣削中刀具的旋转等，详见表 4-29。

2）进给运动

进给运动是不断地将多余金属层投入切削的运动，与主运动配合后，可保持切削加工连续或往复进行，从而形成新的加工表面。进给运动速度低、消耗功率少，可有一个或多个，可以是连续的或间歇的。图 4-11 中 II 所示的运动均为进给运动，如车削中刀具沿轴线的直线移动、铣削中工件的直线运动等，详见表 4-29。

表 4-29　常用机床的切削运动

切削机床	主运动	进给运动	切削机床	主运动	进给运动
卧式车床	工件旋转	刀具纵向、横向移动	龙门刨床	工件往复移动	刨刀横向、垂直间歇移动
铣床	铣刀旋转	工件横向、纵向或垂直移动	外圆磨床	砂轮旋转	工件旋转时做轴向往复移动
牛头刨床	刨刀往复移动	工件横向、垂直间歇移动或刨刀垂直间歇移动	钻床	钻头旋转	钻头轴向移动

3. 切削过程中工件的表面

在切削过程中，工件上通常存在着三个不断变化的表面，即已加工表面、待加工表面和过渡表面。以车外圆为例（见图 4-12）。

（1）已加工表面：工件上已切去切削层而形成的新表面。

（2）待加工表面：工件上即将被切除的表面。

（3）过渡表面：工件上正被刀具切削着的表面（介于已加工表面和待加工表面之间）。

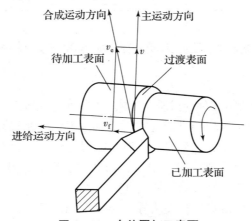

图 4-12　车外圆加工表面

4. 切削用量

切削用量三要素是指切削速度、进给量和背吃刀量。

1）切削速度 v_c

刀具切削刃上选定点相对于工件主运动的线速度。以主运动为旋转运动为例（如车、镗、钻、铣），其切削速度按下式计算：

$$v_c = \pi dn/1\,000 \quad (\text{m/min})$$

式中　d——工件待加工表面的直径（mm）；

　　　n——工件或工件的主运动转速（r/min）。

2）进给量 f

主运动在一个工作周期内，刀具与工件在进给运动方向上的相对位移量。如车、钻、镗削的进给量 f 为工件或刀具每转一转时，刀具相对于工件沿进给方向移动的距离（mm/r）；刨、插削的进给量 f 为刀具每往复一次时，工件沿进给方向移动的距离（mm/str）。

有些切削加工中还用进给速度 v_f（mm/min）、每齿进给量 f_z（mm/z）来表示进给量的大小。如铣削加工中：

$$v_f = fn = nzf_z \quad (\text{mm/min})$$

式中　n——铣刀的转速（r/min）；

　　　z——铣刀齿数。

3）背吃刀量 a_p

背吃刀量也称为切削深度，是待加工表面和已加工表面间的垂直距离，单位为 mm。车削外圆时，背吃刀量计算公式为

$$a_p = (D - d)/2$$

式中　D，d——工件待加工表面和已加工表面的直径（mm）。

> ❖ **阅读思考**
> （1）卧式车床的主运动为_____，进给运动为_____。
> （2）切削过程中三个不断变化的表面分别为_____、_____、_____。
> （3）切削用量的三要素为_____、_____、_____。

阅读材料二：刀具的几何角度与刀具材料

1. 刀具的分类

在切削加工中，由于机械零件的材质、形状、技术要求和加工工艺的多样性，客观上要求进行加工的刀具具有不同的结构和切削性能。因此，生产中所使用的刀具的种类很多。

按工种、功能和加工方式分为车刀、铣刀、刨刀、镗刀、钻头、铰刀、螺纹刀具、齿轮刀具等。其中，车刀分为外圆车刀、偏刀、切断刀、镗孔刀等（见图 4-13），铣刀分为圆柱铣刀、盘铣刀和立铣刀等（见图 4-14）。

按结构分为整体式、焊接式、机夹式等，如图 4-15 所示。

按刀具的刃形和数量分为单刃刀具、多刃刀具和成形刀具等。

按国家标准分为标准刀具（如标准螺距的螺纹丝锥、标准模数的齿轮滚刀等）和非标准刀具（如非标准螺距的螺纹丝锥、非标准尺寸及精度的铰刀等）。

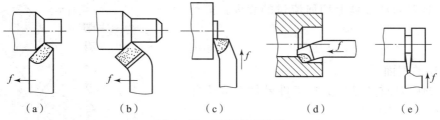

图 4-13　常用车刀类型

(a) 直头外圆车刀；(b) 45°弯头外圆车刀；(c) 端面车刀；(d) 内孔车刀；(e) 切断刀

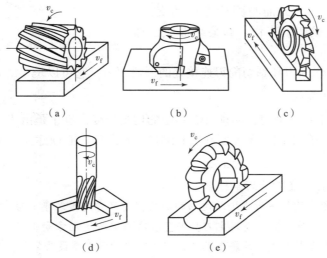

图 4-14　常用铣刀类型

(a) 圆柱铣刀；(b) 盘铣刀；(c) 三面刃铣刀；(d) 立铣刀；(e) 成形铣刀

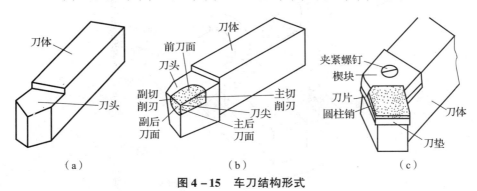

图 4-15　车刀结构形式

(a) 整体式；(b) 焊接式；(c) 机夹式

2. 刀具切削部分的组成

刀具虽然种类繁多，但其切削部分的结构和几何形状都具有许多共同特征。车刀的结构最简单、最具代表性，其他刀具都可以看作是由普通外圆车刀切削部分演变或组合而成的。因此，以外圆车刀为例来分析刀具结构和几何参数。

车刀由刀头和刀体（刀柄）两部分组成。刀具中起切削作用的部分称为刀头，夹持部分称为刀体（刀柄）。切削部分由"三面、两刃、一尖"组成，如图 4-16 所示。

(1) 前刀面：刀具上切屑流过的表面，简称前面。

(2) 主后刀面：刀具上与工件加工表面相对并相互作用的表面。

(3) 副后刀面：刀具上与工件已加工表面相对并相互作用的表面。

(4) 主切削刃：前刀面与主后刀面的交线。它完成主要切削工作。

(5) 副切削刃：前刀面与副后刀面的交线。它配合主切削刃完成切削工作，并最终形成已加工表面。

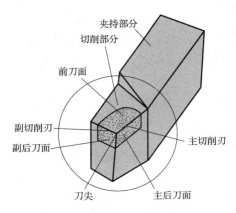

图 4-16　车刀的组成

(6) 刀尖：主切削刃和副切削刃连接处的一段刀刃。它可以是小的直线段或圆弧。

3. 刀具的几何角度

刀具要从工件上切下金属，必须具有一定的切削角度，也正是由于切削角度才决定了刀具切削部分各表面的空间位置。要确定和测量刀具角度，必须建立参考坐标系。

> **想一想**
>
> 如何建立刀具角度测量的坐标系？
>
> 刀具的标注角度均暂不考虑进给运动的影响，即只考虑进给量 f 为零的状态下的刀具角度，又称为静态角度。同时还规定刀具安装基准与进给运动方向垂直，且刀尖与工件回转轴线等高。在此要求下建立的静止参考系以正交平面参考系最为常用，如图 4-17 所示。
>
>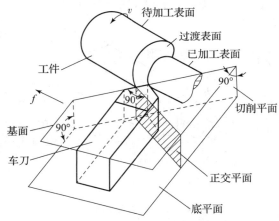
>
> 图 4-17　正交平面参考系的构成
>
> 正交平面参考系由 3 个在空间互相垂直的平面组成。
>
> (1) 切削平面：通过主切削刃上某一选定点并与工件加工表面相切的平面，即该点的主运动速度与该点的切削刃的切线构成的平面。
>
> (2) 基面：通过主切削刃上同一点并与该点切削速度方向相垂直的平面。
>
> (3) 正交平面：通过主切削刃上同一点并与主切削刃在基面上的投影相垂直的平面。

刀具的标注角度是制造和刃磨刀具所需要的、在刀具设计图上予以标注的角度。刀具的标注角度主要有五个，在图4-18中以车刀为例进行了标注。

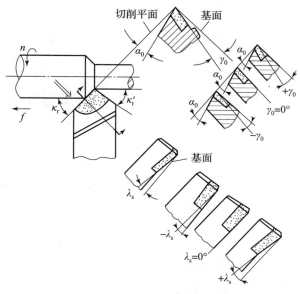

图4-18 车刀的主要角度及辅助平面

（1）前角γ_0。在正交平面内测量，前刀面与基面之间的夹角。根据前刀面与基面相对位置的不同，有正、负和零值之分（见图4-18）。

❖ 想一想

如何选择前角？

前角越大，切削刃越锋利；但前角过大会削弱刀头的强度，使切削刃易磨损甚至崩口。因此，加工塑形材料时前角应选大些，加工脆性材料时前角要小些；粗加工时前角应选小值，精加工时前角应选大值。前角取值范围为$-5°\sim 25°$。

（2）后角α_0。在正交平面内测量，主后刀面与切削平面之间的夹角。后角表示主后刀面的倾斜程度，一般为正值（见图4-18）。

❖ 想一想

如何选择后角？

后角主要影响主后刀面与工件切削表面之间的摩擦。粗加工或切削较硬的材料时，后角应选小值；精加工或切削塑性好的材料时，后角应选大值。后角取值范围为$3°\sim 12°$。

（3）主偏角κ_r。在基面内测量，主切削刃在基面上的投影与进给运动方向的夹角。主偏角一般为正值（见图4-18）。

> **想一想**
>
> 如何选择主偏角？
>
> 减小主偏角可使切削负荷减轻、切削轻快，同时可提高刀尖强度，改善散热条件，提高刀具寿命。但主偏角减小会使刀具对工件的径向切削力增大，影响加工精度，甚至引起振动。因此，工件刚性较差时，应选用较大的主偏角（60°～75°），为避免振动，也可选用90°的主偏角。

(4) 副偏角 κ_r'。在基面内测量的副切削刃在基面上的投影与进给运动反方向的夹角。副偏角一般为正值（见图 4-18）。

> **想一想**
>
> 如何选择副偏角？
>
> 减小副偏角有利于降低加工表面粗糙度。但副偏角过小易引起工件振动，影响加工质量和刀具寿命。因此，粗加工时副偏角选较大值（10°～15°），精加工时副偏角选较小值（5°～10°）。

(5) 刃倾角 λ_s。在切削平面内测量的主切削刃与基面之间的夹角。根据主切削刃与基面相对位置的不同，有正、负和零值之分（见图 4-18）。

> **想一想**
>
> 如何选择刃倾角？
>
> 刃倾角的主要作用是控制切屑流向。当 $\lambda_s=0°$ 时，切屑垂直于主切削刃流出；当 $\lambda_s<0°$ 时，切屑流向已加工表面，会刮伤已加工表面；当 $\lambda_s>0°$ 时，切屑流向待加工表面。因此，精加工时选正的 λ_s。

4. 刀具材料

在切削过程中，刀具的切削性能不仅与刀具切削部分的几何参数、刀具结构有关，还取决于构成刀具切削部分的材料性能。刀具材料的切削性能会直接影响刀具的寿命和生产率。

1) 刀具材料应具备的性能

(1) 高硬度。硬度是刀具材料最基本的性能，刀具硬度必须高于工件材料的硬度，以便刀具切入工件。常温下刀具材料的硬度一般应在60HRC以上。

(2) 足够的强度和韧性。刀具材料应能够承受较大的切削力和冲击，防止刀具断裂和崩刃。

(3) 高耐磨性。刀具材料应能够承受切削过程中的剧烈摩擦，减小磨损。

(4) 高耐热性。刀具材料应能够在高温下保持一定的硬度、强度、韧性和耐磨性，这是衡量刀具材料性能最重要的指标。

(5) 良好的工艺性。为便于刀具本身的制造，刀具材料还应具有良好的工艺性能，如可加工性、可焊接性及热处理性能等。

2）常用刀具材料的种类、特点及应用

目前，我国常用的刀具材料有3大类：工具钢类、硬质合金类和其他刀具材料。

（1）工具钢类。

工具钢类包括碳素工具钢、合金工具钢和高速钢。

①碳素工具钢常用于制造低速、简单的手工工具（如锉刀、刮刀、手工锯条等）。常用的牌号有T10、T10A、T12A等。

②合金工具钢是在碳素工具钢中加入适量的合金元素Cr、W、Mn等的工具钢，一般用来制造丝锥、板牙和机用铰刀等形状较为复杂、切削速度不高的刀具。常用的牌号有9CrSi、CrWMn等。

③高速钢是以Cr、W、Mo、V为主要合金元素的高合金工具钢，又称白钢或锋钢，特别适宜制造形状复杂、切削速度较高的刀具，如钻头、丝锥、铣刀、拉刀、齿轮刀具等。常用的牌号有W18Cr4V、W9Cr4V2等。

（2）硬质合金类。

硬质合金是用硬度和熔点很高的金属碳化物（WC、TiC）粉末和黏结剂（Co、Ni、Mo）制成的粉末冶金制品。硬质合金具有较高的耐磨性和耐热性，切削速度比普通高速钢提高4~10倍。其缺点是"性脆怕振、工艺性差"，因此复杂刀具尚不能广泛应用。当前常用的硬质合金有以下三种：

①钨钴类硬质合金（YG）：对应于国标K类，其韧性较好，但硬度和耐磨性较差，适用于加工脆性材料，如铸铁等。常用的牌号有YG8、YG6、YG3（数字表示含碳化钛的量），依次用于粗加工、半精加工和精加工。

②钨钛钴类硬质合金（YT）：对应于国标P类，其耐热性和耐磨性较好但韧性较差，适用于加工塑性材料，如碳素钢和合金钢等。常用的牌号有YT5、YT15、YT30（数字表示含钴量），依次用于粗加工、半精加工和精加工。

③钨钛钽（铌）类硬质合金（YW）：对应于国标M类，其具有上述两种硬质合金的优点，既可加工铸铁、有色金属，又可加工碳钢、合金钢以及高温合金、不锈钢等，有"通用合金"之称。常用的牌号有YW1、YW2。

3）其他刀具材料

①涂层刀具。涂层刀具是在硬质合金或高速钢基体刀具上涂一层或多层高硬度、高耐磨性的金属化合物（TiC、TiN、Al_2O_3等）而成的，使刀具既具有基体材料的强度和韧性，又具有很高的耐磨性。

②陶瓷。陶瓷主要成分是Al_2O_3，刀片硬度可达91~93HRA，耐热温度高达1 200~1 450℃，但抗弯强度低、冲击韧性差，目前主要用于半精加工和精加工高硬度、高强度钢及冷硬铸铁等材料。常用牌号有T2、AMF等。

③金刚石。刀具大多是人造金刚石，是目前硬度最高的刀具材料。它不但可以加工硬度高的硬质合金、陶瓷、玻璃等材料，也可加工有色金属及其合金和不锈钢，但不宜切削铁族金属。这是由于铁和碳原子的亲和力强，易产生黏结作用而加速刀具磨损。

④立方氮化硼。立方氮化硼的硬度和耐磨性仅次于人造金刚石，耐热性和化学稳定性好，与铁族亲和力小，但抗弯强度低、焊接性能差。它不仅适用于非铁族金属难加工材料的加工，也适用于高强度淬火钢和耐热合金的精加工、半精加工。

机械常识

问题解决

刀具的选用原则：

在切削加工中，首先根据被加工表面的形状、尺寸、精度、加工方法、所用机床及要求的生产率等选择合适的刀具种类；再根据工件材料、刀具类型及加工要求等确定刀具材料；最后还要根据加工要求确定刀具的几何参数，选择合适的角度。

> ❖ **阅读思考**
> (1) 刀具上切屑流过的表面称为_____。
> (2) 粗加工时前角应选_____值，精加工时前角应选_____值。
> (3) 工件刚性较差时，应选用较_____的主偏角。
> (4) 刃倾角的主要作用是_____。
> (5) 钻头应选用_____作为刀具材料。
> (6) 加工铸铁这种脆性材料，应选用_____作为刀具材料。

任务三　了解金属切削机床

任务导入

通过学习，让学生了解金属切削机床的分类；掌握机床型号的编制方法；认识常用机床并了解其工艺范围。

任务实施

阅读材料一：机床分类及型号编制方法

机床是制造机器的设备，根据加工工艺方法的不同，机床可分为：金属切削机床、锻压机床、铸造机床和热处理机床等。本阅读材料主要介绍金属切削机床，以下简称机床。

1. 机床分类

金属切削机床的种类繁多，为便于区别、使用和管理，通常按照加工方式（如车、钻、刨、铣、磨、镗等）及某些辅助特征来进行分类，目前我国将机床分为12大类（见表4-30）。

单元四 机械产品加工工艺常识

表 4-30 机床的类别及代号

类别	车床	钻床	镗床	磨床			齿轮加工机床	螺纹加工机床	铣床	刨插床	拉床	电加工机床	切断机床	其他机床
代号	C	Z	T	M	2M	3M	Y	S	X	B	L	D	G	Q
读音	车	钻	镗	磨	2磨	3磨	牙	丝	铣	刨	拉	电	割	其

除上述分类方法外，还有以下几种分类方法：

1）按通用程度分类

(1) 通用机床。适用于单件小批量生产，加工范围广，但其传动与结构比较复杂，如卧式车床、万能铣床等。

(2) 专门化机床。其生产率比通用机床高，但使用范围比通用机床窄，如凸轮轴车床、精密丝杠车床等。

(3) 专用机床。其生产率和自动化程度都比较高，但使用范围最窄，如汽车制造中大量使用的各种组合机床。

2）按加工精度分类

可分为普通精度、精密和高精度三种精度等级。

3）按机床自动化程度分类

可分为手动、机动、半自动和自动机床。

此外，还可以按重量不同分为小型仪表机床、中型机床、大型机床和重型机床。

2. 机床型号编制方法

机床型号使用汉语拼音字母和阿拉伯数字按一定规律排列组成。我国现行的通用机床和专用机床型号是按照2008年颁布的 GB/T 15375—2008《金属切削机床型号编制方法》编制的。

机床型号由基本部分和辅助部分组成，中间用"/"隔开，读作"之"。前者需统一管理，后者是否纳入型号由企业自定。机床型号的构成如图 4-19 所示。

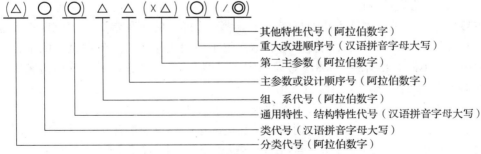

图 4-19 机床型号的构成

注：有"( )"的代号或数字，若无内容，则不表示；若有内容，则应不带括号；

有"○"符号者为大写的汉语拼音字母；

有"△"符号者为阿拉伯数字；

225

有"◎"符号者为大写的汉语拼音字母或阿拉伯数字或两者兼有之。

1) 机床的类别代号

类别代号用机床名称汉语拼音的第一个大写字母表示,必要时,每一类别又可分为若干分类。分类代号用阿拉伯数字表示,置于类别代号之前,如磨床的三个分类表示为M、2M、3M。机床的类别及分类代号见表4-30。

2) 机床的特性代号

(1) 通用特性代号。当某类机床除有普通形式外,还具有表4-31所列的各种通用特性时,则在类别代号之后加通用特性代号。如CM6132型精密普通车床型号中的"M"表示"精密"。如果某类型机床仅有某种通用特性,而无普通形式,则通用特性不予表示,如C1312型单轴六角自动车床,仅有"自动"这种特性,没有"非自动"性,所以不必表示出"Z"的通用特性。

表4-31 机床通用特性代号

通用特性	高精度	精密	自动	半自动	数控	加工中心（自动换刀）	仿形	轻型	加重型	简式或经济型	柔性加工单元	数显	高速
代号	G	M	Z	B	K	H	F	Q	C	J	R	X	S
读音	高	密	自	半	控	换	仿	轻	重	简	柔	显	速

(2) 结构特性代号。为了区别主参数相同而结构不同的机床,在型号中加结构特性代号予以区分,用汉语拼音字母表示,排在通用特性代号之后。如CA6140中的"A",表示CA6140普通车床在结构上区别于C6140型、CY6140型普通车床。结构特性的代号字母是根据各类机床的情况分别规定的,在不同型号中的意义可以不一样。为避免混淆,通用特性代号已用的字母及I、O都不能作为结构特性代号。

3) 机床的组别、系别代号

机床的组别和系别代号用两位阿拉伯数字表示,位于类别代号或特性代号之后。每类机床划分为10个组,用数字0~9表示,每组机床又分为若干个系列。常见机床的组别代号、系别代号可参看GB/T 15375—2008《金属切削机床型号编制方法》。

4) 主参数或设计顺序号

主参数是表示机床规格大小及反映机床最大工作能力的一种参数,用机床最大加工尺寸或与此有关的机床部件尺寸的折算值表示,位于系列代号之后。各种机床的主参数及折算系数可参看GB/T 15375—2008《金属切削机床型号编制方法》。通常普通机床用主参数折算值1/10、大型机床用主参数折算值1/100表示。

某些通用机床,当无法用一个主参数表示时,在型号中用设计顺序号表示。当设计顺序号小于10时,由01开始编号。例如某厂制造的第五种仪表磨床为刀具磨床,因该磨床无法用主参数表示,故用设计顺序号"05"表示,其型号为M0605。

5) 主轴数和第二主参数

(1) 主轴数。对于多轴车床、多轴钻床等机床,其主轴数以实际数值列入型号,置于主参数之后,用"×"分开,读作"乘"。单轴可省略。

(2) 第二主参数。为了更完整地表示机床的工作能力和尺寸大小,规定了第二参数。

第二主参数一般不予表示,若需表示则折算成两位数为宜,最多不超过三位数。其参数及折算系数可参看 GB/T 15375—2008《金属切削机床型号编制方法》。

6) 重大改进顺序号

当机床的性能及结构有重大改进时,按其设计改进的次序,用字母 A,B,C…表示,写在机床型号的末尾,以区别于原机床。如 M1432A 中"A"表示第一次重大改进后的万能外圆磨床,最大磨削直径为 320 mm。

7) 其他特性代号

某些机床在基本型号机床的基础上,若仅改变机床的部分性能结构,则在原机床型号之后加变型代号,以便区别。变型代号以阿拉伯数字 1,2,3…表示,一般放在特性代号的首位。

其他特性代号还可以反映各类机床的特性,如对于数控机床,可以反映不同的控制系统。

其他特性代号可以用汉语拼音字母、字母组合、字母与数字的组合来表示。

❖ 温馨提示

机床型号的含义。

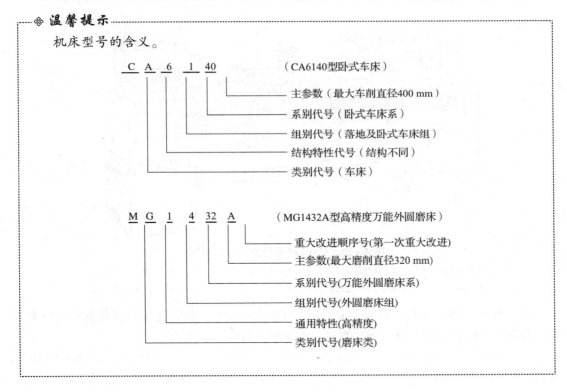

❖ 阅读思考

(1) 机床类别代号"C"代表_____、"X"代表_____。
(2) 按机床的自动化程度机床可以分为_____、_____、_____、_____。
(3) 型号 CA6140 表示车床最大车削直径为_____。
(4) Z3040×16 表示最大钻孔直径为_____的摇臂钻床。

阅读材料二：常用机床结构简介

1. 车床

车床在机械制造中应用极为广泛，能完成多种加工工序：加工各种轴类、套筒类和盘类零件上的回转面；车削内外圆柱面；车削端面及各种常用螺纹；钻孔、扩孔等孔的加工等工序。

1）车床的分类

车床的种类很多，按其用途和结构的不同，主要分为卧式车床、立式车床、转塔车床、多刀车床、仿形车床、单轴自动车床、多轴自动车床及多轴半自动车床。

此外，还有各种专门化车床，如凸轮轴车床、铲齿车床、曲轴车床等。

2）CA6140型卧式车床结构简介

CA6140型车床是我国设计制造的典型卧式车床，图4－20所示为CA6140型卧式车床的外形。机床主要组成部件如下：

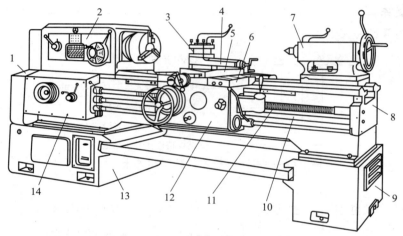

图4－20　CA6140型卧式车床的外形

1—挂轮变速机构；2—主轴箱；3—刀架；4—小滑板；5—中滑板；6—床鞍；7—尾座；
8—床身；9—右床腿；10—光杠；11—丝杠；12—溜板箱；13—左床腿；14—进给箱

（1）床身。固定在左、右床腿上，是车床的支撑部件，用以支撑和安装车床的各个部件，并保证各部件之间具有正确的相对位置和相对运动。

（2）主轴箱。安装在床身的左上部，箱内有主轴和变速、换挡机构。由电动机经变速机构带动主轴旋转实现主运动。主轴的前端可以安装卡盘或顶尖等夹具，用以装夹工件。

（3）进给箱。安装在床身的左前侧，箱内有进给运动变速机构。它的作用是通过光杠或丝杠将进给运动传给溜板箱和刀架。

（4）溜板箱。安装在刀架部件底部。它的作用是通过光杠或丝杠接受进给箱传来的运动，将运动传给刀架部件，实现纵、横向进给或车螺纹运动。

（5）尾座。通常安装在床身右上部，并可沿床身上的尾座导轨调整其位置，通过顶尖支承不同长度的工件。尾座可在其底板上做少量横向移动，通过调整位置，可以在前、后顶尖支承的工件上车锥体。尾座孔内也可以安装钻头、丝锥、铰刀等刀具，进行内孔加工。

3）其他类型车床

（1）立式车床。

立式车床的结构如图4-21所示。它在结构布局上的主要特点是主轴垂直布置，工作台面水平布置。

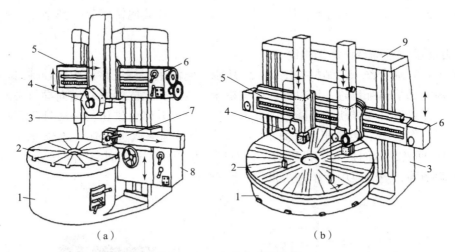

图4-21 立式车床的结构

（a）单柱式；（b）双柱式

1—底座；2—工作台；3—立柱；4—垂直刀架；5—横梁；6—垂直进给箱；
7—侧刀架；8—侧刀架进给箱；9—顶梁

（2）转塔车床。

转塔车床的结构如图4-22所示。转塔车床与卧式车床在结构上的主要区别在于它没有尾座和丝杠，卧式车床的尾座由转塔车床的转塔刀架代替。该车床加工前需要将刀架上的全部刀具装调好，加工中不需要频繁更换刀具，大大缩短了辅助时间。

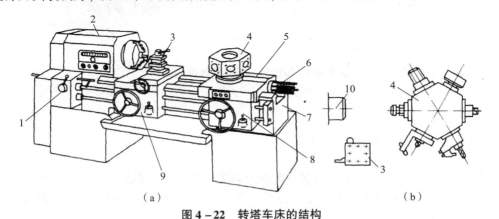

图4-22 转塔车床的结构

1—进给箱；2—主轴箱；3—前刀架；4—转塔刀架；5—纵向溜板；6—定程装置；
7—床身；8—转塔刀架溜板箱；9—前刀架溜板箱；10—主轴

2. 铣床

铣床可以加工平面（水平面、侧面、台阶面等）、沟槽（键槽、T形槽、燕尾槽等）、成形表面（螺旋槽、特定成形面等）、分齿零件（齿轮、链轮等），其效率较高，在机械制造中应用广泛。

1）铣床的分类

铣床的种类很多，一般按布局形式和适用范围加以区分，主要有升降台铣床（卧式、立式等）、龙门铣床、工具铣床、仿形铣床、仪表铣床及其他铣床等，其中升降台铣床应用最为广泛。

2）万能卧式升降台铣床结构简介

万能卧式升降台铣床的结构如图4-23所示。它的主要特征是铣床主轴轴线与工作台面平行，因主轴呈横卧位置，所以称为卧式铣床。其工作台除沿纵、横向导轨做左右、前后运动外，还可沿升降导轨随升降台做上下运动。万能升降台铣床与一般升降台铣床的主要区别在于工作台除了能在相互垂直的三个方向上做调整或进给外，还能绕垂直轴线在±45°范围内回转，从而扩大了机床的工艺范围，可以加工中、小零件的平面、沟槽、成形面、螺旋槽等，一般应用于单件小批量生产中。

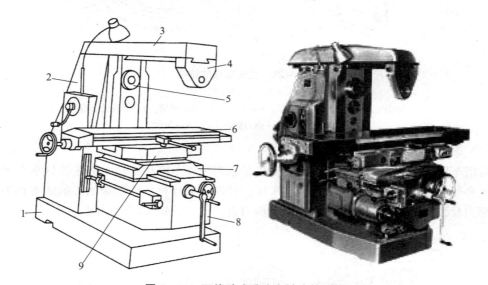

图4-23 万能卧式升降台铣床的结构

1—底座；2—床身；3—横梁；4—刀杆支架；5—主轴；6—纵向工作台；
7—横向工作台（床鞍）；8—升降台；9—回转盘

万能卧式升降台铣床的主要部件名称和用途如下：

（1）底座。固定与支撑其他部件。

（2）床身。固定在底座上，顶部与前面分别有水平和垂直的燕尾导轨，与横梁和升降台相配合，床身内装有主轴部件、主变速传动装置及其变速操纵机构。床身是保证机床具有足够刚性和加工精度的重要零件。

（3）横梁。安装在床身顶部，并可沿燕尾导轨调整前后位置。

（4）刀杆支架。安装在横梁上用以支撑刀杆，以提高其刚性。

(5) 主轴。用来安装与紧固刀杆并带动铣刀旋转,具有较高的旋转精度,是保证加工精度的重要部件。

(6) 纵向工作台。安装在回转盘的燕尾导轨上,沿纵向导轨完成纵向进给。

(7) 横向工作台(床鞍)。安装在升降台水平导轨上,沿横向水平导轨完成横向进给。

(8) 升降台。安装在床身两侧面垂直导轨上,可带动工作台做垂直升降,以调整铣刀与工作台之间的距离。进给变速箱及操纵机构安装在升降台的侧面,操纵变速手柄可使工作台获得不同的进给速度。

(9) 回转盘。安装在横向工作台上,使安装在回转盘燕尾导轨上的工作台绕垂直轴线在±45°范围内调整角度,以便铣削螺旋表面。

此外,万能卧式升降台铣床还有电气控制和冷却润滑系统等。

3) 其他类型铣床

(1) 龙门铣床。

龙门铣床的结构如图4-24所示,因两根立柱5、7及顶梁6与床身10构成龙门框架而得名。龙门铣床一般有3~4个铣头,加工效率较高,在成批和大量生产中应用广泛。

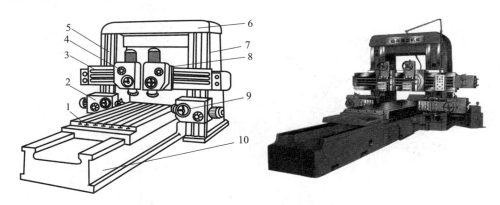

图 4-24 龙门铣床的结构
1—工作台;2,9—垂直铣头;3—横梁;4,8—水平铣头;5,7—立柱;6—顶梁;10—床身

(2) 立式升降台铣床。

立式升降台铣床的结构如图4-25所示。它与卧式万能升降台铣床的区别主要是主轴立式布置,与工作台面垂直。在立式铣床上可安装端铣刀或立铣刀来加工平面沟槽、斜面、台阶和凸轮等。

3. 刨床

刨床是用刨刀对工件的平面、沟槽或成形表面进行刨削的机床。在刨床上可以刨削水平面、垂直面、斜面、曲面、台阶面、燕尾形工件、T形槽、V形槽,也可以刨削孔、齿轮和齿条等。它适用于中小批量生产和维修车间。

按其结构特征主要分为牛头刨床和龙门刨床。

1) 牛头刨床的结构

牛头刨床的结构如图4-26所示,主要由床身、滑枕、刀架、工作台和横梁等部分组成。

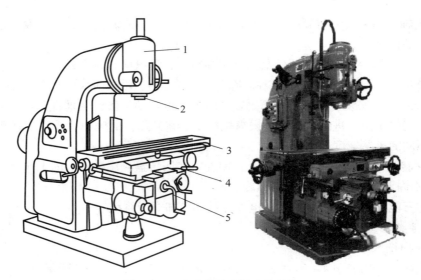

图4-25 立式升降台铣床的结构

1—立铣头；2—主轴；3—工作台；4—床鞍；5—升降台

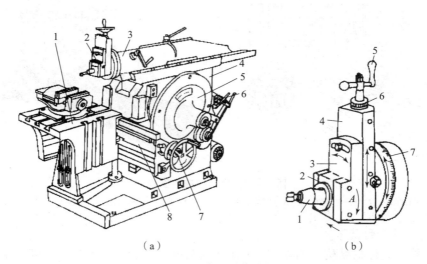

图4-26 牛头刨床的结构

(a) 外形图；

1—工作台；2—刀架；3—滑枕；4—床身；5—摆杆机构；6—变速机构；7—进给机构；8—横梁

(b) 刀架

1—刀夹；2—抬刀板；3—刀座；4—滑板；5—刀架进给手柄；6—刻度盘；7—转盘

牛头刨床主要部件的用途如下：

（1）床身。支撑和连接刨床的各个部件，其顶面导轨供滑枕做往复运动，其侧面导轨供工作台升降。床身内部装有齿轮变速机构和摆杆机构，以改变滑枕的往复运动速度和行程长度。

（2）滑枕。带动刨刀做直线往复运动（即主运动）。

（3）刀架。用来装夹刨刀、转动刀架手柄，可使刨刀做垂直的进退刀运动，还可调整转盘角度实现斜向进给。通过抬刀板使刨刀在回程时自由上抬，减少了刀具与工件的摩擦。

（4）工作台。用来装夹工件，工作台可随横梁在床身的垂直导轨上做上下调整，同时也可在横梁的水平导轨上做水平方向移动或间歇的进给运动。

（5）横梁。用来带动工作台做横向进给运动，还可沿床身的铅垂导轨做升降运动。

4．磨床

磨床是用磨料磨具（砂轮、砂带、油石、研磨剂）为工具进行切削加工的机床，主要用于各种零件特别是淬硬零件的精加工。磨床可以加工各种表面，如内外圆柱面和圆锥面、平面、齿轮齿面、螺旋面以及各种成形面，还可以刃磨刀具和进行切断等，工艺范围十分广泛。

1）磨床的分类

磨床的种类很多，按用途和采用的工艺方法不同可分为外圆磨床、内圆磨床、平面磨床、工具磨床、刀具刃具磨床、专门化磨床、研磨机和其他磨床等。

2）M1432A 型万能外圆磨床结构简介

M1432A 型万能外圆磨床主要用于磨削内外圆柱面、内外圆锥面、阶梯轴轴肩以及端面和简单的成形回转体表面等。这种磨床万能性强，但磨削效率不高，自动化程度较低，适用于工具车间、维修车间和单件小批量生产。

M1432A 型万能外圆磨床的结构和外形如图 4-27 所示，其主要由下列部件组成。

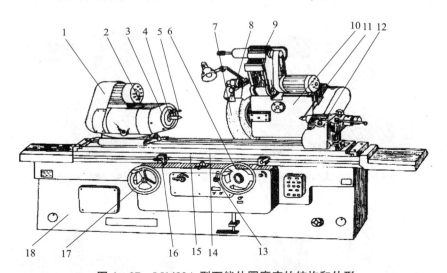

图 4-27 M1432A 型万能外圆磨床的结构和外形

1—传动变速机构；2—头架；3—拨盘；4，11—顶尖；5—拨杆；6—横向进给手轮；7—砂轮；
8—切削液喷嘴；9—内圆磨具；10—砂轮架；12—尾座；13—快速手柄；
14—上工作台；15—下工作台；16—撞块；17—工作台手轮；18—床身

（1）床身。床身是磨床的基础支撑件，在它的上面装有砂轮架、工作台、头架、尾座及横向滑鞍等部件。

（2）头架。用于装夹工件并带动工件转动，当头架在水平面内逆时针方向转 0°~90° 时，可磨削锥度大的短圆锥面。

233

(3) 内圆磨具。用于支承磨内孔的砂轮主轴。

(4) 砂轮架。用于支承并传动高速旋转的砂轮主轴。砂轮架装在滑鞍上，当需磨削短圆锥面时，砂轮架可以在水平面内调整至一定角度位置（±30°）。

(5) 尾座。尾座和头架的顶尖一起支承工件。

(6) 横向进给机构。转动横向进给手轮，可以使横向进给机构带动滑鞍及其上的砂轮架做横向进给运动。

(7) 工作台。工作台由上下两层组成。上工作台可绕下工作台的水平面内回转一个角度（±10°），用以磨削锥度不大的长圆锥面。上工作台的上面装有头架和尾座，它们可随着工作台一起沿床身导轨做纵向往复运动。

此外，M1432A 型万能外圆磨床还有电气控制和冷却润滑系统等。

5. 数控机床

数控设备是利用数字指令来控制设备实现动作的。数控机床是典型的数控设备，它集机械制造、计算机、气动、传感检测、液压和机电技术等于一体，具有柔性，能够进行复杂型面零件的加工，以解决工艺难题，且能实现机械加工的高速度、高精度和高度自动化，代表了机床发展的方向。

数控机床的种类很多，按工艺用途可分为数控车床（见图 4-28）、数控铣床（见图 4-29）、数控电火花加工机床（见图 4-30）、数控加工中心（见图 4-31）、数控齿轮加工机床、数控冲床和数控液压机等。

图 4-28 卧式数控车床

图 4-29 数控铣床

图 4-30 数控电火花加工机床

图 4-31 数控加工中心

◈ 总结提炼

机床的基本结构包括动力源、传动部件、刀具和工件安装装置等，其各部分的作用归纳如下：

（1）主传动部件是用来实现机床主运动的，如车床、铣床的主轴箱，磨床的磨头等。

（2）进给运动部件是用来实现机床进给运动的，也用来实现机床的调整、退刀及快速运动等，如车床的进给箱、溜板箱，铣床的进给箱，磨床的液压传动装置等。

（3）动力源是为机床提供动力的，如电动机等。

（4）刀具的安装装置是用来安装刀具的，如车床、刨床的刀架，铣床、钻床的主轴和磨床磨头的砂轮轴等。

（5）工件的安装装置是用来安装工件的，如普通车床的卡盘和尾架、铣床的工作台等。

（6）支撑件是用来支撑和连接机床各零部件的，如各类机床的床身、立柱、底座等，是机床的基础构件。

此外，机床结构中还有控制系统，其用于控制各工作部件的正常工作，主要是电气控制系统，数控机床则是数控系统，还有些机床局部采用液压或气压控制系统。机床要正常工作还需要有冷却系统、润滑系统、排屑装置和自动测量装置等。

◈ 阅读思考

（1）机床的基本结构主要包含哪些部件？
（2）简述车床的基本组成部分。
（3）铣床适于加工哪类零件？
（4）磨床可以加工哪些表面？

任务四　熟悉机械加工方法

任务导入

通过学习让学生熟悉常用机械加工方法及原理，了解其工艺特点，简单了解现代先进制造技术。

任务实施

阅读材料一：常见机械加工方法

根据机床运动和刀具的不同，机械切削方法主要分为车削、铣削、刨削、磨削、钻削以及现代先进制造技术等。

1. 车削

1) 车削加工方法

车削加工是在车床上利用工件的旋转运动（主运动）和刀具的移动（进给运动）来加工工件的。车削可加工内外圆柱面、圆锥面、成形回转面、端平面和各种内外螺纹面等，还可进行钻孔、扩孔、铰孔、丝锥攻螺纹、板牙套螺纹和滚花等。车削加工方法如图4-32所示。

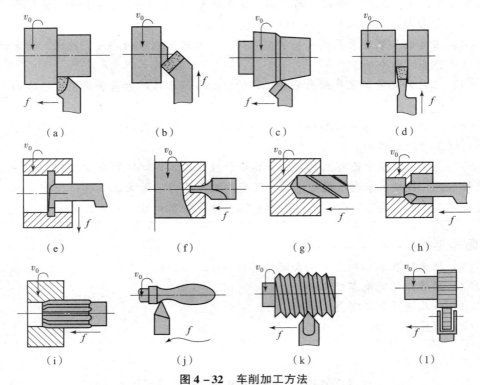

图4-32 车削加工方法

(a) 车外圆；(b) 车端面；(c) 车锥面；(d) 切槽、切断；(e) 切内槽；(f) 钻中心孔；(g) 钻孔；(h) 镗孔；(i) 铰孔；(j) 车成形面；(k) 车外螺纹；(l) 滚花

> ❖ 视野拓展
>
> 车削加工的工艺范围。
>
> 车削外圆是一种最常见、最基本的车削方法，可采用尖刀、弯刀、偏刀、切断刀和滚花刀等进行车削。车削外圆一般可分为粗车、半精车和精车。
>
> (1) 粗车外圆：适用于毛坯件的加工，粗车后工件表面精度可达IT13~IT11，表面粗糙度为 Ra 50~12.5 μm。
>
> (2) 半精车外圆：在粗车的基础上进行，其目的是提高工件的精度和降低表面粗糙度，通常作为中等精度要求的零件表面的终加工，也可作为精车或精磨之前的预加工。半精车后工件表面精度可达IT10~IT9，表面粗糙度为 Ra 6.3~3.2 μm。
>
> (3) 精车外圆：在半精车的基础上进行，其目的是使工件获得较高的精度和较低的表面粗糙度。精车后工件表面精度可达IT7~IT6，表面粗糙度为 Ra 1.6~0.8 μm。

2) 车削的工艺特点

（1）易于保证零件各表面之间的位置精度。在一次装夹中车出短轴或套类零件各加工面，然后切断，又称"一刀落"。各加工表面具有同一回转轴线，故能保证各加工面之间的同轴度要求。

（2）适合有色金属零件的精加工。当有色金属的轴类零件要求有较高的精度和较低的表面粗糙度时，采用超精车，精度可达 IT6～IT5，表面粗糙度可达 $Ra\ 0.4\ \mu m$。

（3）切削过程平稳。车削时，切削过程是连续的（车削断续表面除外），而且切削层面积不变，所以切削力变化小，切削过程比刨削、铣削等平稳。

（4）刀具简单。车刀是刀具中最简单的一种，其制造、刃磨和装夹均比较方便，且有利于提高生产效率。

2. 铣削

1）铣削加工方法

铣削是平面加工的主要方法之一，它可以加工水平面、垂直面、斜面、沟槽、成形表面、螺纹和齿形等，也可以用来切断材料。因此，铣削的加工范围是很广泛的，如图 4-33 所示。铣削的加工精度一般可达 IT8～IT7，表面粗糙度为 $Ra6.3～1.6\ \mu m$。

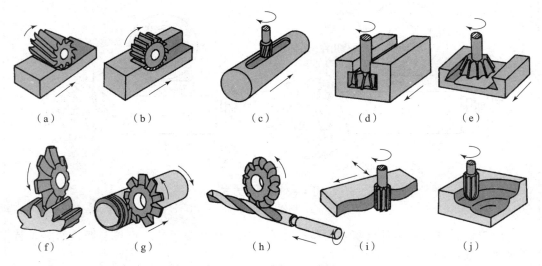

图 4-33 铣削加工方法

(a) 铣水平面；(b) 铣垂直面；(c) 铣键槽；(d) 铣T形槽；(e) 铣燕尾槽；
(f) 铣齿轮；(g) 铣螺纹；(h) 铣螺旋槽；(i)、(j) 铣曲面

❖ 视野拓展

铣削方式及其特点

加工平面，可以用端铣法，也可以用周铣法（见图 4-34）；周铣法有不同的铣削方式（顺铣和逆铣）。在选用铣削方式时，应考虑它们各自的特点和应用场合，以保证加工质量，并能提高加工效率。

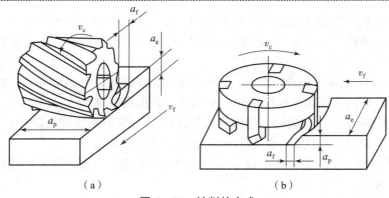

图 4-34 铣削的方式
(a) 周铣；(b) 端铣

(1) 周铣法。

用圆柱形铣刀的刀齿加工平面的方法称为周铣法，它分为顺铣和逆铣，如图 4-35 所示。

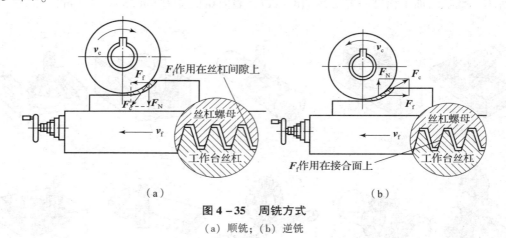

图 4-35 周铣方式
(a) 顺铣；(b) 逆铣

铣刀旋转方向与工件进给方向相反时为逆铣；反之为顺铣。逆铣与顺铣的加工特点对比见表 4-32。

表 4-32 逆铣与顺铣的加工特点对比

对比项目	逆铣	顺铣	结论
切入、切出情况	每齿切削厚度由零到最大，刀刃在开始时不能立即切入工件，而是在冷硬的加工表面上滑行一小段距离后才能切入工件，这样会降低加工表面的质量，加剧刀具磨损	每齿切削厚度由最大到零，刀具易切入工件。加工表面质量较高，刀具寿命较长	顺铣的铣刀寿命比逆铣高2~3倍，加工表面质量也比较好

续表

对比项目	逆铣	顺铣	结论
工件装夹可靠性	铣削力垂直分力 F_N 向上,有将工件抬离工作台的趋势,使机床工作台与导轨之间形成间隙,易引起振动,不利于工件夹紧	铣削力垂直分力 F_N 向下,有利于工件夹紧和铣削过程稳定	顺铣时工件夹紧比逆铣可靠
工作台丝杠螺母间的接触情况	铣削力水平分力 F_f 与工作台进给方向相反,使铣床上的进给丝杠和螺母之间的接触面始终压紧,工作台不会窜动	铣削力水平分力 F_f 与工作台进给方向相同,当工作台进给丝杠与螺母间隙较大时,工作台易出现轴向窜动,导致刀齿折断、刀轴弯曲等问题,降低加工表面质量	顺铣时,若丝杠与螺母间有间隙,则会使工作台窜动,进给不均,易打刀

结论:虽然顺铣具有铣刀寿命长、装夹稳定等优点,但由于普通铣床尚无消除工作台丝杠与螺母间隙的机构,故在生产中多采用逆铣。

2) 端铣法

端铣加工方法如图 4-34 (b) 所示,用端铣刀的端面刀齿加工平面时,铣刀回转轴线与被加工表面垂直。

在加工平面时,端铣比周铣更具有优势。因为,首先圆柱铣刀装夹在细长的刀杆上,而端铣刀直接装夹在刚性很高的主轴上,故端铣刀可采用较大的切削用量。其次,圆柱铣刀逆铣时刀齿在切入工件前有滑行现象,会加剧刀具磨损,而端铣时刀齿切入工件的厚度不等于零,不存在刀具磨损的现象。因此,端铣已成为加工平面的主要方式之一。

2) 铣削的工艺特点

(1) 生产率较高。铣刀是典型的多齿刀具,铣削时几个刀齿同时参加工作,故总的切削宽度较大。铣削的主运动是铣刀旋转,有利于采用高速铣削,故铣削的生产率一般比刨削高。

(2) 刀齿散热条件较好。铣刀刀齿在切离工件的一段时间内可以得到一定的冷却,故散热条件较好。

(3) 铣削过程不平稳。由于铣刀的刀齿在切入和切出时产生冲击,同时每个刀齿的切削厚度也是变化的,会引起切削力的变化,因此,铣削过程不平稳,容易产生振动。

3. 刨削

1) 刨削加工方法

刨削可以在牛头刨床或龙门刨床上进行。在牛头刨床上刨削时,刀具的往复运动是主运动，而工作台带动工件做间歇的进给运动（见图 4-36），此方法适用于中小零件的加工。在龙门刨床上刨削时，工作台带动工件的往复运动是主运动，而刀具做间歇进给运动，故此方法适用于大型零件（如机床床身和箱体零件）的平面加工。刨削不仅可以加工平面，还可以加工各类直通沟槽，如图 4-37 所示。

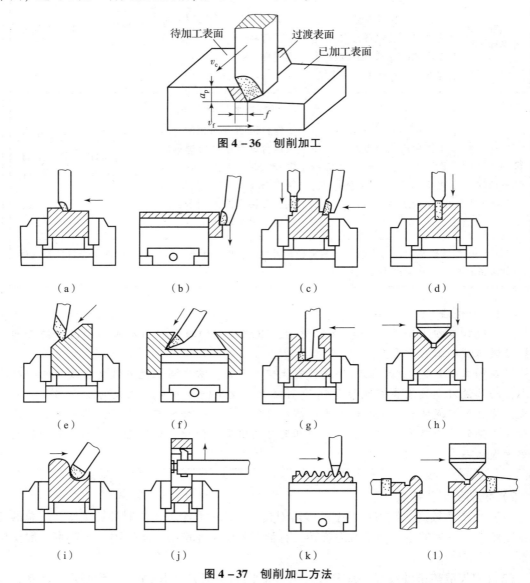

图 4-36 刨削加工

图 4-37 刨削加工方法

(a) 刨平面；(b) 刨垂直面；(c) 刨台阶面；(d) 刨直角沟槽；(e) 刨斜面；(f) 刨燕尾槽；(g) 刨T形槽；(h) 刨V形槽；(i) 刨曲面；(j) 刨键槽（通槽）；(k) 刨齿条；(l) 刨复合面

2) 刨削的工艺特点

(1) 刨削加工精度较低，精度一般为 IT9～IT8，表面粗糙度为 $Ra\ 6.3\sim1.6\ \mu m$。但刨削可以在一次装夹中加工出工件几个方向上的平面，并保证一定的位置精度。

(2) 刨削生产率较低。因刨削有空程损失，且主运动部件反向惯性力较大，冲击现象严重,故刨削速度低、生产率低。但在刨狭长平面或在龙门刨床上进行多件或多刀刨削时,生产率仍然很高。

(3) 刨刀结构简单,便于刃磨,刨床的调整也比较方便,因此,刨削在单件小批量生产及修配工作中应用较广。

4. 磨削

1) 磨削加工方法

磨削是以砂轮或其他磨具对工件进行加工,其主运动是砂轮的旋转。砂轮的磨削过程实际上是磨粒对工件表面的切削、刻削和滑擦三种作用的综合效应。磨削中,磨粒本身也由尖锐逐渐磨钝,使切削作用变差,切削力变大。当切削力超过黏合剂强度时,圆钝的磨粒脱落,露出一层新的磨粒,形成砂轮的"自锐性",但切屑和碎磨粒仍会将砂轮阻塞。因而,磨削一定时间后需用金刚石车刀等对砂轮进行修整。

按功能不同,磨削可分为外圆磨、内孔磨和平面磨等。常用的磨削方法见表4-33。

表4-33 常用的磨削方法

磨削类型	磨削方法	简图	磨削类型	磨削方法	简图
外圆磨削	纵磨法		无心磨削	通磨法	
内圆磨削	纵磨法	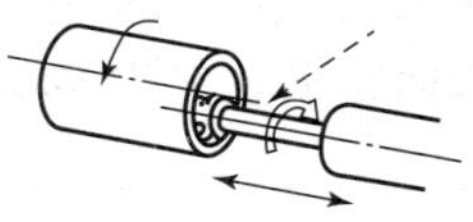		螺纹磨削	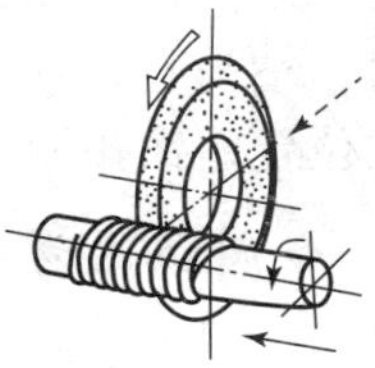
平面磨削	周磨法	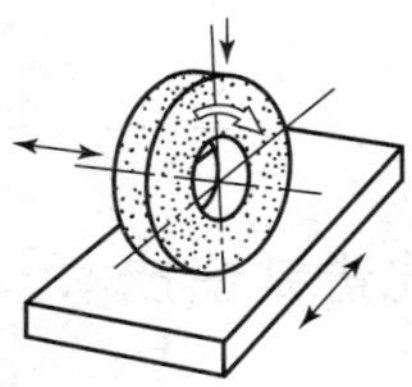	成形磨削	齿轮磨削	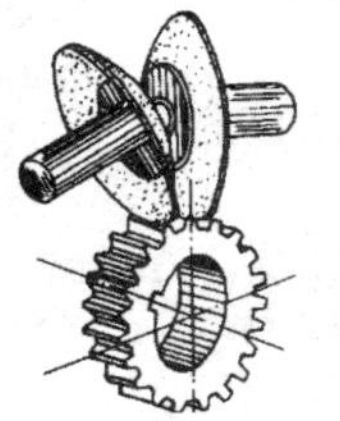
	端磨法	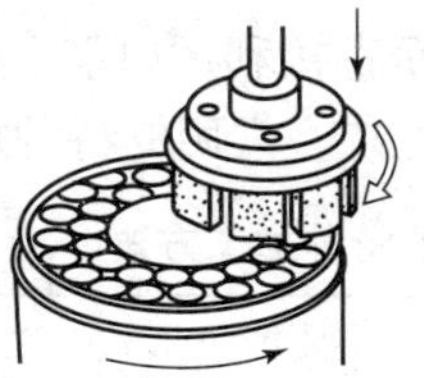		花键磨削	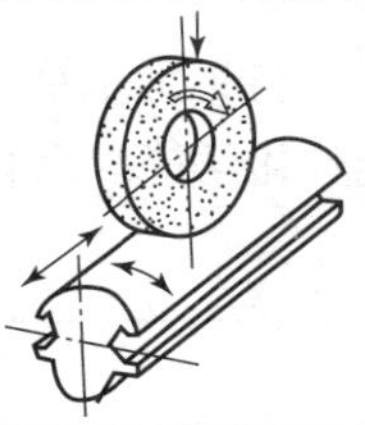

2) 磨削的工艺特点

(1) 磨削速度很高,可达 30~50 m/s;磨削温度较高,可达 1 000~1 500℃。

(2) 磨削时,由于刀刃很多,所以加工时平稳、精度高。磨床是精加工机床,磨削精度可达 IT6~IT4,表面粗糙度可达 $Ra1.25 \sim 0.01$ μm,有的甚至可达 $0.1 \sim 0.008$ μm。

(3) 磨削不但可以加工软材料,如未淬火钢、铸铁等,而且还可以加工淬火钢及用其他刀具不能加工的硬质材料,如瓷件、硬质合金等。

(4) 磨削时的切削深度很小,在一次行程中所能切除的金属层很薄。

5. 钻削与镗削

钻削是在实体材料上加工孔的方法,主要在钻床上进行,也可以在车床、镗床上进行,如图 4-38 所示。

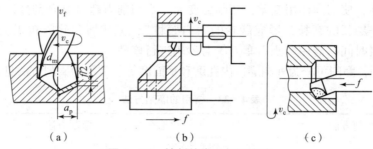

图 4-38 钻削的常用加工方法
(a) 钻床上钻削;(b) 镗床上钻削;(c) 车床上钻削

钻削的加工精度较低,一般只能达到 IT10,表面粗糙度一般为 $Ra12.5 \sim 6.3$ μm。在钻削后常常采用扩孔与铰孔来进行半精加工和精加工。扩孔采用扩孔钻、铰孔采用铰刀进行加工。铰削加工精度一般可达 IT9~IT6,表面粗糙度可达 $Ra1.6 \sim 0.4$ μm。扩孔、铰孔时,钻头、铰刀一般顺着原底孔的轴线运动,无法提高孔的位置精度。但镗孔可以校正孔的位置。镗孔加工精度一般可达 IT9~IT7,表面粗糙度可达 $Ra6.3 \sim 0.8$ μm。

> ❖ 阅读思考
> (1) 车削具有哪些工艺特点?
> (2) 周铣法有哪两种铣削方式?怎么区分?
> (3) 磨削应用于哪些工序中?可以加工哪些材料?

阅读材料二:先进制造技术

1. 特种加工

特种加工是指区别于传统切削加工方法,而直接利用电能、热能、电化学能、光能、声能、化学能以及特殊机械能对材料进行加工的工艺。常用的特种加工方法见表 4-34。

表 4-34 常用的特种加工方法

加工方法		主要能量形式	作用形式
电火花加工	电火花成形加工	电能、热能	熔化、气化
	电火花线切割加工	电能、热能	熔化、气化

续表

加工方法		主要能量形式	作用形式
电化学加工	电解加工	电化学能	金属离子阳极溶解
	电解磨削、电解研磨	电化学能、机械能	阳极溶解、磨削/研磨
	电铸、涂镀	电化学能	金属离子阴极沉淀
高能束加工	激光束加工	光能、热能	熔化、气化
	电子束加工	光能、热能	熔化、气化
	离子束加工	电能、机械能	切蚀
	等离子弧加工	电能、热能	熔化、气化
物料切蚀加工	超声加工	声能、机械能	切蚀
	磨料流加工	机械能	切蚀
	液体喷射加工	机械能	切蚀
化学加工	化学铣削	化学能	腐蚀
	化学抛光	化学能	腐蚀
	光刻	光能、化学能	光化学腐蚀
复合加工	电化学电弧加工	电化学能	熔化、气化腐蚀
	电解电化学机械磨削	电能、热能	离子溶解、熔化、切割

1）电火花加工

电火花加工是利用工具和工件（正、负电极）之间脉冲性火花放电时的电腐蚀现象来去除多余的金属材料实现零件加工的。

如图4-39所示，加工时脉冲电源提供加工所需的能量，其两极分别接在工具电极与工件电极上。当工具与工件电极在进给机构的驱动下在工作液中相互靠近时，极间电压击穿间隙而产生火花放电，释放大量的热。工件表层吸收热量后达到很高的温度（10 000℃以上），其局部材料因熔化甚至气化而被蚀除下来，故形成一个微小的凹坑。工作液循环

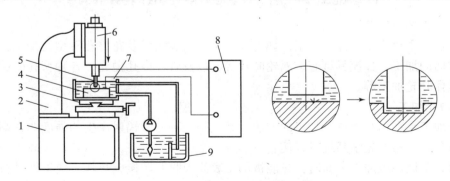

图 4-39　电火花加工原理示意图

1—床身；2—立柱；3—工作台；4—工作电极；5—工具电极；
6—进给机构及间隙调节器；7—工作液；8—脉冲电源；9—工作液循环过滤系统

过滤系统可及时排除电蚀产物。如此不断地进行放电腐蚀,且随着工具电极在进给机构的驱动下不断下降,其轮廓形状便被"复印"到工件上(工具电极材料尽管也会被蚀除,但其速度远小于工件材料)。

电火花加工的应用范围:

(1) 电火花穿孔:常用于加工冷冲模凹模的型孔,喷丝头上的小孔、微孔,以及弯孔、螺旋孔等。

(2) 电火花型腔加工:常用于加工锻模、压铸模、挤压模、胶木模等的型腔以及叶片和整体式叶轮的曲面等。

(3) 电火花线切割加工:用于切割冲裁模的凹模和凸模、样板、成形刀具以及形状复杂的各种平面成形件。

2) 电解加工

电解加工是利用金属在电解液中产生阳极溶解的电化学原理对工件进行成形加工的一种方法。

如图 4-40 所示,工件接直流电源正极,工具接负极,两极之间保持狭小间隙 (0.1~0.8 mm),具有一定压力 (0.5~2.5 MPa) 的电解液从两极间的间隙中高速 (15~60 m/s) 流过。当工具阴极向工件不断进给时,金属材料按阴极型面的形状不断溶解,电解产物被高速电解液带走,于是工具型面的形状就相应地"复印"在工件上。

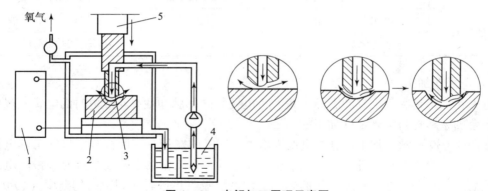

图 4-40 电解加工原理示意图
1—直流电源;2—工件;3—工具电极;4—电解液;5—进给机构

电解加工的应用范围:

电解加工主要应用于深孔加工,如枪筒、炮筒的膛线以及花键孔等型孔加工;还可用于成形表面的加工,如模具型腔、涡轮叶片等,以及管件内孔抛光、各种型孔的倒圆和去毛刺、整体叶轮加工等。

3) 激光加工

激光加工是利用光能进行加工的方法。激光是一种受激辐射产生的强度非常高、方向性好的单色光,通过光学系统可以使它聚焦成一个极小的光斑,从而获得极高的能量和温度。当激光聚焦在被加工表面时,光能被加工表面吸收并转换成热能,使工件材料熔化甚至气化而改变物质性能,以达到加工或使材料局部改性的目的。

激光加工机通常由激光器、电源、光学系统和机械系统等组成,如图 4-41 所示。激光器(常用的有固体激光器和气体激光器)把电能转变为光能,产生所需的激光束,经光学系统聚焦后照射在工件上进行加工。工件固定在三坐标精密工作台上,由数控系统控制和驱动完成加工所需的进给运动。

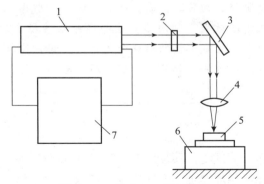

图 4-41 激光加工机示意图

1—激光器；2—光阑；3—反射镜；4—聚焦镜；5—工件；6—工作台；7—电源

❖ **视野拓展**

激光加工的应用范围。

激光加工已广泛用于金刚石拉丝模、钟表宝石轴承、发散式气冷冲片的多孔蒙皮、发动机喷油器、航空发动机叶片等的小孔加工以及多种金属材料和非金属材料的切割加工。

4) 超声波加工

超声波加工是利用超声频（16~25 kHz）振动的工具端面冲击工作液中的悬浮磨料,由磨粒对工件表面撞击抛磨来实现加工的一种方法。

如图 4-42 所示,超声发生器将工频交流电能转变为有一定功率输出的超声频电振荡,通过换能器将此超声频电振荡转变为超声机械振动,借助于振幅扩大棒把振动的位移幅值由 0.005~0.01 mm 放大到 0.01~0.15 mm,驱动工具振动。工具端面在振动中冲击工作液中的悬浮磨粒,使其以很大的速度不断地撞击、抛磨被加工表面,把加工区域的材料粉碎成很细的微粒后打击下来。随着工具逐渐向下进给,其形状便"复印"在工件上。

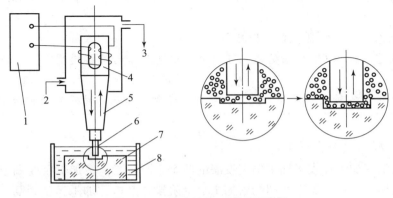

图 4-42 超声波加工原理示意图

1—超声波发生器；2,3—冷却水；4—换能器；5—振幅扩大棒；6—工具；7—工件；8—工作液

> **视野拓展**
>
> 超声波加工的应用范围。
>
> 超声波可以加工硬脆材料的孔和型面,还可以进行研磨抛光。在清洗的溶剂中引入超声波,还可以强化清洗效果。利用超声波高频振动的撞击能量,可以焊接尼龙、塑料制品,特别是表面易产生氧化层的难焊金属材料。超声波加工还可以与其他加工方法相结合,构成复合加工方法,如超声车削、超声磨削、超声电解加工和超声线切割等。

2. 增材制造(三维打印)

增材制造技术,又称三维打印,其是依据三维 CAD 设计数据,采用离散材料(液体、粉末、丝片、板块等)逐层累加原理制造实体零件的技术。

三维打印借助计算机、激光、精密传动、数控技术等现代手段,将 CAD 和 CAM 集成于一体,根据在计算机上构造的三维模型,能在很短的时间内直接制造出产品样品,无须传统的刀具、夹具和模具等。三维打印技术彻底摆脱了传统的"去除材料"加工法,而基于"材料逐层堆积"的制造理念,将复杂的三维加工分解为简单的材料二维叠加的组合,是一种全新的制造技术。

三维打印技术主要有以下几种类别:光固化成形(SL)、分层实体制造(LOM)、激光选区烧结法(SLS)、熔融沉积法(FDM)、立体喷印(3DP)和选择性激光熔化(SLM)等。

> **视野拓展**
>
> 三维打印技术的应用范围。
>
> 三维打印技术可广泛应用于汽车、家电、电动工具、医疗、航空航天以及儿童玩具等行业,且目前已在以下几方面起到重要作用。
>
> (1)汽车、摩托车:外形及内饰件的设计、改型及试验等。
>
> (2)家电及通信产品:各种产品的外形和结构设计、装配试验、功能验证、模具制造。
>
> (3)航空航天:特殊零件的直接制造(如叶轮、涡轮、叶片的试制)及装配试验等。
>
> (4)轻工业:如玩具、鞋类模具的快速制造。
>
> (5)医疗:根据 CT 扫描信息,可以快速制造人体的骨骼模型,还可以进行手术模拟等。
>
> (6)国防:各种武器零件的设计、装配、试制,特殊零件的直接制造。

3. 精密、超精密加工技术

精密和超精密加工代表了加工精度发展的两个不同阶段。按加工精度划分,可将机械加工分为一般加工、精密加工和超精密加工 3 个阶段。其中,加工精度为 $0.1 \sim 1 \mu m$,加工表面粗糙度值为 $Ra0.1 \sim 0.02 \mu m$ 的加工方法称为精密加工;加工精度高于 $0.1 \mu m$,加工表面粗糙度值小于 $Ra0.01 \mu m$ 的加工方法称为超精密加工(微细加工、超微细加工、光整加工、精整加工等)。

> **◈ 视野拓展**
>
> 精密加工和超精密加工的应用范围。
>
> 超精密加工所能达到的精度、表面粗糙度、加工尺寸和几何形状精度是一个国家制造水平的重要标志之一。超精密加工技术应用于国防工业中,如导弹系统的陀螺仪;另外还应用于大型天体望远镜的透镜、红外线探测器反射镜、激光核聚变用的曲面镜等高精密零件中。
>
> 计算机上的芯片、磁板基片、光盘基片等都需要通过超精密加工技术来制造。录像机的磁鼓、复印机的感光鼓、喷墨打印机的喷墨头等都必须进行超精密加工才能达到质量要求。

4. 智能制造

广义而论,智能制造是一个大概念,是先进信息技术与先进制造技术的深度融合,它贯穿于产品设计、制造、服务等全生命周期的各个环节及相应系统的优化集成,旨在不断提升企业的产品质量、效益、服务水平,减少资源消耗,并推动制造业创新、绿色、协调、开放和共享发展。

> **◈ 视野拓展**
>
> 智能制造系统组成。
>
> (1) 智能产品与制造装备。产品和制造装备是智能制造的主体,其中,产品是智能制造的价值载体,而制造装备是实施智能制造的前提和基础,两者都具有高度智能化、宜人化、高质量和高性价比的特点。
>
> (2) 智能生产。智能生产是智能制造的主线,智能生产线、智能车间、智能工厂是生产的主要载体。智能制造将解决复杂系统的精确建模、实时优化决策等关键问题,形成自学习、自感知、自适应、自控制的智能生产线,进而实现产品的高效、高质、柔性、安全与绿色生产。
>
> (3) 智能服务。在智能时代,市场、销售、供应、运营维护等产品全生命周期服务均因物联网、大数据、人工智能等新技术而被赋予全新的内容。智能制造的模式是由大规模流水线生产转向规模化定制生产,故能够实现以产品为中心向以用户为中心的转变。
>
> (4) 智能制造云与工业智联网。随着通信技术、网络技术、云技术和人工智能技术的发展和应用,智能制造云和工业智联网为智能制造生产力与生产方式变革提供了发展的空间和可靠的保障。

> **◈ 阅读思考**
>
> (1) 什么是特种加工?它与传统的机械加工有何区别?
> (2) 什么是增材制造?其原理是什么?
> (3) 智能制造系统的组成有哪些?
> (4) 磨床可以加工哪些表面?

❖ 思政园地

在重型装备制造加工行业，有一个对于大型轴类件精深加工的精度指标——μ级，即微米级（0.001 mm）。常规而言，通过普通数控车床的切削加工，使重达上百吨的大型轴类件产品精度达到μ级，几乎是不可能的事。但是，"龙一刀"龙小平做到了。

从18岁进入二重装备起，30年间，龙小平磨炼出了堪称"一绝"的刀工。他在车削直径很小的双头梯形内螺纹时，即使闭上眼睛，仅凭声音就能准确判断出刀具的走动位置。还能巧妙改变工件和刀具的相对旋转关系，为车床增加"以车代镗、铣"功能。下刀快、稳、准，一个精密公差尺寸最多三刀就可以搞定。出神入化的刀工，也让龙小平在业界赢得了"龙一刀"的美誉。

单元检测

课前检测

一、填空题

1. 钳工一般分为_____、_____、_____等工种。
2. 常用游标卡尺寸其测量精度是_____mm。
3. 工件涂色常用的涂料有_____、_____等。
4. 锉刀的种类分为_____、_____、_____。
5. 锯削是指用手锯对材料或工件进行_____或_____等的加工方法。

二、选择题

1. 零件的清理、清洗是（　　）工作要点。
   A. 装配工作过程　　　　　　　　B. 装配工作
   C. 部件装配工作　　　　　　　　D. 装配前准备工作
2. 内径千分尺的活动套筒转动一圈，测微螺杆移动（　　）
   A. 1 mm　　　B. 0.5 mm　　　C. 0.01 mm　　　D. 0.001 mm
3. 用于最后修光工件表面的用（　　）
   A. 粗锉刀　　　B. 细锉刀　　　C. 油光锉　　　D. 什锦锉
4. 线基准应与（　　）一致
   A. 工艺基准　　　B. 装配基准　　　C. 设计基准　　　D. 工序基准
5. 两组导轨在水平面内的平行度误差，应用（　　）检查
   A. 水平仪　　　B. 轮廓仪　　　C. 百分表　　　D. 测微仪

三、判断题

1. 千分尺的精度比游标卡尺低，而且比较灵敏。（　　）

2. 游标卡尺是专用量具。（ ）
3. 百分表可用来检验机床精度和测量工件的尺寸、形状和位置误差。（ ）
4. 当划线发生错误或准确度太低时，都可能造成工件报废。（ ）
5. 划线时找正和借料这两项工作是密切结合的。（ ）

四、综合题
1. 使用台虎钳应注意哪些事项？
2. 使用砂轮机应注意哪些事项？
3. 游标卡尺的游标读数值（俗称测量精度）是指什么？你所知道的游标卡尺游标读数值有哪几种？

课中检测

一、填空题
1. 为了避免锯条在锯缝中被夹住，锯齿均有规律地向左右扳斜，使锯齿形成波浪形或交错形的排列，一般称之为_____。
2. 标准麻花钻结构由_____、_____、_____三部分组成。
3. 丝锥是加工_____的工具，有_____丝锥和_____丝锥。
4. 锉刀的齿纹有_____和_____两种。
5. 平面划线要选择_____划线基准，立体划线要选择_____划线基准。

二、选择题
1. 普通麻花钻靠近外缘处削角为（ ）
   A. 负前角（-45°）　　B. 0°　　C. 正前角（+30°）　　D. 45°
2. 螺纹的顶径是指（ ）
   A. 外螺纹大径　　B. 外螺纹小径　　C. 内螺纹大径　　D. 内螺纹中径
3. 1/50 mm 游标卡尺的示值为（ ）
   A. ±0.01　　B. ±0.02　　C. ±0.05　　D. ±0.005
4. 锉削速度一般为每分钟（ ）
   A. 20~30 次　　B. 30~60 次　　C. 40~70 次　　D. 50~80 次
5. 锯条上的全部锯齿按一定的规律（ ）错开，排列成一定的形状叫锯路
   A. 前后　　B. 上下　　C. 左右　　D. 一前一后

三、判断题
1. 锯割软材料或较大切面时一般选用细齿锯条。（ ）
2. 锉刀面是锉削的主要工作面。（ ）
3. 麻花钻顶角的大小影响主切削刃上轴向力的大小。（ ）
4. 当丝锥的切削部分，全部进入工件时，应施加压力使丝锥攻入。（ ）
5. 锯条装的过松或过紧易使锯条折断。（ ）

四、综合题
1. 什么是划线？划线分哪两种？划线的主要作用有哪些？
2. 锯条的锯路是怎样形成的？作用如何？
3. 锯条安装时，应注意哪些问题？
4. 攻螺纹的工作要点有哪些？

课后检测

一、填空题

1. 切削运动是切削加工中_____与_____之间的相对运动，按运动在切削中起的作用不同分为_____和_____。

2. 按机床的加工精度分类：_____机床，_____机床，高精度机床。

3. 机床型号由字母与_____按一定规律排列组成，其中符号 X 代表_____。

4. 磨削属于_____（精/粗）加工，磨削时的切削深度很_____（大/小）。

5. 一般进给运动是切削加工中速度较_____，消耗功率_____的运动。

二、选择题

1. 牌号 W18Cr4V 代表（　　）刀具材料。
   A. 陶瓷材料　　　　　　　　　　　B. 优质碳素合金钢
   C. 硬质合金　　　　　　　　　　　D. 高速钢

2. 主运动不是旋转运动的机床有（　　）。
   A. 车床　　　B. 磨床　　　C. 牛头刨床　　　D. 钻床

3. 刀具的副切削刃在切削中的主要作用是（　　）。
   A. 使主切削刃锋利　　　　　　　　B. 减小摩擦
   C. 配合主切削刃，形成已加工表面　D. 控制切屑流出方向

4. 加工细长轴时，为减小其弯曲变形，宜选用（　　）。
   A. 大的主偏角　B. 小的主偏角　C. 中等主偏角　D. 零主偏角

5. CA6140 的首字母 C 代表（　　）。
   A. 车床　　　B. 钻床　　　C. 铣床　　　D. 镗床

6. 车床最适于加工的零件是（　　）。
   A. 平板类　　B. 轴类　　　C. 轮齿成型　D. 箱体类

7. 逆铣与顺铣相比，其优点是（　　）。
   A. 散热条件好　　　　　　　　　　B. 切削时工作台不会窜动
   C. 加工质量好　　　　　　　　　　D. 生产率高

8. 刀具的刃倾角在切削中的主要作用是（　　）。
   A. 使主切削刃锋利　　　　　　　　B. 减小摩擦
   C. 控制切削力大小　　　　　　　　D. 控制切屑流出方向

9. 逆铣是指铣削力的（　　）分力与工作台进给方向相反。
   A. 轴向　　　B. 径向　　　C. 水平　　　D. 垂直

10. 属于钨钛钽钴类硬质合金的有（　　）。
    A. YG8　　　B. YW2　　　C. YT30　　　D. YG6A

三、判断题

1. 直头车刀主要用于车削没有台阶或台阶要求不严的外圆。（　　）

2. 在切削运动中，主运动可以不止一个。（　　）

3. 磨削不仅能加工软材料，而且还可以加工硬度很高、用金属刀具很难加工的材料。（　　）

4. 铣削时，切削过程是连续的，但每个刀齿的切削是断续的，因此，切削过程中存

在对工件的冲击。（　）

5. X5020 立式升降台铣床的工作台面宽度为 200 mm。（　）

四、综合题

1. 切削用量三要素是什么？
2. 指出图示所示直头外圆车刀各组成部分名称。

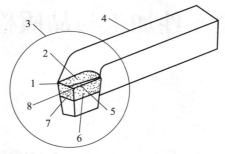

3. 顺铣和逆铣各有什么特点？
4. 金属切削加工中，最常用的两种刀具材料是什么？

单元五　典型零件加工与品质检验技术基础

单元导入

通过微视频"车削加工概述"的观看，让学生了解到车削加工在机械加工中占有的位置。车削是在车床上利用工件的旋转运动和刀具的直线运动相配合切去工件上多余的材料，以达到图样要求的一种加工方法。本单元简要介绍轴类、套类、轮盘类、箱体类零件的功用与特点、技术要求、材料的选择、加工方法、品质检验以及零件工艺编制实例所应具备的基础知识。

任务一　熟悉轴类零件的机械加工与品质检验技术基础

任务导入

通过学习，让学生了解轴是机械产品中的重要零件之一，主要用来支承做回转运动的传动零件，并了解轴类零件的分类。

任务实施

认识轴类零件

阅读材料一：轴类零件的基础知识之一——轴类零件的功用和特点

轴是机械产品中的重要零件之一，主要用来支承做回转运动的传动零件（如齿轮、带轮、链轮等）、传递运动和转矩、承受载荷，以及保证装在轴上的零件具有确定的工作位置和一定的回转精度。

轴类零件是旋转体零件，其长度大于直径，一般由同心轴的外圆柱面、圆锥面、内孔和螺纹及相应的端面所组成。根据结构形状的不同，轴类零件可分为光轴、阶梯轴、空心轴和曲轴等，如图5-1所示。轴的长径比小于5的称为短轴，大于20的称为细长轴，大多数轴介于两者之间。

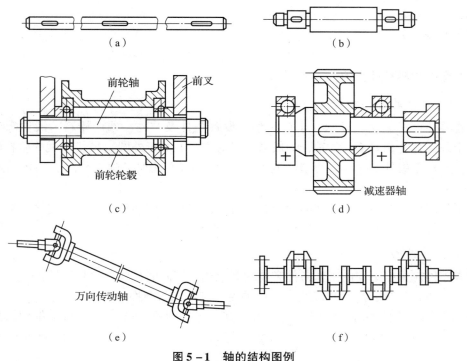

图 5-1 轴的结构图例

(a) 光轴；(b) 阶梯轴；(c) 自行车前轮轴；(d) 齿轮轴；(e) 传动轴；(f) 曲轴

> ◈ 阅读思考
>
> 根据结构形状的不同，轴可以分为哪几类？请举例。

阅读材料二：轴类零件的技术要求

轴用轴承支承，与轴承配合的轴段称为轴颈。轴颈是轴的装配基准，它们的精度和表面质量一般要求较高，其技术要求一般根据轴的主要功用和工作条件制定，通常有以下几个方面：

（1）尺寸精度。起支承作用的轴颈为了确定轴的位置，通常对其尺寸精度要求较高（IT5～IT7）。装配传动件的轴颈尺寸精度一般要求较低（IT6～IT9）。

（2）几何形状精度。轴类零件的几何形状精度主要是指轴颈、外锥面、莫氏锥孔等的圆度、圆柱度等，一般应将其公差限制在尺寸公差范围内。对精度要求较高的内外圆表面，应在图纸上标注其允许偏差。

（3）相互位置精度。轴类零件的位置精度要求主要是由轴在机械中的位置和功用决定的，通常应保证装配传动件的轴颈对支承轴颈的同轴度要求，否则会影响传动件（齿轮等）的传动精度，并产生噪声。普通精度的轴，其配合轴段对支承轴颈的径向跳动一般为 0.01～0.03 mm，高精度轴（如主轴）通常为 0.001～0.005 mm。

（4）表面粗糙度。一般与传动件相配合的轴颈的表面粗糙度为 $Ra2.5 \sim 0.63$ μm，与轴承相配合的支承轴颈的表面粗糙度为 $Ra0.63 \sim 0.16$ μm。

问题解决

轴类零件材料及其选用:

1. 轴类零件的毛坯材料

轴类零件可根据使用要求、生产类型、设备条件及结构,选用棒料、锻件等毛坯形式。对于外圆直径相差不大的轴,一般以棒料为主;而对于外圆直径相差大的阶梯轴或重要的轴,常选用锻件,这样既可节约材料,又可减少机械加工的工作量,还可改善机械性能。

根据生产规模的不同,毛坯的锻造方式有自由锻和模锻两种。中小批量生产时多采用自由锻,大批大量生产时采用模锻。

2. 轴类零件的材料

轴类零件应根据不同的工作条件和使用要求选用不同的材料并采用不同的热处理规范(如调质、正火、淬火等),以获得一定的强度、韧性和耐磨性。

45 钢是轴类零件的常用材料,其价格便宜,经过调质(或正火)后可得到较好的切削性能,而且能获得较高的强度和韧性等综合机械性能,淬火后表面硬度可达45~52HRC。

40Cr 等合金结构钢适用于中等精度而转速较高的轴类零件,这类钢经调质和淬火后具有较好的综合机械性能。

轴承钢 GCr15 与弹簧钢 65Mn 经调质和表面高频淬火后,表面硬度可达 50~58HRC,并具有较高的耐疲劳性能和较好的耐磨性能,可制造较高精度的轴。

> ❖ 阅读思考
>
> 轴类零件技术要求一般根据轴的主要功用和工作条件制定,通常有以下几个方面:_____、_____、_____、_____。其根据生产规模的不同,毛坯的锻造方式有_____和_____两种。中小批量生产时多采用_____,大批大量生产时采用_____。

阅读材料三:轴类零件的定位与装夹

轴类零件和盘类、套类零件一样,具有外圆柱表面,采用车削加工方法成形,以磨削加工作为精加工,采用研磨等作为光整加工。轴类零件上的键槽可采用铣削加工的方法成形,花键轴可采用拉削的方法成形。

轴类零件加工工艺过程

1. 定位与装夹

轴类零件加工时常以两端中心孔或外圆面定位,以顶尖或卡盘装夹。普通车床上常用顶尖、拨盘、三爪自定心卡盘、四爪单动卡盘、中心架、跟刀架和心轴等附件,以适应装夹各种工件的需要。

外圆车削加工时最常见的工件装夹方法见表 5-1。

表 5-1 车削工件常用的装夹方法

名称	装夹图	装夹特点	应用
三爪自定心卡盘	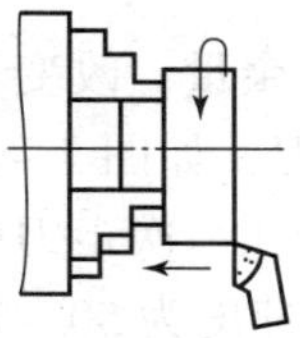	三爪卡盘可同时移动，自动定心，装夹迅速、方便	长径比小于4，截面为圆形的六方体的中、小型工件加工
四爪单动卡盘	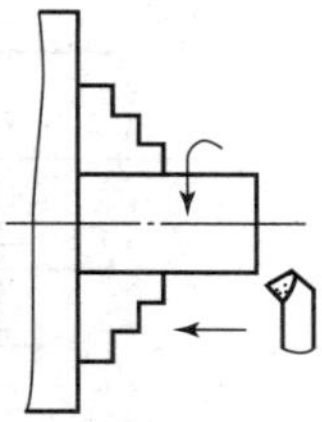	四个卡爪都可单独移动，装夹工件需要找正	长径比小于4，截面为方形、椭圆形的较大、较重工件的加工
花盘	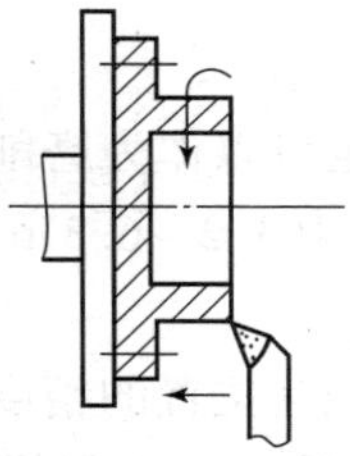	盘面上多通槽和T形槽，使用螺钉、压板装夹，装夹前须找正	形状不规则的工件、孔或外圆与定位基面垂直的工件的加工
双顶尖	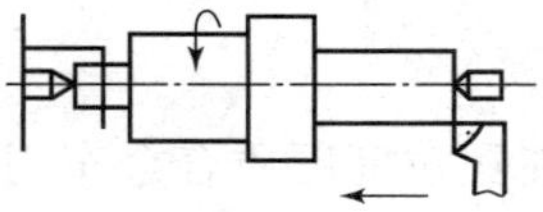	定心正确，装夹稳定	长径比为4～15的实心轴类零件的加工
双顶尖中心架	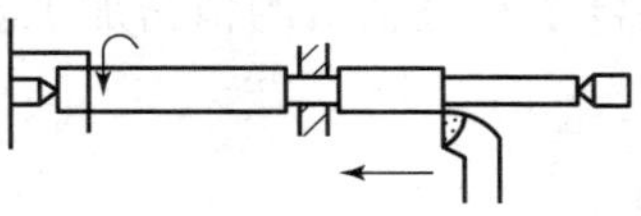	支爪可调，以增加工件刚性	长径比大于15的细长轴工件的粗加工
一夹一顶跟刀架	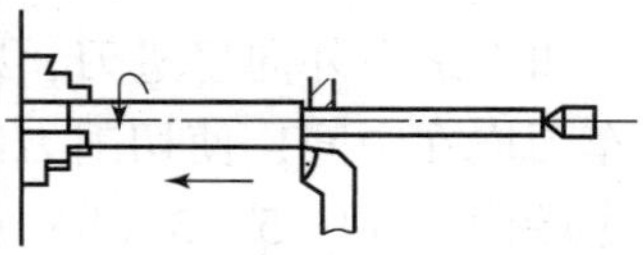	支爪随刀具一起运动，无接刀痕	长径比大于15的细长轴工件的半精加工和精加工
心轴	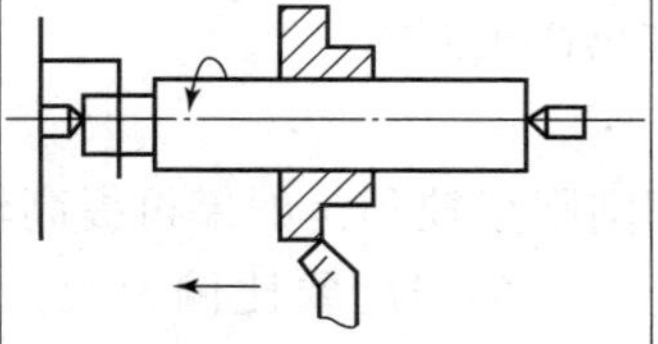	能保证外圆、端面对内孔的位置精度	以孔为定位基准的套类零件的加工

2. 车外圆

根据加工要求及切除余量的多少不同，可分粗车、半精车、精车和精细车。

1) 粗车外圆

粗车的目的是切去毛坯的硬皮，切除大部分加工余量，改变不规则的毛坯形状，为进一步精加工做好准备。粗车外圆时常用75°或90°车刀，如图5-2所示。粗车时的切削用量应尽量选取较大的背吃刀量，一般的粗加工余量可在一次走刀中切除，一般中碳钢的背吃刀量为2~4 mm，进给量为0.2~0.4 mm/r，切削速度为50~70 m/min。粗车的经济精度为IT11~IT13，表面粗糙度 Ra 为12.5~50 μm。

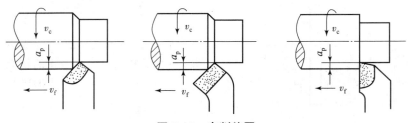

图5-2 车削外圆

2) 半精车

半精车可作为中等精度外圆表面的最终加工，也可以作为磨削和其他精加工工序前的预加工，加工的经济精度为IT8~IT10，表面粗糙度为3.2~6.3 μm。

3) 精车

精车的主要任务是保证加工零件尺寸、形状及相互位置的精度、表面粗糙度等符合图样要求。精车时一般取大的切削速度和较小的进给量、背吃刀量。精车的加工精度可达IT6~IT7，表面粗糙度 Ra 为0.8~1.6 μm。

4) 精细车

精细车是用经过仔细刃磨的人造金刚石或细颗粒度硬质合金车刀、精度较高的车床，在高的切削速度、小的进给量及背吃刀量的条件下进行车削。精细车的加工精度为IT5~IT6，表面粗糙度 Ra 为0.2~0.8 μm，特别适合于有色金属的精密加工。

3. 车端面和台阶

车端面常用的刀具有偏刀和弯头车刀两种。

1) 用右偏刀车端面

如图5-3 (a) 所示，用右偏刀车端面时，如果是由外向里进刀，则是利用副刀刃在进行切削的，故切削不顺利，表面也车不细，车刀嵌在中间，使切削力向里，因此车刀容易扎入工件而形成凹面；用左偏刀由外向中心车端面，如图5-3 (b) 所示，主切削刃切削，切削条件有所改善；用右偏刀由中心向外车削端面，如图5-3 (c) 所示，由于是利用主切削刃在进行切削，所以切削顺利，也不易产生凹面。

2) 用弯头刀车端面

如图5-3 (d) 所示，以主切削刃进行切削则很顺利，如果再提高转速，也可车出粗糙度较细的表面。弯头车刀的刀尖角等于90°，刀尖强度要比偏刀大，不仅用于车端面，还可车外圆和倒角等。

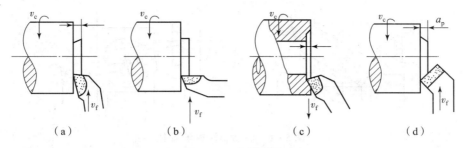

图 5-3 车削端面

轴类零件的台阶车削如图 5-4 所示。台阶较高时,可分层车削,最后按车端面的方法平整台阶端面。

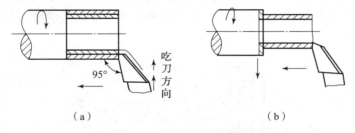

图 5-4 高台阶车削方法

4. 切槽和切断

切槽和切断如图 5-5 所示。回转零件内外表面上的沟槽一般由相应的成形车刀通过横向进给实现。

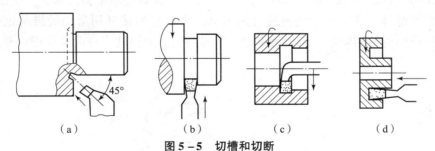

图 5-5 切槽和切断

切槽的极限深度是切断。切断时,切断刀伸入工件内部,散热条件差,排屑困难。另外,切断刀的强度和刚度亦差,且容易引起振动,使刀具折断。因此,切断刀应安装正确,切断时的切削速度和进给量要降低。

5. 圆锥面的车削

1) 转动小滑板车削圆锥面

如图 5-6 所示,先把小滑板转过一个圆锥斜角 $\alpha/2$,然后手动进给完成圆锥面车削。此法操作简单,调整方便,应用广泛,适于加工长度短而锥度大的内外圆锥面;缺点是不能自动进给,加工锥面长度受小刀架行程的限制,故不能太长。

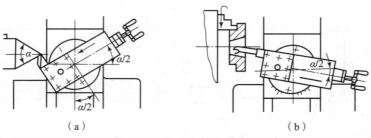

(a)　　　　　　　　　　　　　(b)

图 5-6　转动小滑板车圆锥

2）偏移尾座法

如图 5-7 所示，将尾座横向移动一个距离 s，使工件的回转轴线与车床主轴线的夹角等于圆锥斜角（$\alpha/2$），这样就可以纵向自动进给车削圆锥面。用这种方法可以加工较长的外锥面，并能自动进给。但是尾座的偏移量不能太大，否则由于顶尖和中心孔接触不良、磨损不均匀会引起振动和加工误差。所以这种方法不能加工锥度太大的工件（$\alpha<8°$）和内锥面。

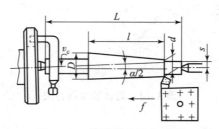

图 5-7　偏移尾座法车锥面

3）用靠模法车锥面

如图 5-8 所示，锥度靠模装在床身上，可以方便地调整圆锥斜角 $\alpha/2$。加工时卸下中滑板的丝杠和螺母，使中滑板能横向自由滑动，中滑板的接杆用滑块铰链与锥度靠模连接。当床鞍纵向进给的同时，中滑板带动刀架一面做纵向移动，一面又做横向移动，从而

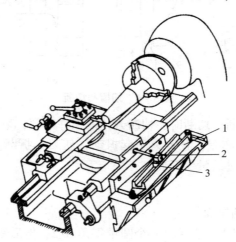

图 5-8　靠模法车锥面

1—锥度靠模；2—接杆；3—滑块

使车刀运动的方向平行于锥度靠模，加工成所要求的锥面。靠模法车锥面生产效率高，车出工件的精度高，表面质量也好，故适用于成批生产，加工锥度小、锥体长的工件，但不能加工锥度较大的圆锥面。

6. 螺纹车削

在车床上按螺距调整机床，用螺纹车刀可加工出螺纹。图 5-9 所示为车螺纹时的传动示意图。车螺纹，螺纹车刀在安装时，应使刀尖与工件轴线等高，同时保证刀具两侧对称分布（即刀尖角的等分线垂直于工件轴线），如图 5-10 所示。

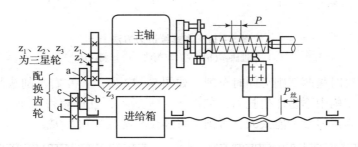

图 5-9 车螺纹时传动示意图

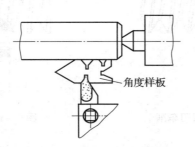

图 5-10 外螺纹车刀的位置

低速车普通外螺纹时的进刀方法。

1) 直进法

车削只用中滑板进刀，螺纹车刀的左右切削刃同时参与车削的方法称为直进法，如图 5-11（a）所示。直进法操作简单，可以获得比较正确的螺纹牙型，故常用于车削螺距 $P < 2.5$ mm 及脆性材料的螺纹。

2) 左右车削法

车削螺纹时，除了用中滑板控制径向进给外，同时使用小滑板将螺纹车刀向左、右做微量轴向移动（俗称借刀或赶刀），这种方法称为左右车削法，如图 5-11（b）所示。左右车削法常用于螺纹粗车，为了使螺纹两侧面的表面粗糙度值减小，先向一侧赶刀，待这一侧表面达到要求后再向另一侧赶刀，并控制螺纹中径尺寸有较小的表面粗糙度，最后将车刀移到牙槽中间，用直进法车牙底，以保证牙型清晰。

3) 斜进法

车削螺距较大的螺纹时，由于螺纹牙槽较深，为了粗车切削顺利，除采用中滑板横向进给外，小滑板向一侧赶刀，此种车削方法称为斜进法，如图 5-11（c）所示。

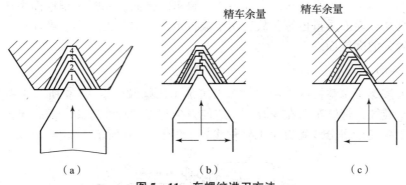

图 5-11 车螺纹进刀方法
(a) 直进法；(b) 左右车削法；(c) 斜进法

直进法车螺纹时是两切削刃同时车削，如图 5-12 所示；左右车削法与斜进法车螺纹则是单刃车削，车削中不易产生扎刀，如图 5-13 所示，且可获得较小的表面粗糙度值，但操作较复杂，其借刀量不能太大，否则会将螺纹车乱或牙顶车尖。

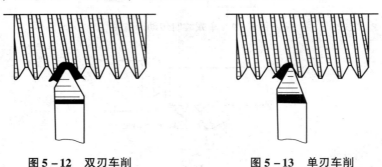

图 5-12 双刃车削　　**图 5-13 单刃车削**

7. 车成形表面

有些机器零件表面在零件的轴向剖面中呈曲线形，如单球手柄、三球手柄和橄榄手柄等，如图 5-14 所示，具有这些特征的表面称为成形面。

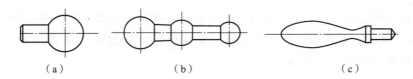

图 5-14 具有成形面的零件
(a) 单球手柄；(b) 三球手柄；(c) 橄榄手柄

❖ **视野拓展**

常用的成形刀具按形状可分为以下几类，如图 5-15 所示。
(1) 普通成形刀：与普通车刀相似，可用手磨，精度低。
(2) 棱形成形刀：由刀头和刀杆组成，精度高。
(3) 圆形成形刀：圆轮形开一缺口。

采用不同的加工方法。常用的加工方法有双手控制法、成形法（即样板刀车削法）、仿形法（靠模仿型）和专用工具法等。双手控制法车成形面是成形面车削的基本方法。

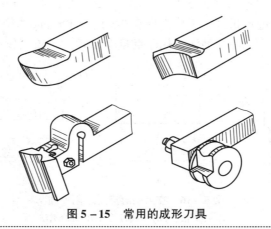

图 5-15　常用的成形刀具

8. 轴类零件的磨削加工

轴类零件的轴颈、轴肩等安装滚动轴承的接合面，要求具有较高的尺寸精度、形位精度及较小的表面粗糙度，常在半精车后通过磨削加工来达到要求。磨削加工是应用砂轮作为切削工具，多应用在淬硬外圆表面的加工，一般在半精加工之后进行，也可在毛坯外圆表面直接进行磨削加工。因此，磨削加工既是精加工手段，又是高效率的机械加工手段之一。磨削加工的精度可达 IT5～IT8，表面粗糙度 Ra 为 0.1～0.16 μm。

磨削加工时的切削工具为砂轮，砂轮是由磨料、结合剂组成的，由于磨料及结合剂的制造工艺不同，故砂轮的特性也不同。砂轮的特性包括磨料、硬度、粒度、组织、结合剂、形状、尺寸及线速度。砂轮的特性已经标准化，可按砂轮上的标志查询有关资料。

外圆表面的磨削在外圆磨床上进行时称为中心磨削，在无心磨床上进行时称为无心磨削。

1) 在外圆磨床磨削外圆

一般使用普通外圆磨床，外圆磨床的砂轮架可以在水平面内分别转动一定的角度，并带有内圆磨头等附件，所以不仅可以磨削外圆及外圆锥面，而且能磨削内圆柱面、内圆锥面和圆盘平面。

在外圆磨床上磨削外圆时，工件安装在前后顶尖上，用拨盘与鸡心夹头来传递动力和运动。常见的磨削方法有纵磨法、横磨法和综合磨法三种，如图 5-16 所示。

（1）纵磨法。纵磨法如图 5-16（a）所示，机床的运动有：砂轮旋转为主运动；工件旋转与往复运动实现圆周进给和轴向进给运动；砂轮架水平进给实现径向进给运动，工件往复运动一次，外圆表面轴向切去一层金属，直到加工到工件要求尺寸。纵磨法加工精度高，适用于磨削细长轴类零件的外圆表面，但是生产率较低，多用于单件、小批量生产及精磨工序中。

（2）横磨法。横磨法如图 5-16（b）所示，磨削时工件不进行往复运动，由砂轮连续横向进给进行磨削,直至工件尺寸。横磨时,砂轮与工件接触面积大,散热条件差,工件易烧伤和变形,且工件表面加工后的几何精度受砂轮形状影响,加工精度没有纵磨法高,但生产效率高,适用于批量生产时磨削工件刚度较好、长度较短的外圆表面及有台阶的轴颈。

（3）综合磨法。综合磨法如图 5 – 16（c）所示,是横磨法和纵磨法的综合应用,即先用横磨法将工件分段进行粗磨,工件上留有 0.01~0.05 mm 的精度余量,最后用纵磨法进行精磨,完成全部加工。综合磨法适用于磨削余量较大、长度较短而刚度较好的工件。

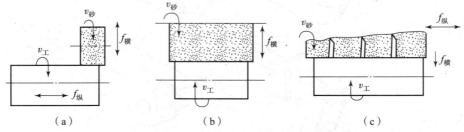

图 5 – 16　在外圆磨床上磨削外圆

(a) 纵磨法；(b) 横磨法；(c) 综合磨法

2）在无心磨床上磨削外圆表面

无心磨削如图 5 – 17 所示,磨削时,工件放在导轮和砂轮之间,由托板托住,不用顶尖支承或卡盘夹持,故称"无心磨削"。

无心磨削可以用"贯穿法"和"切入法"磨削外圆表面。贯穿法适用于光轴零件,易实现自动化,生产效率高；切入法是工件从砂轮径向送进,适合加工带台肩的阶梯轴外圆磨削。如图 5 – 18 所示。

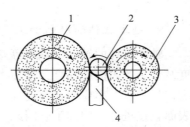

图 5 – 17　无心磨削

1—砂轮；2—工件；3—导轮；4—托板

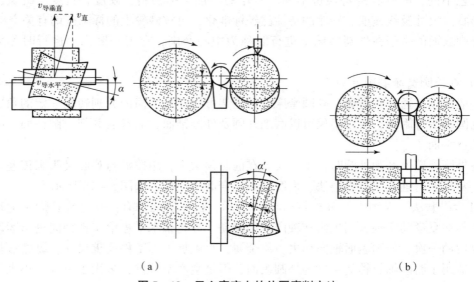

图 5 – 18　无心磨床上的外圆磨削方法

(a) 贯穿法；(b) 切入法

9. 轴类零件的光整加工

若要求轴类零件的尺寸精度在 IT6 以上、工件表面粗糙度 Ra 在 0.4 μm 以上，就要采用光整加工的方法，如超精加工、镜面磨削、研磨、抛光等。

1）超精加工

超精加工的原理如图 5-19 所示，此图为超精加工磨外圆，加工时使用油石，以较小的压力（150 kPa）压向工件，有三种运动：工件低速转动、磨头轴向进给运动及磨头的高速往复振动。这样即可使工件表面形成不重复的磨削轨迹。加工中一般使用煤油作冷却液。超精加工可获得表面粗糙度 Ra 为 0.08～0.1 μm 的表面，但不能纠正上道工序留下的几何形状及位置误差。

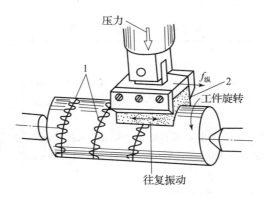

图 5-19 超精加工磨外圆

1—光磨轨迹；2—油石

2）镜面磨削

镜面磨削加工原理与普通外圆磨削基本相同，但它采用特殊砂轮（一般用橡胶作结合剂的砂轮），磨削时使用极小的切削深度（1～2 μm）和极慢的工作台进给速度。镜面磨削可获得表面粗糙度 Ra 为 0.01 μm 的表面，能部分修整上道工序留下的几何形状和位置误差。

3）研磨

研磨是指用研具和研磨剂从工件表面研去极薄一层金属的加工方法，研磨过程实际上是用研磨剂对工件表面进行刮划、滚擦以及微量切削的综合作用过程。研磨法分手工研磨和机械研磨两种。手工研磨适用于单件小批量的生产；机械研磨适用于成批量生产，生产效率较高，研磨质量较稳定。通过研磨加工，工件可获得 IT3～IT6 的精度等级，表面粗糙度 Ra 为 0.01～0.012 μm，但研磨一般不能纠正表面之间的位置精度，研磨余量一般为 0.005～0.02 mm。

4）抛光

抛光是指利用机械、化学或电化学的作用，使工件获得光亮平整表面的加工工艺。抛光时，把抛光膏涂在软的抛光轮上，抛光轮在电动机的带动下高速运转，工件表面在抛光轮上进行抛光。通过抛光，工件表面可获得表面粗糙度 Ra 为 0.01～0.012 μm 的表面。但是，抛光不能改变加工表面的尺寸精度和位置精度。

❖ **阅读思考**

（1）外圆表面的磨削在外圆磨床上进行时称为_____，在无心磨床上进行时称为_____。

（2）若要求轴类零件的尺寸精度在 IT6 以上、工件表面粗糙度 Ra 在 0.4 μm 以上，就要采用_____的方法，如超精加工、镜面磨削、_____、_____等。

（5）_____常用的成形刀具按形状可分为_____、_____、_____三种。

阅读材料四：轴类零件的检测

轴类零件的检测常识见表 5-2。

表 5-2 轴类零件的检测

量具	基本常识	图例
钢直尺	钢直尺是简单量具，其测量精度一般在 ±0.2 mm 左右，在测量工件的外径和孔径时必须与卡钳配合使用。 钢直尺上刻有米制或英制尺寸，常用的米制钢直尺的长度规格有 150 mm、300 mm、600 mm、1 000 mm 四种	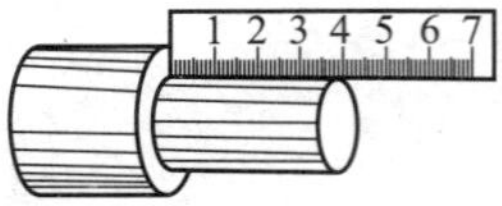
卡规	大批量生产时可以用卡规测量，止端为最小极限尺寸，通端为最大极限尺寸	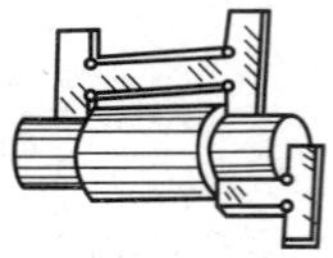
游标卡尺	游标卡尺的测量范围很广，可以测量工件外径、孔径、长度、深度以及沟槽宽度等。测量工件的姿势和方法如图（a）~图（c）所示。 游标卡尺的读数精度由主尺和副尺刻度线之间的距离来确定。常用的游标卡尺精度为 0.02 mm。读游标卡尺的读数时，要先读副尺 0 刻度线左侧主尺上的整数，然后再通过副尺读主尺上的非整数。寻找副尺上从 0 刻度线开始第几条刻度线与主尺上某一条刻度线对齐，将副尺上的刻度线数与游标卡尺的精度相乘即为副尺的读数。最后将主尺读数与副尺读数相加就是测量的实际尺寸。 如主尺读数为 40 mm，副尺与主尺刻度线对齐处的刻度数是 3.2 mm，则测量的实际尺寸为：40 mm + 0.32 mm = 40.32 mm；如果游标卡尺的精度为 0.05 mm，副尺与主尺刻度线对齐处的刻度读数是 32 mm，则测量的实际尺寸为：40 mm + 0.32 mm = 40.32 mm	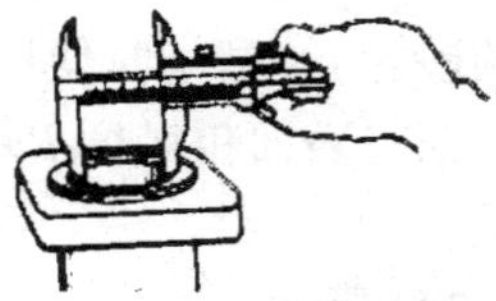 （a）测量孔径 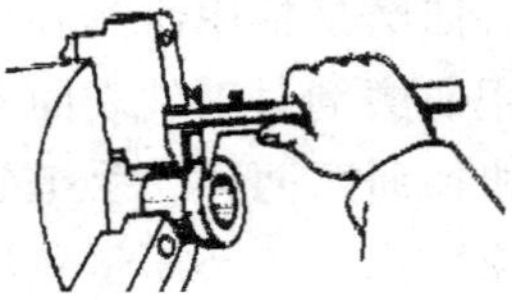 （b）测量长度 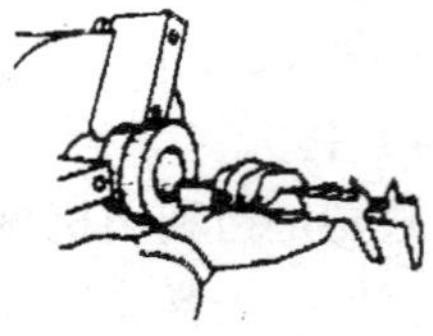 （c）测量深度

续表

量具	基本常识	图例
外径千分尺	外径千分尺是车削加工时最常用的一种精密测量仪器，其测量精度可达 0.01 mm。 读外径千分尺的读数时，要先读出微分筒左侧固定套筒上露出刻线的整毫米数和半毫米数，识读时不要读错或漏读套筒上露出的半毫米刻度线的读数 0.5 mm；然后找出微分筒上与固定套筒基准线对齐的那一处刻度线，读出尺寸不足 0.5 mm 的小数部分；最后将两部分读数相加，就是测量的实际尺寸。 如微分筒左侧固定套筒上露出刻度线的整毫米读数是 10 mm，微分筒上与固定套筒基准线对齐的那一处刻度线读数是 26，则测量的实际尺寸为：10 mm + 0.26 mm = 10.26 mm；若微分筒左侧固定套筒上露出刻度线的整毫米读数是 10 mm，半毫米数是 0.5 mm，微分筒上与固定套筒基准线对齐的那一处刻度线读数是 16，则测量的实际尺寸为：10.5 mm + 0.16 mm = 10.66 mm	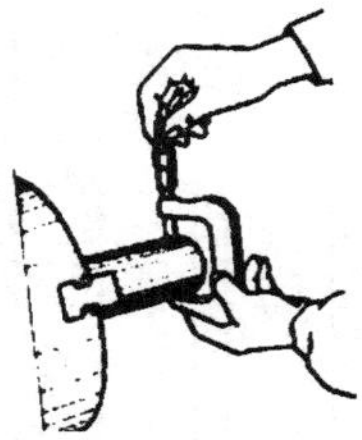 （a）测量工件的姿势和方法 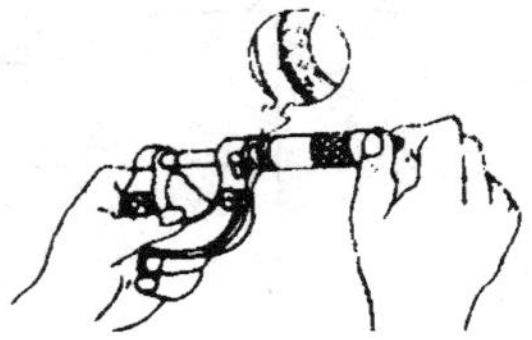 （b）0~25 mm 外径千分尺的零件检查

阅读材料五：典型传动轴零件加工项目案例剖析

1. 项目任务图纸

通过识读工件图、工艺分析与加工步骤制定方法，学会如何选用车刀及合理选择切削用量等，从而掌握典型轴类零件的加工、检验以及分析能力。

2. 项目任务分析

（1）本任务加工工件的图样为如图 5-20 所示的传动轴。

（2）工件材料为 45 钢（中碳钢）。

（3）该传动轴零件在加工时要分粗、精车，先粗、精车左侧端面保证总长要求，再钻中心孔及台阶至 $\phi 37$ mm × 23 mm；利用工件上右侧原有中心孔，使工件形成一夹一顶安装，将右侧粗车至 $\phi 30 \times 93$ mm [$\phi 46$ 外圆不车削，用于两顶尖校正尾座中心（圆柱度）]；车削前顶尖后，工件再用两顶尖安装，在调整尾座中心的情况下，进行传动轴两端的精车，以保证同轴度要求；最后用直进法切割两轴肩槽至图样要求，再进行倒角。

3. 项目任务准备

1）原材料准备

45 钢、$\phi 50$ mm × 128 mm 坯料为半成品，数量为 1 件。

2）工具准备

车工常用工具：一字批、活络扳手等。

3）量具准备

0~150 mm 钢直尺、0~150 mm 游标卡尺、0~150 mm 深度游示卡尺、0~25 mm 与 25~50 mm 千分尺。

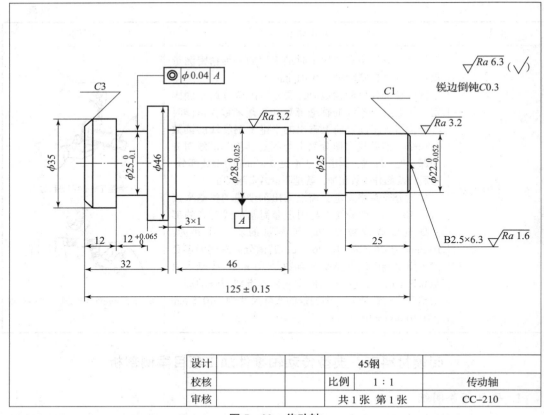

图 5-20 传动轴

4）设备准备

CA6140 型卧式车床、砂轮机。

4. 项目实施步骤

表 5-3 所示为车削典型传动轴零件的加工方法与步骤。

表 5-3 车削典型传动轴零件的加工方法与步骤

步骤		工作内容	图示
步骤1 车装夹位置	（1）工件装夹与找正	检查坯料，夹住 φ50 mm 外圆，将三爪卡盘卡爪伸出，长度约 25 mm，找正后夹紧	
	（2）车刀安装	按车刀安装要求完成 90° 车刀的安装	
	（3）车装夹位置	转速 n 取 500 r/min，进给量 f 取 0.4 mm/r，粗车左阶台至 φ37 mm × 23 mm	

续表

步骤	工作内容	图示
步骤2 粗、精车端面,钻中心孔	转速 n 取 500 r/min,进给量 f 取 0.4 mm/r,粗车端面; 主轴转速取 1 000 r/min,进给量 f 取 0.15 mm/r,精车端面; 钻中心孔 B2.5 mm×6.3 mm	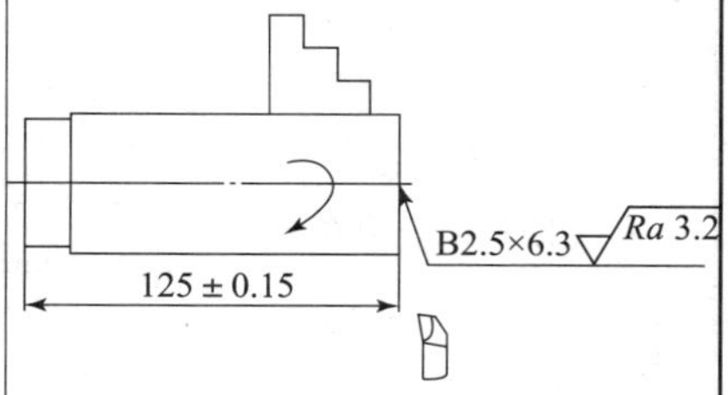
步骤3 工件掉头,一夹一顶安装,粗车右侧阶台	夹住 ϕ41 mm 外圆,调整尾座位置,用后顶尖支顶; 主轴转速 n 取 500 r/min,进给量 f 取 0.4 mm/r; 校正尾座中心,避免产生圆柱度误差; 粗车各阶台至 ϕ47 mm、ϕ30 mm×92 mm、ϕ26 mm×45 mm、ϕ23 mm×24 mm	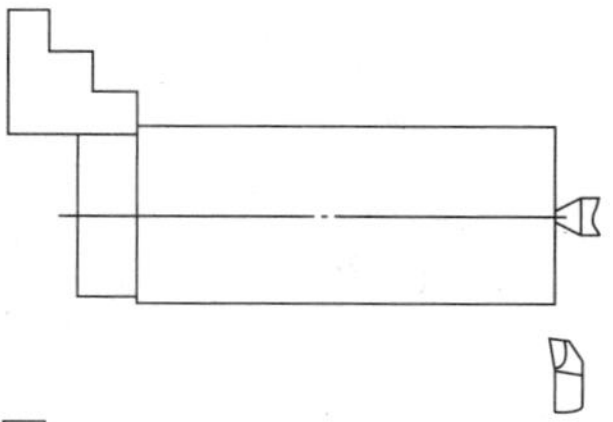 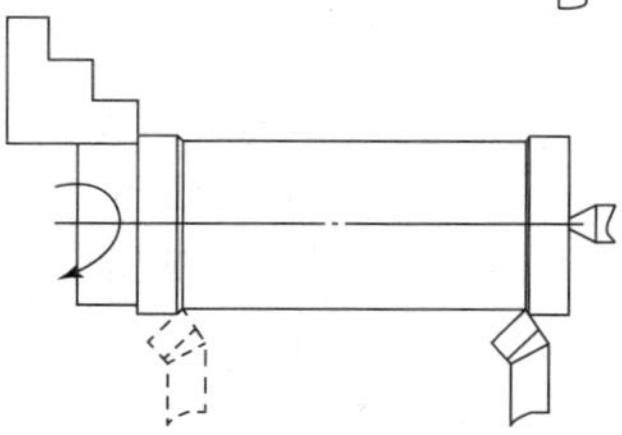 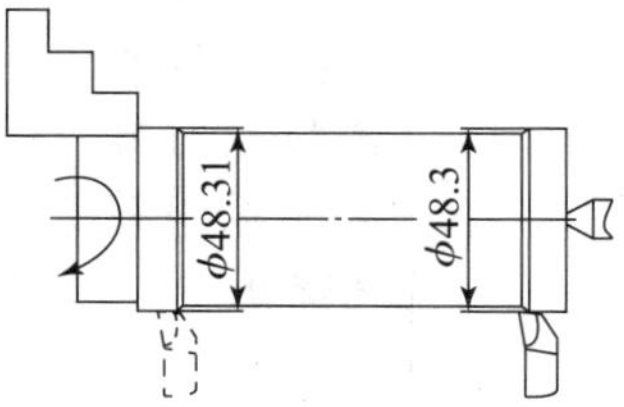 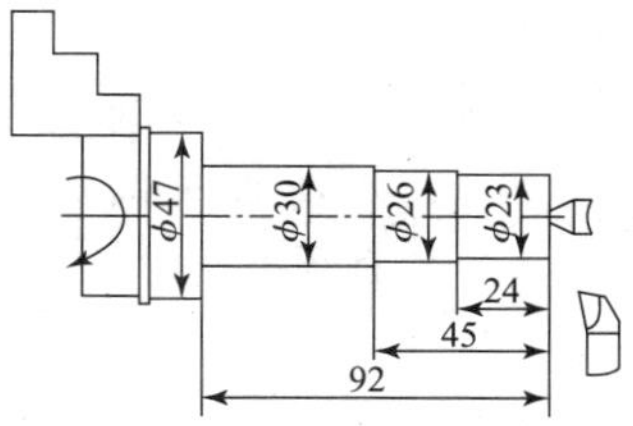
步骤5 工件掉头安装,粗、精车端面及钻中心孔	转速 n 取 500 r/min,进给量 f 取 0.4 mm/r,粗车端面; 主轴转速取 1 000 r/min,进给量 f 取 0.15 mm/r,精车端面,保证总长 128 mm; 钻中心孔 B2.5 mm×6.3 mm	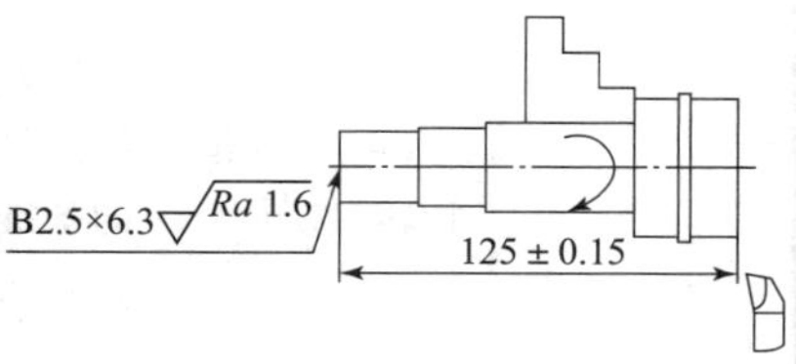

续表

步骤	工作内容	图示
步骤6 工件一夹一顶安装	转速 n 取 500 r/min，进给量 f 取 0.4 mm/r，粗车阶台至 $\phi37$ mm × 23 mm	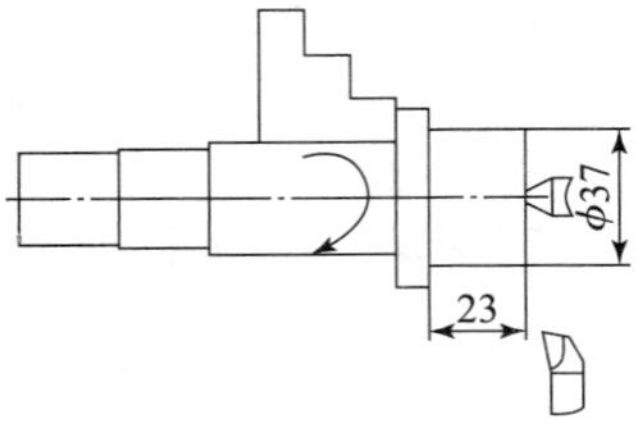
步骤7 粗切槽	转速 n 取 350 r/min，粗切槽至 $\phi26$ mm × 12 mm，且控制位置长度为 13 mm	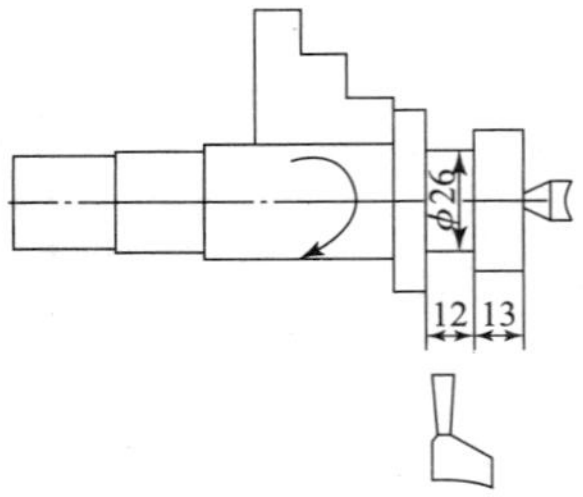
步骤8 车削前顶尖	（1）松开小滑板锁紧螺母：用扳手将小滑板转盘上的前后两个螺母松开	
	（2）将小滑板逆时针旋转30°并锁紧螺母：将小滑板逆时针方向旋转30°，使小滑板上的基准"0"线与30°刻度线对齐，然后锁紧转盘上的螺母	
	（3）转动小滑板车削前顶尖：主轴转速 n 取 1 000 r/min；用双手配合均匀不间断地转动小滑板手柄，手动进给，分层车削前顶尖的圆锥面	
	（4）小滑板转盘复位：松开转盘上的螺母，将小滑板恢复到原始位置（小滑板上的基准"0"线与0°刻度线对齐）后再锁紧螺母	

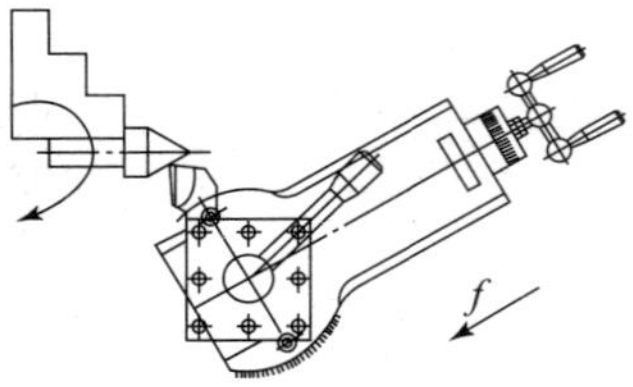

续表

步骤	工作内容	图示
步骤9 在两顶尖间安装工件	（1）用鸡心夹头夹紧阶台右端 $\phi 47$ mm 外圆，并使夹头上的拨杆伸出工件轴端。 （2）根据工件长度调整好尾座的位置并锁紧。 操作提示：可参照一夹一顶安装工件时尾座位置调整。 （3）左手托起工件，将夹有夹头一端的中心孔放置在前顶尖上，并使夹头的拨杆贴近卡盘的卡爪侧面。 （4）同时右手摇动尾座手轮，使后顶尖顶入工件另一端的中心孔。 操作提示：后顶尖的支顶松紧程度要合适。 （5）最后，将尾座套筒的固定手柄锁紧	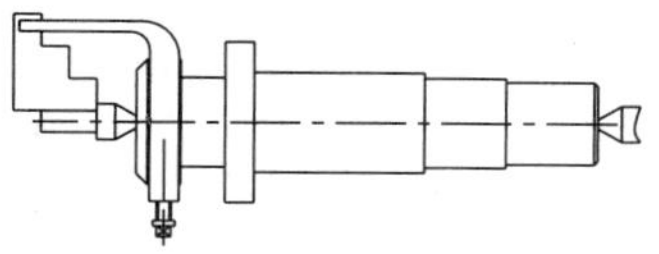
步骤10 校正尾座中心	主轴转速取 500 r/min，进给量取 0.3 mm/r。 利用 $\phi 28$ mm 外圆余量用试切法校正尾座中心，使其符合图样要求	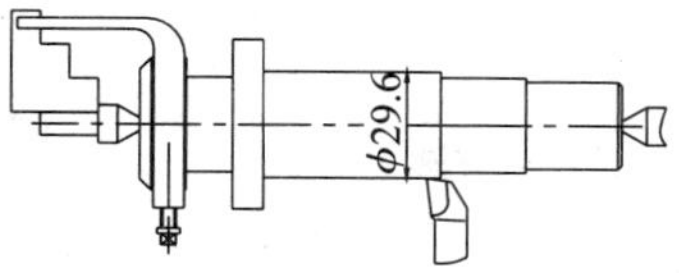
步骤11 半精车、精车左端外圆与阶台和倒角	主轴转速 n 取 500 r/min，进给量 f 取 0.3 mm/r，半精车阶台左端至：$\phi 36.3$ mm $\times 41.7$ mm； 主轴转速 n 取 1 000 r/min，进给量 f 取 0.1 mm/r，先精车阶台长度尺寸至 32 mm、46 mm、25 mm，然后再分别精车外圆至 $\phi 28_{-0.025}^{0}$ mm、$\phi 25$ mm 和 $\phi 22_{-0.052}^{0}$ mm。 倒角 $C1$	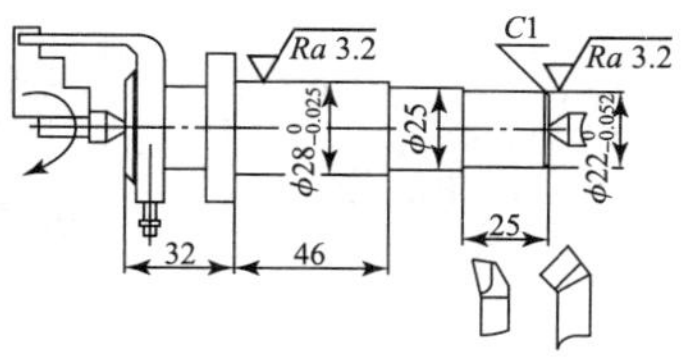

续表

步骤	工作内容	图示
步骤12 车右侧轴肩槽	安装3 mm宽车槽刀； 主轴转速 n 取500 r/min； 切割右侧轴肩槽3 mm×1 mm 至图样要求	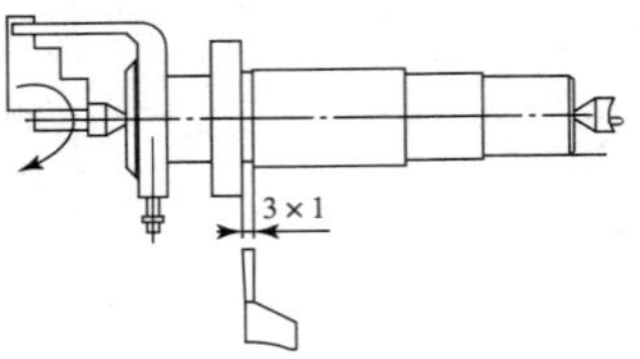
步骤13 工件掉头，两顶尖安装， 半精车、精车外圆	（1）先松开工件，然后夹住 $\phi 22$ mm 外圆（可用铜皮垫在 $\phi 22$ mm 外圆上），用两顶尖安装工件； （2）主轴转速 n 取500 r/min，进给量取0.3 mm/r，半精车阶台左端至 $\phi 46.4$ mm、$\phi 35.4$ mm； （3）主轴转速取1 000 r/min，进给量取0.1 mm/r，分别精车外圆至 $\phi 46$ mm、$\phi 35$ mm	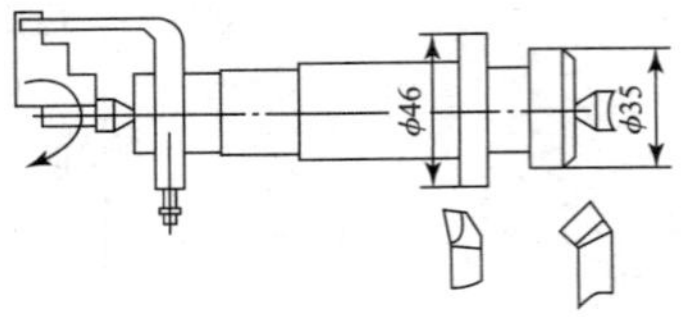
步骤14 半精、精切槽至 要求，倒角 $C3$	（1）安装切槽刀； （2）主轴转速取500 r/min； （3）半精、精切槽：先控制长度12 mm和控制槽12$^{+0.056}_{0}$ mm，最后控制槽底 $\phi 25^{0}_{-0.1}$ mm，倒角与锐边倒钝至图样要求	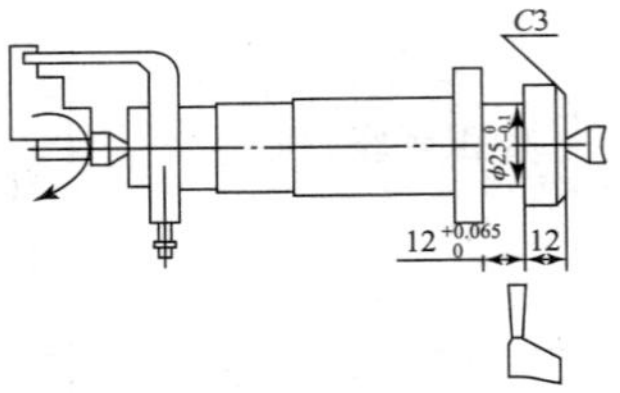
结束工作	（1）工件加工完毕，卸下工件。 （2）自检。自己用量具测量并填表。 （3）互检。同学间相互检测。 （4）交老师检测评价	

5. 项目质量分析

车削传动轴零件时产生废品的原因及预防措施见表5-4。

表 5-4　车削传动轴零件时产生废品的原因及预防措施

废品种类	产生原因	预防措施
圆度超差	（1）车床主轴间隙太大。 （2）毛坯余量不均匀，切削过程中切削深度发生变化。 （3）用两顶尖装夹工件时，中心孔接触不良，后顶尖顶得不紧，或前后顶尖产生径向圆跳动	（1）车削前，检查主轴间隙，并适当调整。如轴承磨损太多，则需更换轴承。 （2）分粗、精车。 （3）用两顶尖装夹工件时，必须松紧适当，若回转顶尖产生径向圆跳动，则需进行修理或更换
圆柱度超差	（1）用一夹一顶或两顶尖装夹工件时，后顶尖轴线与主轴轴线不同轴。 （2）用卡盘装夹工件纵向进给车削时，产生锥度是由于车床床身导轨与主轴轴线不平行。 （3）用小滑板车外圆时，圆柱度超差是由于小滑板的位置不正，即小滑板刻线与中滑板的刻度线没有对准"0"线。 （4）工件装夹时悬伸较长，车削时因切削力影响使前端让开，造成圆柱度超差。 （5）车刀中途逐渐磨损	（1）车削前，找正后顶尖，使之与主轴轴线同轴。 （2）调整车床主轴与床身导轨的平行度。 （3）必须先检查小滑板的刻度线是否与中滑板刻度线的"0"线对准。 （4）尽量减少工件的伸出长度，或另一端用顶尖支承，增加装夹刚性。 （5）选择合理的刀具材料，或适当降低切削速度
尺寸精度达不到要求	（1）看错图样或刻度盘使用不当。 （2）没有进行试切试测。 （3）由于切削热的影响，工件尺寸发生变化。 （4）测量不正确或量具有误差。 （5）尺寸计算错误，槽深度不正确。 （6）未及时关闭机动进给，使车刀进给长度超过阶台长度	（1）认真看清图样尺寸要求，正确使用刻度盘，看清刻度值。 （2）根据加工余量算出切削深度，进行试切削，然后修正切削深度。 （3）不能在工件温度较高时测量，如测量，则应掌握工件的收缩情况，或浇注切削液，降低工件温度。 （4）正确使用量具，使用量具前必须检查和校正零位。 （5）仔细计算工件的各部分尺寸，对留有磨削余量的工件，车槽时应考虑磨削余量。 （6）注意及时关闭机动进给或提前关闭机动进给，手动进给至长度尺寸

续表

废品种类	产生原因	预防措施
表面粗糙度达不到要求	（1）车床刚性不足，如滑板镶条太松、传动零件（如带轮）不平衡或主轴太松引起振动。 （2）车刀刚性不足或伸出太长而引起振动。 （3）工件刚性不足而引起振动。 （4）车刀几何参数不合理，如选用较小的前角、后角和副偏角。 （5）切削用量选用不当	（1）消除或防止由于车床刚性不足而引起的振动（如调整车床各部件的间隙）。 （2）增加车刀刚性或正确装夹车刀。 （3）增加工件的装夹刚性。 （4）合理选择车刀角度（如适当增大前角，合理选择后角和副偏角）。 （5）进给量不宜太大，精车余量和切削速度应选择恰当

6. 项目评价

项目评价见表 5-5。

表 5-5 项目评价

车床编号：　　　　姓名：　　　　学号：　　　　成绩：

序号	检测项目		检测内容	配分	评分标准	检测结果		得分
						自测	实测	
1	能力评价	外圆	外圆 $\phi 28_{-0.025}^{0}$ mm，$Ra3.2$ μm	10	精度超差不得分，表面粗糙度上升一级扣1分，扣完为止			
			外圆 $\phi 22_{-0.052}^{0}$ mm，$Ra3.2$ μm	5				
			外圆 $\phi 35$ mm、$\phi 46$ mm、$\phi 25$ mm，$Ra6.3$ μm	6				
			槽底 $\phi 25_{-0.1}^{0}$ mm，$Ra6.3$ μm	5				
		长度	长度 12 mm、32 mm、46 mm、25 mm	8				
			槽宽 $12_{0}^{+0.065}$ mm	4				
			长度 125 mm ± 0.15 mm，两侧 $Ra6.3$ μm	2				
			槽 3 mm × 1 mm	4				
		其他	中心孔 B2.5 mm × 6.3 mm，$Ra1.6$ μm	6	不符合要求不得分			
			圆柱度 0.04 mm	5				
			倒角 $C1$、$C3$	5				

续表

序号	检测项目		检测内容	配分	评分标准	检测结果		得分
						自测	实测	
2	职业素养评价	工、量、刃具及设备使用情况	正确、规范使用，合理保养及维护	10	不符要求不得分			
		安全文明生产	防护用品穿戴严格执行"6S"管理制度	10	不符要求不得分，发生较大事故取消考试资格			
		操作动作及工艺安排	工艺安排合理，加工步骤正确，操作动作规范，工件完整无缺陷	10	不符要求不得分			
3	定额时间		180 min	10	超时5 min之内，扣5分，超过5 min不得分			

※ 思考探究

在本项目中，通过学习典型轴类零件的加工，熟悉用三爪卡盘、一夹一顶、二顶尖安装轴类零件的方法；学会外圆车刀、车槽刀、切断刀的刃磨与安装方法；学会一般轴类零件图的识读与加工工艺分析；掌握车阶台轴、钻中心孔、车外圆槽等一般车削步骤；掌握保证零件精度的控制方法；学会游标卡尺、深度游标卡尺、外径千分尺等常用量具的使用；学会对工件和工作过程进行正确的检测与评价。

任务二 熟悉套类零件的机械加工与品质检验技术基础

任务导入

通过学习，让学习者熟悉套类零件的功用、技术要求及材料；熟悉套类零件的加工方法；了解套类零件的品质检验；结合实例了解套类零件的加工工艺。

任务实施

阅读材料一：套类零件的功用和技术要求

认识套类零件

1. 功用与特点

套类零件是机械加工中经常碰到的一类零件,其应用范围很广。套类零件通常起支承和导向作用。由于功用不同,套类零件的结构和尺寸有很大差别,但结构上仍有共同的特点:零件的主要表面为同轴度要求较高的内外回转面;零件的壁厚较薄,易变形;长径比 $L/D>1$ 等。图 5-21 所示为常见套类零件的示例。

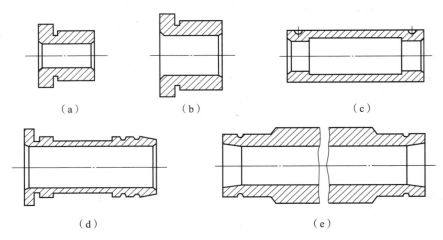

图 5-21 套类零件
(a) 滑动轴承;(b) 钻套;(c) 轴承衬套;(d) 气缸套;(e) 油缸

2. 套类零件的技术要求

1) 尺寸精度

内孔是套类零件起支承作用或导向作用的最主要表面,它通常与运动着的轴、刀具或活塞等相配合。内孔直径的尺寸精度一般为 IT7,精密轴套有时取 IT6,液压缸由于与其相配合的活塞上有密封圈,要求较低,故一般取 IT9。

外圆表面一般是套类零件本身的支承面,常以过盈配合或过渡配合同箱体或机架上的孔连接。外径的尺寸精度通常为 IT6~IT7,也有一些套类零件外圆表面不需要加工。

2) 几何公差

内孔的形状精度应控制在孔径公差以内,有些精密轴套控制在 (1/2~1/3) 孔径公差,甚至更严。对于长的套件,除了圆度要求外,还应注意孔的圆柱度。外圆表面的形状精度控制在外径公差以内。套类零件本身的内、外圆之间的同轴度要求较低,如最终加工是在装配前完成则要求较高,一般为 0.01~0.05 mm。当套类零件的外圆表面不需加工时,内、外圆之间的同轴度要求很低。

3) 表面粗糙度

为保证套类零件的功用和提高其耐磨性，内孔的表面粗糙度为 $Ra2.5 \sim 0.16\ \mu m$，有的要求高达 $Ra0.04\ \mu m$，外径的表面粗糙度为 $Ra5 \sim 0.63\ \mu m$。

❖ 阅读思考

　　套类零件通常起_____和_____作用。由于功用不同，套类零件的结构和尺寸有很大差别，但结构上仍有共同的特点：零件的主要表面为_____内外回转面；零件的壁厚较_____，易_____；长径比 L/D _____等。

阅读材料二：套类零件的材料

套类零件一般是用钢、铸铁、青铜等材料制成。有些滑动轴承采用双金属结构，即用离心铸造法在钢或铸铁套内壁上浇注巴氏合金等轴承合金材料，这样既可节省贵重的有色金属，又能提高轴承的寿命。

套类零件加工工艺过程

❖ 视野拓展

　　套类零件的毛坯材料。
　　套类零件的毛坯与其材料的结构和尺寸等因素有关。孔径较小（如 $D < 20$ mm）的套类零件一般选择热轧或冷拉棒料，也可采用实心铸件；孔径较大时，常采用带孔的铸件或无缝钢管和锻件；大量生产时可采用冷挤压和粉末冶金等先进的毛坯制造工艺，既可提高生产率，又可节约金属材料。

阅读材料三：套类零件加工工艺

套类零件的加工顺序一般有两种情况：第一种情况是把外圆作为终加工方案，这就是从外圆粗加工开始，然后粗、精加工内孔，最后终加工外圆，这种方案适用于外圆表面是最重要表面的套类零件加工；第二种情况是把内孔作为终加工方案，这就是从内孔粗加工开始，然后粗、精加工外圆，最后终加工内孔，这种方案适用于内孔表面是最重要表面的套类零件的加工。

套类零件的外圆表面加工方法根据精度要求可选择车削和磨削。内孔表面的加工方法则比较复杂，选择时要考虑零件结构特点、孔径大小、长径比、表面粗糙度和加工精度要求以及生产规模等各种因素。

问题解决

各种内圆表面的加工基本方案见表 5-6。

❖ 阅读思考

　　套类零件的外圆表面加工方法根据精度要求可选择_____和_____。

表 5–6 内圆表面加工方案

序号	加工方案	经济精度	表面粗糙度 $Ra/\mu m$	适用范围
1	钻	IT12～IT11	12.5	加工未淬火钢及铸铁实心毛坯，也可加工有色金属，但表面粗糙度稍粗糙，孔径小于15～20mm
2	钻–铰	IT9	3.2～1.6	
3	钻–铰–精铰	IT8～IT7	1.6～0.8	
4	钻–扩	IT11～IT10	12.5～6.3	加工未淬火钢及铸铁实心毛坯，也可加工有色金属，但表面粗糙度稍粗糙，孔径大于15～20mm
5	钻–扩–铰	IT9～IT8	3.2～1.6	
6	钻–扩–粗铰–精铰	IT7	1.6～0.8	
7	钻–扩–机铰–手铰	IT7～IT6	0.4～0.1	
8	钻–扩–拉	IT9～IT7	1.6～0.1	大批量生产（精度由拉刀精度决定）
9	粗镗（或扩孔）	IT12～IT11	12.5～6.3	除淬火钢外的各种材料，毛坯有铸出孔或锻出孔
10	粗镗（粗扩）–半精镗（精扩）	IT9～IT8	3.2～1.6	
11	粗镗（扩）–半精镗（精扩）–精镗（铰）	IT8～IT7	1.6～0.8	
12	粗镗（扩）–半精镗（精扩）–精镗–浮动镗刀精镗	IT7～IT6	0.8～0.4	
13	粗镗（扩）–半精镗–磨孔	IT8～IT7	0.8～0.2	主要用于淬火钢，也可用于未淬火钢，但不宜用于有色金属
14	粗镗（扩）–半精镗–粗磨–精磨	IT7～IT6	0.2～0.1	
15	粗镗–半精镗–精镗–金刚镗	IT7～IT6	0.4～0.05	主要用于精度要求较高的有色金属的加工

续表

序号	加工方案	经济精度	表面粗糙度 Ra 值/μm	适用范围
16	钻–（扩）–粗铰–精铰–研磨； 钻–（扩）–拉–珩磨； 粗镗–半精镗–精镗–珩磨	IT7~IT6	0.2~0.025	精度要求很高的孔
17	以研磨代替方案16中的珩磨	IT6 级以上	0.16~0.012	

阅读材料四：套类零件的加工方法

套类零件的加工主要是孔的加工，在钻床上加工孔的方法如图 5–22 所示。另外孔加工的方法还有镗削、拉削和内圆表面磨削等。

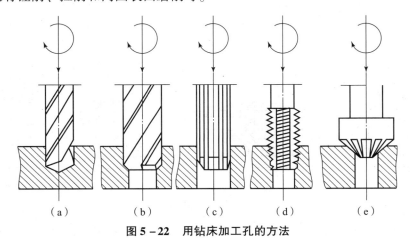

图 5–22　用钻床加工孔的方法
(a) 钻孔；(b) 扩孔；(c) 铰孔；(d) 攻螺纹；(e) 钻埋头孔

1. 钻孔

钻孔最常用的刀具是麻花钻，用麻花钻钻孔属于粗加工。钻孔主要用于质量要求不高的孔的终加工，例如螺栓孔、油孔等，也可作为质量要求较高孔的预加工。麻花钻由工具厂专业生产，其常备规格为 $\phi 0.1 \sim \phi 80$ mm。

2. 扩孔

扩孔是用扩孔钻对工件上已钻出、铸出或锻出的孔进行扩大加工。扩孔可在一定程度上校正原孔轴线的偏斜，其属于半精加工。扩孔常用作铰孔前的预加工，对于质量要求不高的孔，扩孔也可作孔加工的最终工序。

3. 铰孔

用铰刀从被加工孔的孔壁上切除微量金属，使孔的精度和表面质量得到提高的加工方法，称为铰孔。铰孔是应用较普遍的、对中小直径孔进行精加工的方法之一，它是在扩孔或半精镗孔的基础上进行的。根据铰刀的结构不同,铰孔可以加工圆柱孔、圆锥孔,可以用手操作或在机床上进行。

4. 镗孔

镗孔是用镗刀在已加工孔的工件上使孔径扩大并达到精度和表面粗糙度要求的加工方法。图 5-23 所示为镗床进行的孔加工方法,镗孔是常用的孔加工方法之一,根据工件的尺寸形状、技术要求及生产批量的不同,镗孔可以在镗床、车床、铣床、数控机床和组合机床上进行。一般回旋体零件上的孔多用车床加工,而箱体类零件上的孔或孔系(即要求相互平行或垂直的若干孔)则可以在镗床上加工。

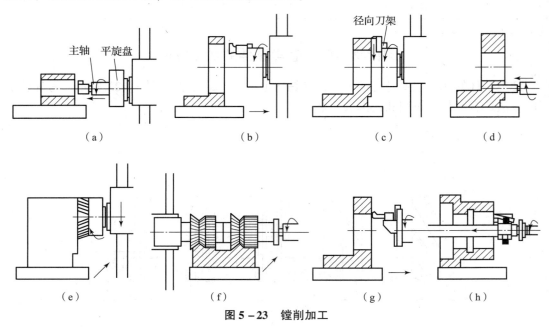

图 5-23 镗削加工

镗孔不但能校正原有孔轴线的偏斜,而且能保证孔的位置精度,所以镗削加工适用于加工机座、箱体、支架等外形复杂的大型零件上,孔径较大、尺寸精度要求较高或有位置要求的孔和孔系。

5. 拉削加工

在拉床上用拉刀加工工件的工艺过程称为拉削加工。拉削工艺范围广,不但可以加工各种形状的通孔,还可以拉削平面及各种组合成形表面。图 5-24 所示为适用于拉削加工的典型工件截面形状。由于受拉刀制造工艺以及拉床动力的限制,过小或过大尺寸的孔均不适宜采用拉削加工(拉削孔径一般为 10~100 mm,孔的深径比一般不超过 5),盲孔、台阶孔和薄壁孔也不适宜进行拉削加工。拉刀拉孔的过程如图 5-25 所示。

6. 内圆表面磨削加工

内圆表面的磨削可以在内圆磨床上进行,也可以在万能外圆磨床上进行。内圆磨床的主要类型有普通内圆磨床、无心内圆磨床和行星内圆磨床。不同类型的内圆磨床的磨削方法是不相同的。

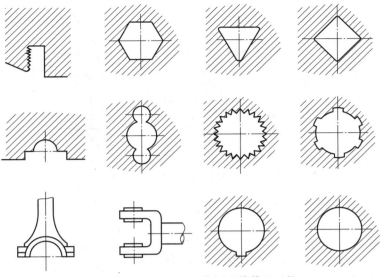

图 5-24 拉削加工的典型工件截面形状

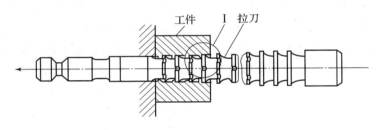

Ⅰ 放大

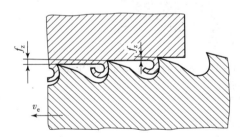

图 5-25 拉刀拉孔的过程

1) 内圆磨削方法
(1) 普通内圆磨床的磨削方法。

❖ 视野拓展

普通内圆磨床的磨削方法

普通内圆磨床是生产中应用最广的一种,图 5-26 所示为普通内圆磨床的磨削方法。磨削时,根据工件的形状和尺寸不同,可采用纵磨法 [见图 5-26 (a)]、横磨法 [见图 5-26 (b)],有些普通内圆磨床上备有专门的端磨装置,可在一次装夹中磨削内孔和端面，如图 5-26（c）所示，这样不仅容易保证内孔和端面的垂直度，而且生产效率较高。

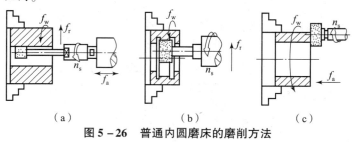

图 5-26 普通内圆磨床的磨削方法

（2）无心内圆磨床磨削。

※ 视野拓展

无心内圆磨床磨削

图 5-27 所示为无心内圆磨床的磨削方法。磨削时，工件支承在滚轮和导轮上，压紧轮使工件紧靠在导轮上，工件即由导轮带动旋转，实现圆周进给运动 f_w。砂轮除了完成主运动 n_s 外，还做纵向进给运动 f_a 和周期性横向进给运动 f_r。加工结束时，压紧轮沿箭头 A 的方向摆开，以便于装卸工件。这种磨削方法适用于大批量生产外圆表面已精加工的薄壁工件，如轴承套等。

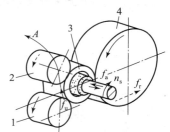

图 5-27 无心内圆磨床的磨削方法
1—滚轮；2—压紧轮；3—工件；4—导轮

2）内圆磨削的工艺特点及应用范围

内圆磨削与外圆磨削相比，加工条件比较差。内圆磨削有以下一些特点：

（1）砂轮直径受到被加工孔径的限制，直径较小。砂轮很容易磨钝，需要经常修整和更换，增加了辅助时间，降低了生产率。

（2）砂轮直径小，即使砂轮转速高达每分钟几万转，要达到砂轮圆周速度 25~30 m/s 也是十分困难的。由于磨削速度低，因此内圆磨削比外圆磨削效率低。

（3）砂轮轴的直径尺寸较小，而且悬伸较长，刚性差，磨削时容易发生弯曲和振动，从而影响加工精度和表面粗糙度。内圆磨削精度可达 IT8~IT6，表面粗糙度 Ra 值可达 0.8~0.2 μm。

（4）切削液不易进入磨削区，磨屑排除较外圆磨削困难。虽然内圆磨削比外圆磨削加工条件差，但仍然是一种常用的精加工孔的方法，特别适用于淬硬的孔、断续表面的孔

（带键槽或花键槽的孔）和长度较短的精密孔的加工。磨孔不仅能保证孔本身的尺寸精度和表面质量，还能提高孔的位置精度和轴线的直线度；用同一砂轮可以磨削不同直径的孔，灵活性大。内圆磨削可以磨削圆柱孔（通孔、盲孔、阶梯孔）、圆锥孔及孔端面等。

> ❈ 阅读思考
>
> 镗孔不但能校正_____，而且能保证_____，所以镗削加工适用于加工_____、_____、_____等外形复杂的大型零件上，孔径较大、尺寸精度要求较高、有位置要求的孔和孔系。

阅读材料五：套类零件的品质检验

1. 孔径的测量

测量孔径尺寸时，应根据工件的尺寸、数量及精度要求，使用相应的量具进行。如果孔的精度要求较低，则可用钢直尺和游标卡尺测量。当精度要求较高时，可用以下几种量具测量。

1）塞规

在成批生产中，为了测量方便，常用塞规测量孔径，如图 5-28 所示。塞规由通端、止端和手柄组成。通端的尺寸等于孔的最小极限尺寸，止端的尺寸等于孔的最大极限尺寸。为了明显区别通端与止端，塞规止端长度比通端长度要短一些。测量时，如通端通过而止端不能通过，则说明尺寸合格。测量盲孔的塞规应在其外圆上沿轴向开有排气槽。当使用塞规时，应尽可能使塞规与被测工件的温度一致，不要在工件还未冷却到室温时就去测量。测量内孔时，不可硬塞强行使之通过，一般只能靠塞规自身重力自由通过。测量时塞规轴线应与孔轴线一致，不可歪斜。

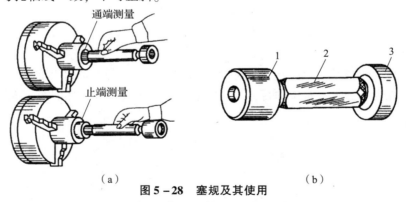

图 5-28 塞规及其使用

1—通端；2—手柄；3—止端

2）内径千分尺

用内径千分尺可测量孔径。内径千分尺的外形如图 5-29（a）所示，它由测微头和各种尺寸的接长杆组成。内径千分尺的读数方法和外径千分尺相同，但由于内径千分尺无测力装置，因此有一定的测量误差。

内径千分尺的使用方法如图 5-29（b）所示。测量时，内径千分尺应在孔内轻微摆动，在直径方向找出最大尺寸，在轴向找出最小尺寸，当这两个尺寸重合时，就是孔的实际尺寸。

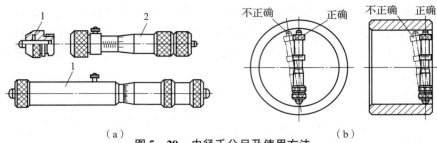

图 5-29 内径千分尺及使用方法
(a) 外形结构；(b) 使用方法
1—接长杆；2—测微头

3）内测千分尺

内测千分尺是内径千分尺的一种特殊形式，使用方法如图 5-30 所示。这种千分尺的刻度线方向与外径千分尺相反，当顺时针旋转微分筒时，活动爪向右移动，测量值增大。其使用方法与使用游标卡尺的内测量爪测量内径尺寸的方法相同。由于结构设计方面的因素，其测量精度低于其他类型的千分尺。

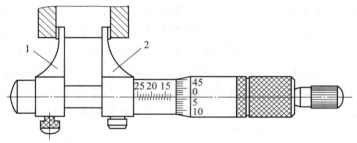

图 5-30 内测千分尺及其使用方法
1—固定爪；2—活动爪

4）内径百分表

百分表是一种指示式量仪，其刻度值为 0.01 mm。通常刻度值为 0.001 mm 或 0.002 mm 的称为千分表。常用的百分表有钟表式和杠杆式两种，如图 5-31 所示。

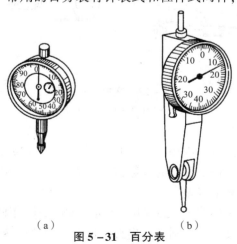

图 5-31 百分表
(a) 钟表式；(b) 杠杆式

内径百分表如图5-32所示,在测量前,应使百分表指针对准零位。测量时为得到准确的尺寸,活动测量头在孔的直径方向摆动时应找出最大值,在孔的轴线方向摆动时应找出最小值,这两个尺寸的重合值就是孔径的实际尺寸,如图5-33所示。内径百分表主要用于测量精度要求较高且又较深的孔。

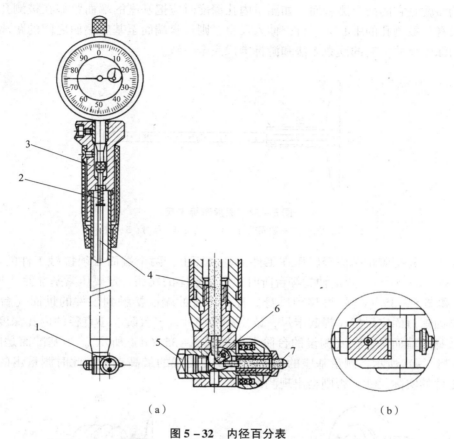

图5-32 内径百分表
(a) 结构原理;(b) 孔中测量情况
1—定心器;2—弹簧;3—测量支架;4—杆;5—测量头;6—摆动块;7—触头

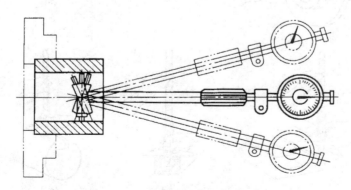

图5-33 内径百分表的测量方法

5）深度游标卡尺和深度千分尺

测量内孔深度、槽深和台阶高度的量具通常有深度游标卡尺和深度千分尺等。

如图 5-34 所示，深度游标卡尺用于测量零件的深度尺寸或台阶高低和槽的深度。它的结构特点是尺框 3 的两个量爪连在一起成为一个带游标的测量基座 1，基座的端面和尺身 4 的端面就是它的两个测量面。如测量内孔深度时应把基座的端面紧靠在被测孔的端面上，使尺身与被测孔的中心线平行，伸入尺身，则尺身端面至基座端面之间的距离就是被测零件的深度尺寸。它的读数方法和游标卡尺完全一致。

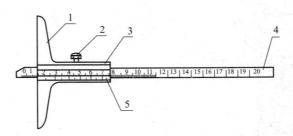

图 5-34　深度游标卡尺

1—测量基座；2—紧固螺钉；3—尺框；4—尺身；5—游标

测量时，先把测量基座轻轻压在工件的基准面上，两个端面必须接触工件的基准面，如图 5-35（a）所示。测量轴类等台阶时，测量基座的端面一定要压紧基准面［见图 5-35（b）和图 5-35（c）］再移动尺身，直到尺身的端面接触到工件的量面（台阶面），然后用紧固螺钉固定尺框，提起卡尺，读出深度尺寸。多台阶、小直径的内孔深度测量时要注意尺身的端面是否在要测量的台阶上，如图 5-35（d）所示。当基准面是曲线时，如图 5-35（e）所示，测量基座的端面必须放在曲线的最高点上，此时测量出的深度尺寸才是工件的实际尺寸，否则会出现测量误差。

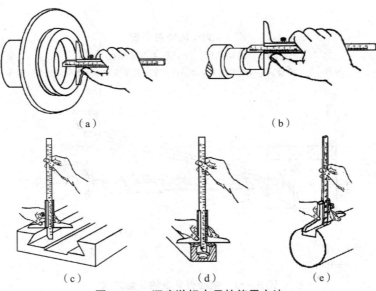

图 5-35　深度游标卡尺的使用方法

深度千分尺如图 5-36 所示，用以测量孔深、槽深和台阶高度等。它的结构，除用基座代替尺架和测砧外，与外径千分尺没有什么区别。

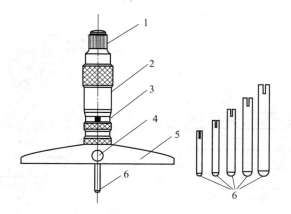

图 5-36 深度千分尺
1—测力装置；2—微分筒；3—固定套筒；4—锁紧装置；5—基座；6—测量杆

深度千分尺的读数范围：0~25 mm，25~100 mm，100~150 mm，最小读数值为 0.01 mm。它的测量杆 6 制成可更换的形式，更换后，用锁紧装置 4 锁紧。

深度千分尺校对零位可在精密平面上进行，即当基座端面与测量杆端面位于同一平面时，微分筒的零线正好对准。当更换测量杆时，一般零位不会改变。

用深度千分尺测量孔深时，应把基座 5 的测量面紧贴在被测孔的端面上。零件的这一端面应与孔的中心线垂直，且应当光洁平整，使深度百分尺的测量杆与被测孔的中心线平行，保证测量精度。此时，测量杆端面到基座端面的距离就是孔的深度。

2. 形状精度的测量

在车床上加工圆柱孔时，其形状精度一般只测量圆度和圆柱度误差。

1）孔的圆度误差测量

孔的圆度误差一般可用内径百分表或内径千分表测量。测量前应根据被测孔的尺寸值，借助环规或外径千分尺将内径百分表调到零位，然后将测量头放入孔内，在孔的各个方向上测量并读数，那么在测量截面内读取的最大值与最小值之差的一半即为单个截面的圆度误差。按上述方法测量若干个截面，取其中最大的误差作为该圆柱孔的圆度误差，如图 5-37 所示。

2）孔的圆柱度误差测量

孔的圆柱度误差可用内径百分表在孔的全长上取前、中、后各段测量几个截面的孔径尺寸，比较各个截面测量出的最大值与最小值，然后取其最大值与最小值之差的一半即为孔全长的圆柱度误差。

3. 位置精度测量

1）径向圆跳动误差的测量

一般测量套类零件的径向圆跳动误差时，都可以用内孔作为基准，把工件套在精度很高的心轴上，再将心轴安装在偏摆仪的两顶尖间，用百分表（或千分表）来检验套的外圆，如图5-37所示。百分表在工件转动一周所得的读数差，即为该截面的圆跳动误差，取各截面上测量得到的最大差值即为该工件的径向圆跳动误差。

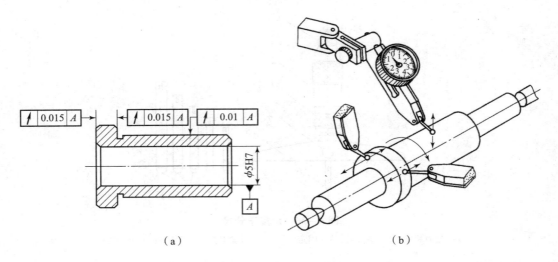

图5-37 用百分表测量径向圆跳动误差
(a) 工件；(b) 测量方法

当某些外形比较简单而内部形状比较复杂的套筒［见图5-38（a）］不能装夹在心轴上测量径向圆跳动时，可把工件放在V形架上，如图5-38（b）所示，即轴向定位，以外圆为基准来检验。测量时，将杠杆式百分表的测杆插入孔内，使测杆圆头接触内孔表面，转动工件，观察百分表指针的跳动情况。百分表在工件旋转一周中的最大读数差，就是工件的径向圆跳动误差。

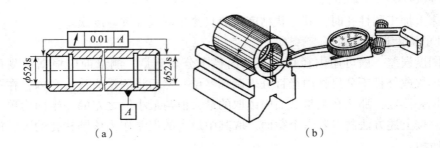

图5-38 在V形架上检测工件径向圆跳动误差
(a) 工件样图；(b) 测量方法

2）端面圆跳动误差的测量

套类工件端面圆跳动误差的测量方法如图5-38（b）所示，将杠杆百分表的测量头靠在需测量的端面上，工件转动一周，百分表的最大读数差即为测量面上被测直径处的端面圆跳动值。按上述方法在若干个不同直径处进行测量，其跳动量的最大值即为该工件的端面圆跳动误差。

3) 端面对轴线垂直度的测量

如前所述,端面圆跳动与端面对轴线的垂直度是两个不同的概念,不能简单地用端面圆跳动来评定端面对轴线的垂直度。因此,测量端面垂直度时,首先要测量端面圆跳动是否合格,如合格,再测量端面对轴线的垂直度。对于精度要求较低的工件可用刀口直角尺或游标卡尺尺身侧面透光检查。对精度要求较高的工件,当端面圆跳动合格后,再把工件安装在 V 形架的小锥度心轴上,并放在精度很高的平板上。测量时,将杠杆式百分表的测量头从端面的最内一点沿径向向外拉出,如图 5-39 所示。百分表指示的读数差就是端面对内孔轴线的垂直度误差。

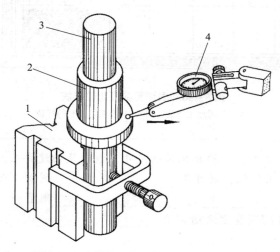

图 5-39 工件端面对轴线垂直度的测量
1—V 形架;2—工件;3—小锥度心轴;4—百分表

4. 表面粗糙度的测量方法

表面粗糙度的测量方法通常有比较法、光切法、干涉法和描针法四种。比较法是车间常用的方法,将被测量表面对照粗糙度样板,用肉眼判断或借助于放大镜、比较显微镜比较,也可用手摸,通过指甲划动的感觉来判断被加工表面的表面粗糙度;光切法是利用"光切原理"(光切显微镜)来测量表面粗糙度;干涉法是利用光波干涉原理(干涉显微镜)来测量表面粗糙度,被测表面直接参与光路,用同一标准反射镜比较,以光波波长来度量干涉条纹的弯曲程度,从而测得该表面的表面粗糙度;描针法是利用电动轮廓仪(表面粗糙度检查仪)的触针直接在被测表面上轻轻划过,从而测出表面粗糙度的方法。

比较法测量表面粗糙度是生产中常用的判断表面粗糙度的方法之一。此方法是用表面粗糙度比较样板与被测表面比较来判断表面粗糙度的数值。尽管这种方法不够严谨,但它具有测量方便、成本低、对环境要求不高等优点,所以被广泛应用于生产现场检验一般表面粗糙度。

图 5-40 所示为表面粗糙度比较样板,它是采用特定合金材料加工而成,具有不同的表面粗糙度参数值,通常通过触觉、视觉将被测件表面与之做比较,以确定被测表面的表面粗糙度。

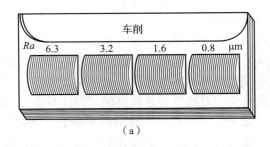

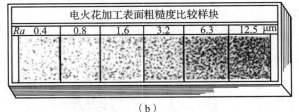

图 5-40 表面粗糙度比较样块

(a) 车削加工样块；(b) 电镀工艺复制的样块

❖ **阅读思考**

（1）测量孔径尺寸时，应根据工件的尺寸、数量及精度要求，使用相应的量具进行。如果孔的精度要求较低，则可用_____、_____测量；当精度要求较高时可用_____、_____、_____、_____测量。

（2）表面粗糙度的测量方法通常有_____、_____、_____和_____四种。

阅读材料六：套类零件工艺编制实例

套类零件由于功用、结构形状、材料、热处理以及加工质量要求的不同，其工艺上差别很大。现以如图 5-41 所示的某发动机轴套件的加工工艺为例予以分析。

1. 轴套件的主要技术要求

该轴套在中温（300℃）和高速（10 000～15 000 r/min）下工作，轴套的内圆柱面 A、B 及端面 D 和轴配合，表面 C 及其端面和轴承配合，轴套内腔及端面 D 上的 8 个槽是冷却空气的通道，8 个 $\phi 10$ mm 的孔用以通过螺钉和轴连接。

轴套从构形来看，各个表面并不复杂，但从零件的整体结构来看，则是一个刚度很低的薄壁件，最小壁厚为 2 mm。

从精度方面来看，主要工作表面的精度是 IT5～IT8；C 的圆柱度误差为 0.005 mm；工作表面的表面粗糙度为 Ra0.63 μm，非配合表面的表面粗糙度为 Ra1.25 μm（在高转速下工作，为提高抗疲劳强度）；位置精度，如平行度、垂直度、圆跳动等，均在 0.01～0.02 mm 范围内。

2. 轴套的材料

该轴套的材料为高合金钢 40CrNiMoA，要求淬火后回火，保持硬度为 285～321HBS，最后要进行表面氧化处理。毛坯采用模锻件。

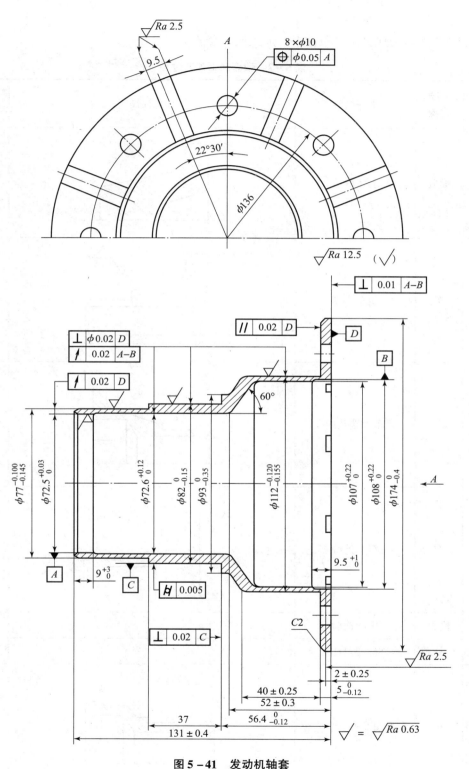

图5-41 发动机轴套

3. 轴套加工工艺过程

表 5-7 所示为成批生产条件下,加工该轴套的工艺过程。

表 5-7 轴套加工工艺过程

工序号	工序名称	工序内容	加工简图	设备
1	锻造	毛坯锻造	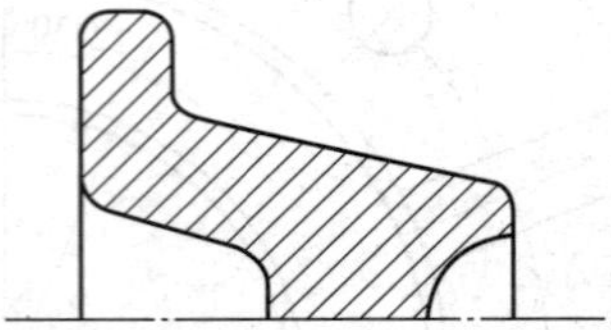	锻造机床
2	车	粗车小端	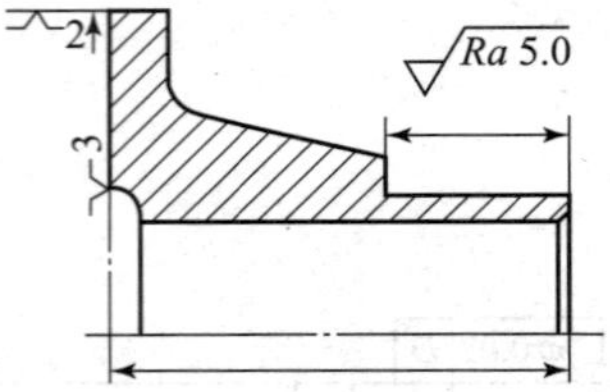	车床
3	车	粗车大端及内孔	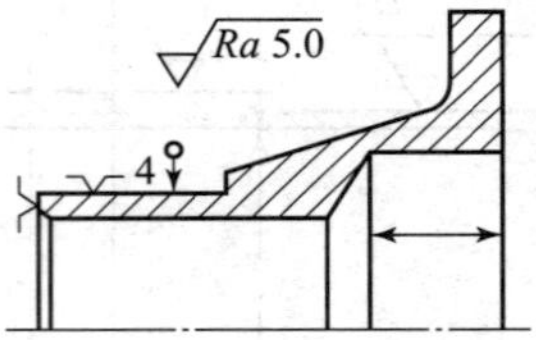	车床
4	车	粗车外圆	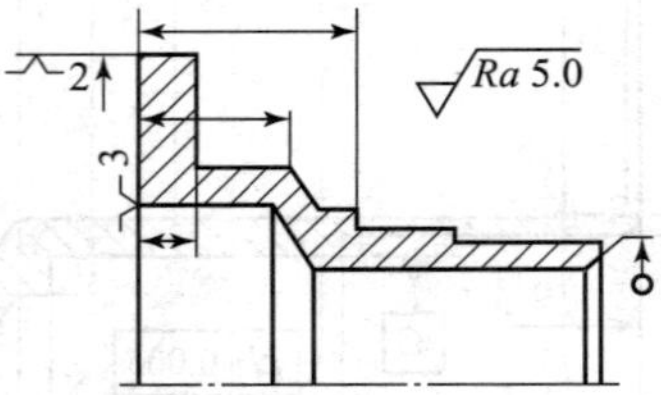	车床
5	检验	中间检验		
6	热处理	285~321HBS		
7	车	车大端及外圆、内腔	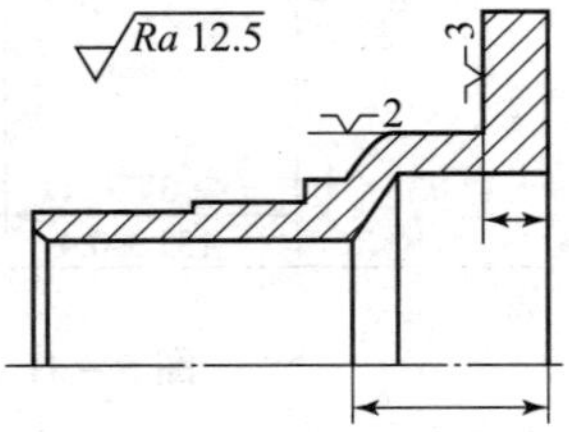	车床

续表

工序号	工序名称	工序内容	加工简图	设备
8	车	精车外圆	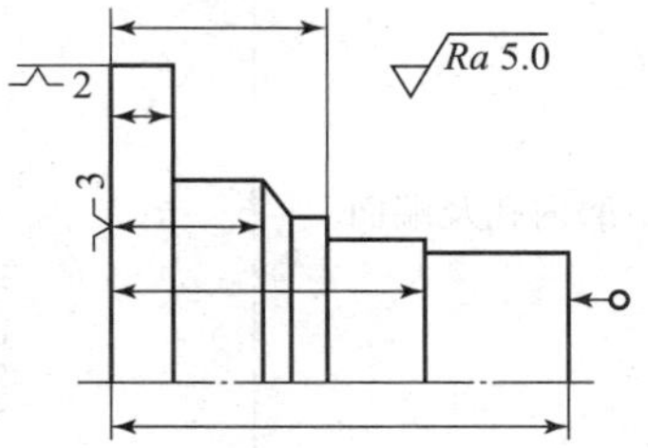	车床
9	磨	磨外圆	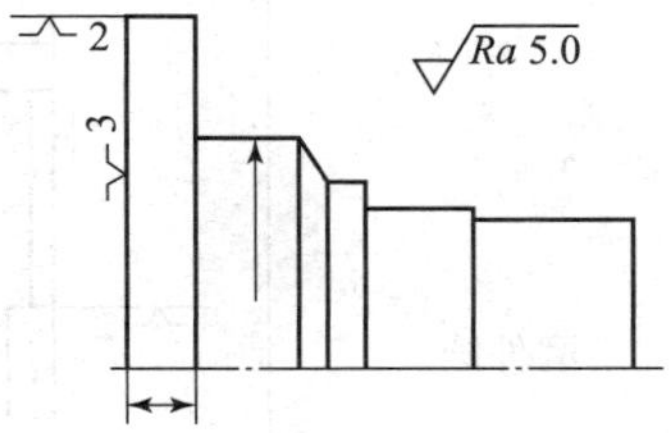	磨床
10	钻孔	钻 8×φ10 mm	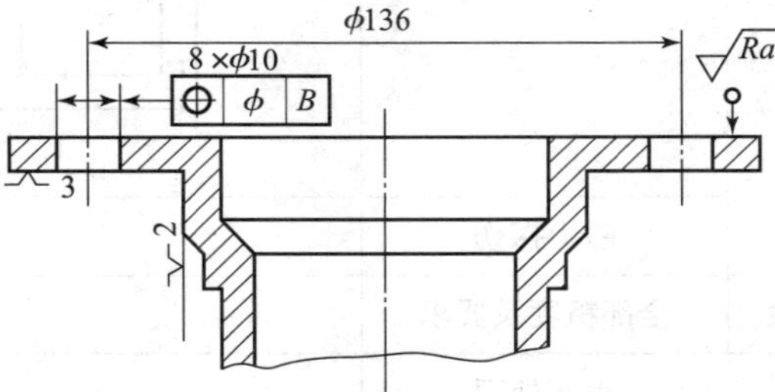	钻床
11	镗	精镗内腔表面	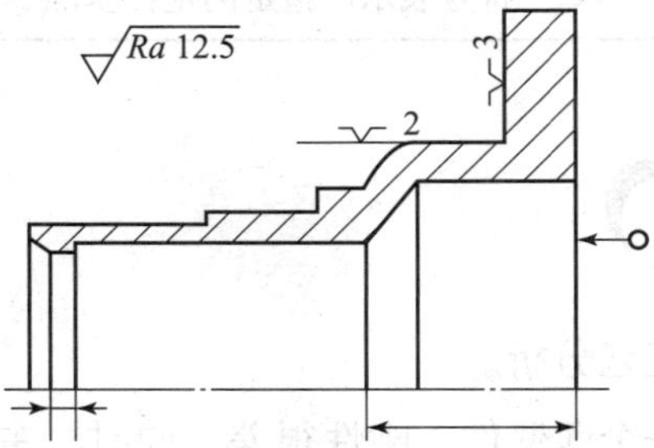	镗床
12	铣	铣槽	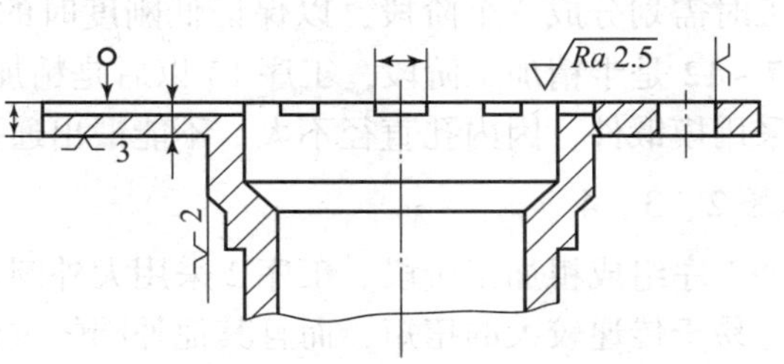	铣床

续表

工序号	工序名称	工序内容	加工简图	设备
13	磨	磨内孔及端面	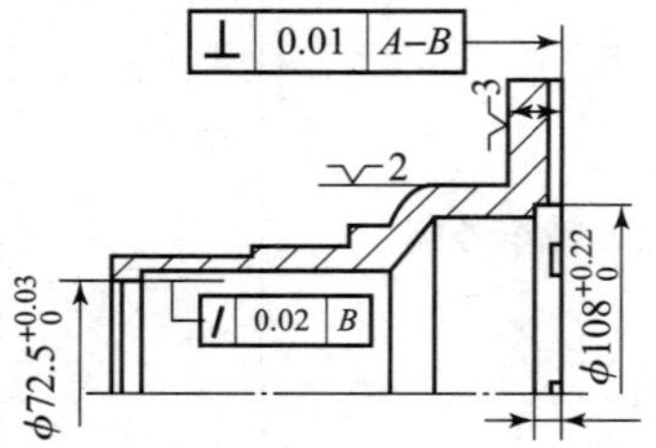	磨床
14	磨	磨外圆	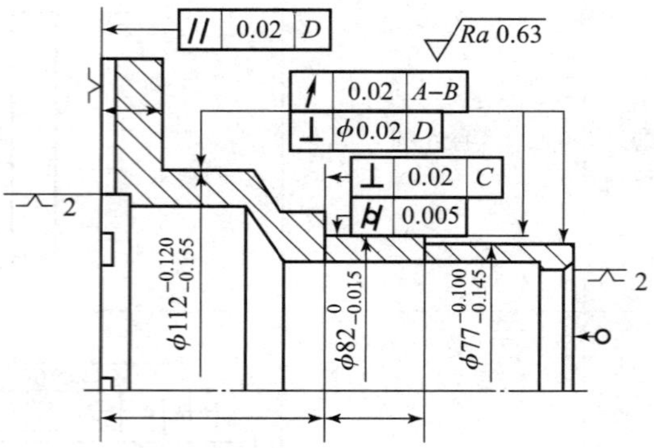	磨床
15	质检	磁力探伤		
16	终检	全部精度及要求		
17	氧化	表面处理		

注：简图中的"⌒"符号表示所指定的定位基准。

问题解决

轴套加工工艺分析。

该轴套是一个薄壁件，刚性很差。同时，主要表面的精度高，加工余量较大。因此，轴套在加工时需划分成三个阶段，以保证低刚度时的高精度要求。工序 2~4 是粗加工阶段，工序 7~12 是半精加工阶段，工序 13 以后是精加工阶段。

毛坯采用模锻件，因内孔直径不大，不能锻出通孔，所以余量较大。

1. 工序 2、3、4

这三个工序组成粗加工阶段。工序 2 采用大外圆及其端面作为粗基准。因为大外圆的外径较大，易于传递较大的扭矩，而且其他外圆的拔模斜度较大，不便于夹紧。工序 2 主要是加工外圆，为下一道工序准备好定位基准，同时切除内孔的大部分余量。

工序 3 是加工大外圆及其端面，并加工大端内腔。这一工序的目的是切除余量，同时也为下一道工序准备定位基准。

工序 4 是加工外圆表面，用工序 3 加工好的大外圆及其端面作定位基准，切除外圆表面的大部分余量。

粗加工采用三个工序，用互为基准的方法使加工时的余量均匀，并使加工后的表面位置比较准确，从而使以后工序的加工得以顺利进行。

2. 工序 5、6

工序 5 是中间检验。因下一道工序为热处理工序，需要转换车间，所以一般应安排一个中间检验工序。

工序 6 是热处理。因为零件的硬度要求不高（285~321HBS），所以安排在粗加工阶段之后进行，对半精加工不会带来困难，同时有利于消除粗加工时产生的内应力。

3. 工序 7、8、9

工序 7 的主要目的是修复基准。因为热处理后有变形，原来基准的精度遭到破坏，同时半精加工的要求较高，也有必要提高定位基准的精度，所以应把大外圆及其端面加工准确。另外，在工序 7 中，还安排了内腔表面的加工，这是因为工件的刚性较差，粗加工后余量留的较多，所以在这里再加工一次，为后续精加工做好余量方面的准备。

工序 8 是用修复后的基准定位，进行外圆表面的半精加工，并完成外圆锥面的最终加工，其他表面留有余量，为精加工做准备。

工序 9 是磨削工序，其主要任务是建立辅助基准，提高 ϕ112 mm 外圆的精度，为以后工序作定位基准用。

4. 工序 10、11、12

这三个工序是继续进行半精加工，定位基准均采用 ϕ112 mm 外圆及其端面。这是用统一基准的方法保证小孔和槽的相互位置精度。为了避免在半精加工时产生过大的夹紧变形，这三个工序均采用 D 面作轴向压紧。

这三个工序在顺序安排上，钻孔应在铣槽以前进行，因为在保证孔和槽的角向位置时，用孔作角向定位比较合适。半精镗内腔也应在铣槽以前进行，其原因是在镗孔口时避免断续切削而改善加工条件，至于钻孔和镗内腔表面这两个工序的顺序，相互间没有多大影响，可任意安排。

在工序 11 和 12 中，由于工序要求的位置精度不高，所以虽然有定位误差存在，但只要在工序 9 中规定了一定的加工精度，即可将定位误差控制在一定范围内，这样位置精度就可以得到很好的保证。

5. 工序 13、14

这两个工序是精加工工序。对于外圆和内孔的精加工工序，一般常采用"先孔后外圆"的加工顺序，因为孔定位所用的夹具比较简单。

在工序 13 中，用 ϕ112 mm 外圆及其端面定位，用 ϕ112 mm 外圆夹紧。为了减小夹紧变形，故采用均匀夹紧的方法。在工序中对 A、B 和 D 面采用一次安装加工，其目的是保证垂直度和同轴度。

在工序 14 中加工外圆表面时，采用 A、B 和 D 面定位，由于 A、B 和 D 面是在工序 13

中一次安装加工的，相互位置比较准确，所以为了保证定位的稳定可靠，采用这一组表面作为定位基准。

6. 工序 15、16、17

工序 15 为磁力探伤，主要是检验磨削的表面裂纹，一般安排在机械加工之后进行。工序 16 为终检，目的是检验工件的全部精度和其他有关要求。检验合格后的工件最后进行表面保护处理（工序 17，氧化）工序。

> ❖ 阅读思考
>
> 如图 5-41 所示的某发动机轴套的粗加工采用三个工序，用_____的方法，使加工时的_____，并使加工后的_____，从而使以后工序的加工得以顺利进行。

任务三　了解平面类零件的机械加工与品质检验技术基础

任务导入

通过学习，让学习者熟悉平面类零件的功用和技术要求；了解平面类零件的加工方法；了解平面类零件的品质检验；结合实例了解平面类零件的加工工艺。

任务实施

阅读材料一：平面类零件的功用和技术要求

1. 功用与特点

平面是基础类零件（如箱体、工作台、床身及支架等）的主要表面，也是回转体零件的重要表面之一（如端面、台阶面等）。根据平面所起的作用不同，可以将其分为非接合面、接合面、导向面和测量工具的工作平面等。

2. 技术要求

1）平面的形状精度

平面的形状精度主要是指平面度，有的平面还有母线直线度的精度要求。

2）平面的位置精度

平面的位置精度是在平面与其他表面之间常有的位置关系的要求，主要是垂直度和平行度。

> ❖ 阅读思考
>
> 根据平面所起的作用不同，可以将其分为_____、_____、_____和_____等。

阅读材料二：平面类零件的加工方法

1. 加工方法选择

选择平面加工路线时，主要的限制条件有加工平面的表面粗糙度要求、形位精度要求、工件材料的切削加工性以及工艺装备条件等。平面的加工方法主要有车削、铣削、刨削、拉削和磨削等。其中，铣削与刨削是常用的粗加工方法，而磨削是常用的精加工方法。对精度要求很高的平面，可用刮研、研磨等方法进行光整加工。

问题解决

平面的常用加工方案见表 5-8。

表 5-8 平面的常用加工方案

序号	加工方案	经济精度等级	表面粗糙度 $Ra/\mu m$	适用范围
1	粗车 – 半精车	IT9	6.3~3.2	回转体零件的端面
2	粗车 – 半精车 – 精车	IT8~IT7	1.6~0.8	
3	粗车 – 半精车 – 磨削	IT8~IT6	0.8~0.2	
4	粗刨（或粗铣）– 精刨（或精铣）	IT10~IT8	6.3~1.6	精度不太高的不淬火硬平面
5	粗刨（或粗铣）– 精刨（或精铣）– 刮研	IT7~IT6	0.8~0.1	精度要求较高的不淬火硬平面
6	粗刨（或粗铣）– 精刨（或精铣）– 磨削	IT7	0.8~0.2	精度要求较高的淬火硬平面或不淬火硬平面
7	粗刨（或粗铣）– 精刨（或精铣）– 粗磨 – 精磨	IT7~IT6	0.4~0.02	
8	粗铣 – 拉削	IT9~IT7	0.8~0.2	大量生产的较小平面（精度与拉刀精度有关）
9	粗铣 – 精铣 – 精磨 – 研磨	IT5 以上	0.1~0.06	高精度平面

2. 平面铣削加工

1）铣削方式

平面是铣削加工的主要对象。用圆柱铣刀加工平面的方法叫周铣法，用面铣刀加工平面的方法叫端铣法。加工时，这两种铣削方法又形成了不同的铣削方式。在进行铣削时，要充分注意它们各自的特点，选取合理的铣削方式，以保证加工质量及提高生产率。

（1）周铣法的铣削方式。周铣法有逆铣和顺铣两种铣削方式，铣刀主运动方向与进给运动方向之间的夹角为锐角时称为逆铣，为钝角时称为顺铣，如图 5-42 所示。

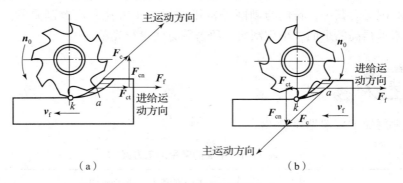

图 5-42 周铣法的铣削方式
（a）逆铣；（b）顺铣

> **视野拓展**
>
> **周铣法的铣削方式**
>
> 　　逆铣如图 5-42（a）所示，铣刀每齿的切削厚度从零增加到最大值，切削力也由零逐渐增加到最大值，避免了刀齿因冲击而破损。但由于铣刀刀齿在切入工件的初期，都要先在工件已加工表面上滑行一段距离，直到切削厚度足够大时才切入工件，故刀齿后刀面在已加工表面的冷硬层上挤压、滑行而加剧磨损，因而刀具使用寿命降低，且使工件表面质量变差。在铣削过程中，还有铣刀对工件上抬的分力 F_{cn} 影响工件夹持的稳定性。
>
> 　　顺铣如图 5-42（b）所示，刀齿切削厚度从最大开始，因而避免了挤压、滑行现象。同时，铣刀工作刀刃对工件垂直方向的铣削分力 F_{cn} 始终压向工件，不会使工件向上抬起，因而顺铣能提高铣刀的使用寿命和加工表面质量。但由于顺铣时渐变的水平分力 F_{ct} 与工件进给运动的方向相同，而铣床的进给丝杆与螺母间必然有间隙，如果铣床纵向进给机构没有消除间隙的装置，则当水平分力 F_{ct} 较小时，工作台进给由丝杆驱动；当水平分力 F_{ct} 变得足够大时，会使工作台突然向前窜动，而使工件进给量不均匀，甚至可能打刀。此时最好还是采用逆铣，因为逆铣时 F_{ct} 与 F_f 方向相同，不会产生上述问题。如果铣床纵向工作台的丝杆螺母有消除间隙装置（如双螺母或滚珠丝杆），则窜动不会发生，因而采用顺铣是适宜的。

（2）端铣法的铣削方式。用面铣刀加工平面时，根据铣刀和工件相对位置不同，可分为对称铣削、不对称逆铣和不对称顺铣三种铣削方式，如图 5-43 所示。

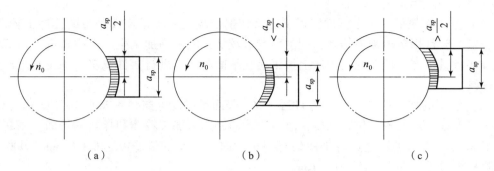

图 5-43 端铣法的铣削方式
(a) 对称铣削；(b) 不对称逆铣；(c) 不对称顺铣

❖ 视野拓展

端铣法的铣削方式

对称铣削如图 5-43 (a) 所示，面铣刀安装在与工件对称的位置上，即面铣刀中心线在铣削接触弧深度的对称位置上，切入的切削层与切出的切削层对称，平均的公称切削厚度较大，即使每齿进给量 f_z 较小，也可使刀齿在工件表面的硬化层下工作。因此，常用于铣削淬硬钢或精铣机床导轨，加工后工件的表面粗糙度均匀，且刀具寿命较高。

不对称逆铣如图 5-43 (b) 所示，这种铣削方式在切入时公称切削厚度最小，切出时公称切削厚度较大。由于切入时的公称切削厚度小，故可减小冲击力而使切削平稳，并可获得最小的粗糙度，如精铣 45 钢，Ra 值比不对称顺铣小一半。用于加工碳素结构钢、合金结构钢和铸铁，可提高刀具寿命 1~3 倍；铣削高强度低合金钢 (如 16Mn)，可提高刀具寿命 1 倍以上。

不对称顺铣如图 5-43 (c) 所示，面铣刀从较大的公称切削厚度处切入，从较小的公称切削厚度处切出，切削层对刀齿压力逐渐减小，金属粘刀量小，在铣削塑性大、冷硬现象严重的不锈钢和耐热钢时，可较显著地提高刀具寿命。

2) 铣削特点

铣削为断续切削，冲击、振动很大，铣刀刀齿在切入或切出工件时会产生冲击，面铣刀尤为明显，且当冲击频率与机床固有频率相同或为其倍数时，冲击振动会加剧。此外，在进行高速铣削时刀齿还经受时冷时热的温度骤变，硬质合金刀片在这样的力和热的剧烈冲击下易出现裂纹和崩刃，使刀具寿命下降。

3. 平面刨削加工

刨削是最普遍的平面加工方法之一。它的主运动为直线往复运动，并断续地加工零件表面。空行程、冲击和惯性力等都限制了刨削生产率和精度的提高。刨削加工的特点如下：

(1) 机床和刀具的结构较简单，通用性较好。刨削主要用于加工平面，如机座、箱体、床身等零件上的平面。如将机床稍加调整或增加某些附件，也可用来加工齿轮、齿条、花键、母线为直线的成形面等。特别是牛头刨床，因刀具简单，机床成本低，故目前在单件修配中应用仍很广泛。

（2）生产率较低。由于刨削回程不进行切削，故加工不是连续进行的，冲击较严重。另外，刨削时常用单刃刨刀切削，刨削用量也较低，故刨削加工生产效率较低，一般仅用于单件小批量生产。但在龙门刨床上加工狭长平面时，可进行多件或多刀加工，生产效率有所提高。

（3）刨削的加工精度一般可达 IT8~IT7，表面粗糙度可控制在 $Ra6.3 \sim 1.6 \ \mu m$，且刨削加工可保证一定的相互位置精度，故常用龙门刨床来加工箱体和导轨的平面。当在龙门刨床上采用较大的进给量进行平面的宽刀精刨时，平面度公差可达 0.02 mm/1 000 mm，表面粗糙度可控制在 $Ra1.6 \sim 0.8 \ \mu m$。

因刨削的切削速度、加工表面质量、几何精度和生产率在一般条件下都不太高，所以在批量生产中常被铣削、拉削和磨削所取代。但在加工一些中小型零件上的槽时（如 V 形槽、T 形槽、燕尾槽），刨削也有突出的优点。如图 5-44 所示导轨的燕尾槽配合面，加工时只要将牛头刨床的刀架调整到所要求的角度，采用普通刨刀和通用量具即可进行加工，而且加工前的准备工作较少，适应性强。而如采用铣削加工，则还需要预先制造专用铣刀，且加工前的准备周期长。因此，对于单件小批量生产的工件上的燕尾槽，一般多用刨削加工。

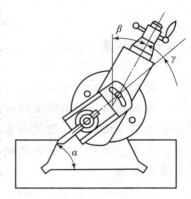

图 5-44　燕尾槽的刨削

4. 平面磨削加工

表面质量要求较高的各种平面的半精加工和精加工，常采用平面磨削方法，如齿轮的端面、滚珠轴承内外环的端面、活塞环以及大型工件的表面、气缸体面、缸盖面、箱体及机床导轨面等。平面磨削常用的机床是平面磨床，砂轮的工作表面可以是圆周表面，也可以是端面。用砂轮周边磨削，砂轮与工件的接触面积小，发热量小，冷却和排屑条件好，可获得较高的加工精度和较小的表面粗糙度值，但生产率较低。用砂轮的端面磨削，因砂轮与工件的接触面积大，故磨削力增大，发热量增加，而冷却、排屑条件差，加工精度及表面质量低于周边磨削方式，但生产效率较高。

当采用砂轮周边磨削方式时，磨床主轴按卧式布局；当采用砂轮端面磨削方式时，磨床主轴按立式布局。平面磨削时，工件可安装在做往复直线运动的矩形工作台上，也可安装在做圆周运动的圆形工作台上。按主轴布局及工作台形状的组合，平面磨床可分为四类：卧轴矩台式、立轴矩台式、立轴圆台式和卧轴圆台式。其加工方式、砂轮和工作台的布置及运动分别对应于图 5-45（a）~图 4-45（d）。图中砂轮旋转为主运动 n_0，矩台的直线往复运动或圆台的回转运动为纵向进给运动 f_w，用砂轮的周边磨削时，通常砂轮的宽度小于工件的宽度，所以，卧式主轴平面磨床还需要进行横向进给运动 f_a，且 f_a 是周期性运动。

5. 平面的光整加工

光整加工是继精加工之后的工序，可使零件获得较高的精度和较小的表面粗糙度。

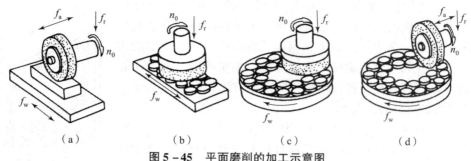

图 5-45 平面磨削的加工示意图

1) 刮削

刮削平面可使两个平面之间达到良好的接触和紧密吻合,能获得较高的形状精度,成为具有润滑油膜的滑动面,以减少相对运动表面间的磨损和增强零件接合面间的刚度,可靠地提高设备或机床的精度。

刮削是平面经过预先精刨或精铣加工后,利用刮刀刮除工件表面薄层的加工方法。刮削表面质量是用单位面积上接触点的数目来评定的。刮削表面接触点的吻合度通常用红油粉涂色作显示,以标准平板、研具或配研的零件来检验。

刮削最大的优点是不需要特殊设备和复杂的工具,却能达到很高的精度和很小的表面粗糙度,且能加工很大的平面。但生产效率很低、劳动强度大、对操作者的技术要求高,故目前多采用机动刮削方法来代替繁重的手工操作。

2) 研磨

研磨平面的工艺特点和研磨外圆相似,并可分为手工研磨和机械研磨。研磨后尺寸精度可达 IT5 级,表面粗糙度 Ra 可达 $0.1 \sim 0.006$ μm。手工研磨平面必须有准确的研磨板、合适的研磨剂,并需要有正确的操作技术,且生产效率较低。机械研磨适用于加工中小型工件的平行平面,其加工精度和表面粗糙度由研磨设备来控制。机械研磨的加工质量和生产率比较高,常用于大批量生产。

❖ **阅读思考**

平面的加工方法主要有_____、_____、_____、_____和_____等。其中,_____与_____是常用的粗加工方法,而_____是常用的精加工方法。对精度要求很高的平面,可用_____、_____等方法进行光整加工。

阅读材料三:平面类零件的品质检验

1. 用平面度检查仪测量平台的直线度误差

为了控制机床、仪器的导轨、底座、工作台面等平面的直线度误差,常在给定平面(垂直平面或水平平面)内进行检测,常用的测量器具有框式水平仪、电子水平仪和自准直仪等测定微小角度变化的精密量仪。由于被测表面存在直线度误差,故当测量器具置于不同的被测部位上时,其倾斜角将发生变化,节距(相邻两点的距离)一经确定,这个微小倾角与被测两点的高度差就有明确的函数关系,通过逐个节距的测量,得出每一变化的倾斜度,经过作图或计算,即可求出被测表面的直线度误差值。

框式水平仪是水平测量仪中较为简单的一种,其外形如图5-46所示。它由读数用的主水准器、定位用的横水准器及作测量基面的框式金属主体、盖板和调零装置组成。主水准器的两端套以塑料管,并用胶液黏结于金属座上,主水准器气泡的位置由偏心调节器进行调整。框式水平仪的使用方法如下:

(1) 将被测件固定定位。

(2) 根据水平仪工作长度在被测件整个长度上均匀布点,将水平仪放在桥板上,按标记将水平仪首尾相接进行移动,逐段进行测量。

(3) 测量时,后一点相对于前一点的读数差就会引起气泡的相应位移,由水准器刻度观其读数(后一点相对于前一点位置升高为正,反之为负)。正方向测量完后,用相同的方法反方向再测量一次,将读数填入实验报告中。

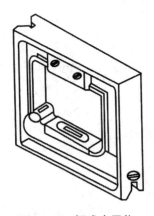

图 5-46 框式水平仪

(4) 将两次测量结果的平均值累加,用累积值作图,按最小区域包容法求出直线度误差值。

(5) 将计算结果与公差值比较,作出合格性结论。

2. 测量平面度误差

常见的平面度测量方法有用千分表测量平面度、用光学平晶测量平面度、用水平仪测量平面度及用自准直仪和反射镜测量平面度,无论用哪种方法测得的平面度测量值,都应进行数据处理,然后按一定的评定准则处理结果。

1) 平面度误差的测量原理

平面度误差的测量是根据与理想要素相比较的原则进行的。用标准平板作为模拟基准,利用指示表和指示表架测量被测平板的平面度误差。

如图5-47所示,测量时将被测工件支撑在基准平板上,以基准平板的工作面作为测量基准,在被测工件表面上按一定的方式布点,通常采用的是米字形布线方式。用指示表逐行测量被测表面上的各点并记录所测数据,然后按一定的方法评定其误差值。

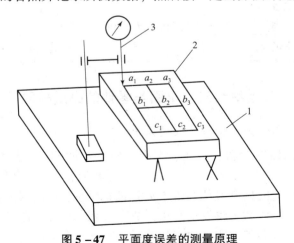

图 5-47 平面度误差的测量原理

1—平板(测量基准);2—被测实际表面;3—千分表

2) 平面度误差的评定方法

(1) 最小包容区域法。由两平行平面包容实际被测要素时，实现至少四点或三点接触，且具有下列形式之一者，即为最小包容区域，其平面度误差值最小。最小包容区域的判别方法有下列三种。

①两平行平面包容被测表面时，被测表面上有 3 个最低点（或 3 个最高点）及 1 个最高点（或 1 个最低点）分别与两包容平面接触，并且最高点（或最低点）能投影到 3 个最低点（或 3 个最高点）之间，则这两个平行平面符合最小包容区域原则，如图 5-48（a）所示。

②被测表面上有 2 个最高点和 2 个最低点分别与两个平行的包容面相接触，并且 2 个最高点投影于 2 个最低点连线的两侧，则两个平行平面符合平面度最小包容区域原则，如图 5-48（b）所示。

③被测表面的同一截面内有 2 个最高点及 1 个最低点（或相反）分别和两个平行的包容面相接触，则该两平行平面符合平面度最小包容区域原则，如图 5-48（c）所示。

平面度误差值用最小区域法评定，结果数值最小，且唯一，并符合平面度误差的定义。但在实际工作中需要多次选点计算才能获得，因此它主要用于工艺分析和发生争议时的仲裁。

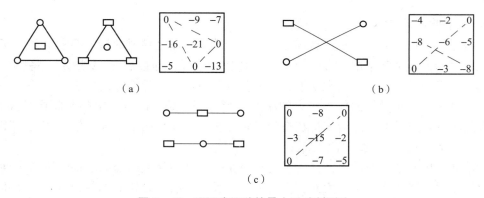

图 5-48　平面度误差的最小区域判别法

在满足零件使用功能的前提下，检测标准规定可用近似方法来评定平面度误差。常用的方法有三角形法和对角线法。

(2) 三角形法。三角形法是以通过被测表面上相距最远且不在一条直线上的 3 个点建立一个基准平面，各测点对此平面的偏差中最大值与最小值的绝对值之和为平面度误差。实测时，可以在被测表面上找到 3 个等高点，并且调到零。在被测表面上按布点测量，与三角形基准平面相距最远的最高和最低点间的距离为平面度误差值。三角形法评定结果受选点的影响，结果不唯一，故一般用于低精度的工件。

(3) 对角线法。采集数据前先分别将被测平面的两对角线调整为与测量平板等高，然后在被测表面上均匀取 9 点用百分表采集数据，作平行于两对角线且过最高点和最低点的两平行平面，则其平面度误差为上、下两平行平面之间的距离，即最高点读数值减去最低读值。对角线法选点确定，结果唯一，计算出的数值虽稍大于定义值，但相差不多，且能满足使用要求，故应用较广。

机械常识

> ❖ **阅读思考**
>
> 常见的平面度测量方法有_____、_____、_____及用_____和_____测量平面度，无论用哪种方法测得的平面度测量值，都应进行_____，然后按一定的评定准则处理结果。

阅读材料四：平面类零件工艺编制实例

车床的床身是一种比较典型的机体类零件，它具有比较复杂的结构和很高精度的导轨表面，加工工艺也比较复杂。下面结合图 5-49 所示的普通车床床身的加工工艺（见表 5-9），分析一下这类零件加工中的几个共性的问题。

问题解决

普通车床床身的加工过程分析。

1. 工序的划分和安排

床身零件结构上的显著特点是刚性差，易于变形，加之导轨的精度要求又高，所以在安排工艺时为保证加工精度，首先应将粗、精加工分开，即按表 5-9 所示，将整个工艺过程划分为粗加工、半精加工和精加工三个阶段。粗加工后为消除内应力的影响，一般均安排时效处理。对于导轨面要求淬火的床身，当采用火焰、高频、中频及超声频淬火时，因淬火后零件变形较大，故应安排在磨削导轨面之前；如采用工频电接触淬火时，因变形很小，故一般安排在导轨终加工之后。

导轨面是床身最重要的表面，为了使导轨获得硬度均匀且耐磨的表面，导轨表面层的切除厚度应尽可能小而均匀。为此，在粗加工阶段，一般以导轨面安装，按划线找正加工底面。然后再翻转，以底面为定位基面，并配以必要的水平面内的找正，加工导轨面及其他一些重要表面。当批量不大时，在粗加工阶段，也可按先加工导轨表面，然后再加工底面的工艺顺序。这样，当导轨面粗加工后如发现不可补救的缺陷（如砂眼、气孔和疏松等）时，即不再继续加工，从而避免了加工底面及其他一些次要表面所需劳动量的浪费。

2. 时效处理

床身结构比较复杂，铸造时因各部分冷却速度不一致，会引起收缩不均匀而产生内应力，床身全部冷却后内应力处于暂时平衡。当切削加工从毛坯表面切去一层金属后，引起内应力的重新分布，使床身变形。内应力是造成零件变形、精度不稳定的主要因素，因此，在工艺上必须设法把它消除到最低程度。

时效处理是消除内应力的主要手段，最常用的方法有两种：

1）自然时效

将铸件自然地放置在室外几个月甚至几年，经受风雨和气温变化的影响，使内应力逐渐消失。自然时效通常周期较长，且占地面积较大。

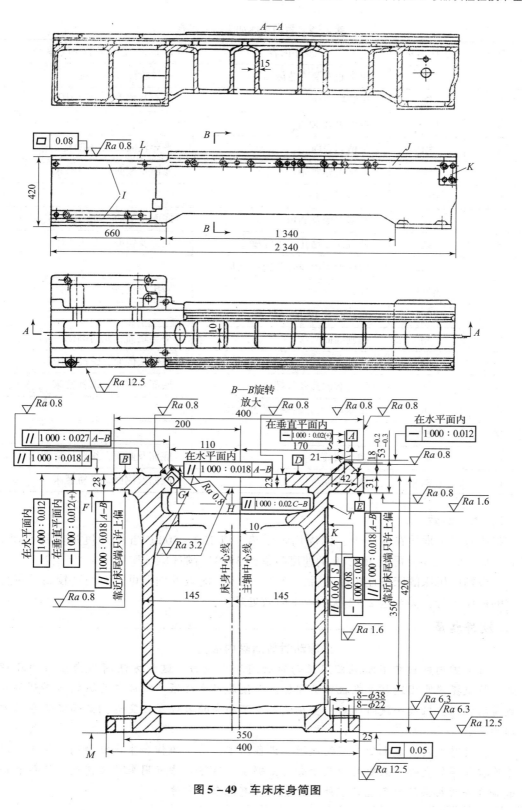

图 5-49 车床床身简图

表5-9 普通车床加工工艺过程

工序号	工序名称	工序内容	定位基准与设备
1	铣	粗铣底面及工艺侧面	平导轨面，龙门铣床
2	铣	粗铣导轨面	底面及侧面，龙门刨床
3	时效	自然时效12 h	
4	刨	半精刨底面	平导轨面，龙门刨床
5	铣	半精铣导轨面	底面及侧面，龙门刨床
6	时效	自然时效12 h	
7	刨	刨退刀槽及倒角	底面及侧面，龙门刨床
8	铣	铣端面，钻孔、攻螺纹	底面及侧面，专用机床
9	钳修	钳修加工面及各孔锐边毛刺	
10	热处理	导轨面淬火	专用淬火机
11	时效	自然时效12 h	
12	刨	精刨底面	平导轨面，龙门刨床
13	刨	精刨下滑面	底面及侧面，龙门刨床
14	钻	钻所有的孔及攻螺纹	底面及侧面，摇臂钻床
15	钳	钳修加工面及各孔锐边毛刺	
16	喷漆		
17	磨	磨导轨面	底面及侧面，组合导轨磨床
18	磨	磨下滑面	底面及侧面，导轨磨床

2) 人工时效

将床身平整地放在烘板上，四周均匀受热，以100~500℃/h的速度加热到550℃±15℃，保温6~8 h，再以30℃/h的速度降低到350℃后随炉冷却。

一般精度机床的床身在粗加工后，经过一次人工时效处理即可，而精度较高且有特殊要求的机床床身，需经过2~3次的人工时效处理。

❈ 视野拓展

振动时效消除内应力

目前国内外正在不断地采用振动时效消除内应力，这种方法消除内应力的原理是：将激振器牢固地装卡在机体类零件上，使其产生共振。零件在共振频率下到循环载荷的作用，持续一段时间后，金属便产生了局部的微观塑性变形，从而降低金属内部的应力。

振动时效具有成本低、节约能源、设备简单、易于操作和生产效率高等特点。对于形状复杂的大件，只要处理几十分钟就够了。这种方法可用来处理铸造、焊接和锻造等方法所获得的黑色金属零件，也能用于有色金属零件。

3. 导轨表面淬火

铸铁床身导轨经淬火后，可提高表面层硬度和耐磨性。目前导轨常用的淬火方法有火焰淬火、高频淬火、中频淬火、超声频淬火和工频电接触淬火。频率在 70~500 kHz 之间为高频（常用 250 kHz），500~10 000 Hz 之间为中频，20~40 kHz 之间为超声频，50 Hz 时为工频。

火焰淬火或高、中频淬火时，将珠光体基体铸铁导轨表面加热至 900~950℃，随即用水冷却，便可将导轨淬硬。

> ❖ 视野拓展
>
> ### 导轨常用的淬火方法
>
> （1）火焰淬火。将机床床身固定，采用氧-乙炔火焰加热，淬硬层深度可达 2~4 mm。这种方法加热面积较大，温度较难控制，故床身易产生中凹变形，导轨面淬火后需经磨削加工。图 5-50 所示为采用导轨面火焰淬火的喷嘴示意图。
>
>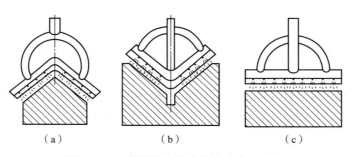
>
> 图 5-50　导轨面火焰淬火的喷嘴示意图
>
> （2）高频淬火。机床导轨表面高频淬火，生产效率高，淬火质量稳定，工艺参数易于调整，但淬火设备较复杂。普通灰铸铁导轨面高频淬火后，淬硬层深度可达 1~2 mm，耐磨性比铸态可提高 1~1.5 倍。适于高频淬火的铸铁材料有 HT30-54、HT20-40 等。
>
> （3）中频淬火。现在不少机床导轨面采用了中频淬火。中频淬火的优点是：电机组运行可靠，维修费用低，容易操作，可以得到比高频淬火更深的硬化层，一般可达 2~3 mm。
>
> （4）超声频淬火。这种淬火方法的频率比声频（小于 20 kHz）稍高，故称超声频。
>
> 由于频率高，故电流透入深度浅，淬硬层浅且不均匀，棱角容易过热熔化，导轨两端易产生软带，即在导轨两端 10~20 mm 有不硬的部位。超声频淬硬层比高频略深，且沿轮廓分布均匀，弥补了高频、中频对零件淬火时淬硬层分布不均匀的缺陷。
>
> （5）工频电接触淬火。将电源电压经大功率变压器变为 $U \leqslant 3$ V，电流 = 450~800 A，用表面刻有波形凸纹的铜轮以一定的速度（1.5~3 m/min）在导轨面上移动。由于铜轮与导轨面接触处有较大的电阻，故当大电流通过时会产生相当大的热量，使导轨表面局部加热到相变温度。随着铜轮移开，加热表面便迅速冷却，形成淬硬深度

为 0.2~0.4 mm 的硬化条纹。硬化条纹的轨迹要封闭，否则易发生局部磨损。加热温度与淬硬深度可通过改变电流大小和铜轮移动速度来调节。

工频电接触淬火后的导轨变形小，且设备简单、操作方便，但生产效率低。

❈ 阅读思考

目前导轨常用的淬火方法有：_____、_____、_____、_____和_____。

任务四　了解箱体类零件的机械加工与品质检验技术基础

认识箱体类零件

任务导入

通过学习，让学习者了解箱体类零件的功用与结构特点，熟悉箱体类零件的技术要求；了解箱体类零件常用的材料，掌握如何根据实际需要来选用材料；了解箱体类零件加工的顺序，掌握箱体类零件平面和孔系加工等具体方法；了解箱体类零件加工的工艺过程，掌握其定位基准的选择、加工工艺过程的安排以及加工阶段的划分等内容。

任务实施

阅读材料一：箱体类零件的功用和技术要求

1. 功用与特点

箱体类零件是机器（或部件）的基础零件，其功用是将轴、套、轴承、齿轮及其他零部件连成一个整体，使其保持正确的位置关系，并按照一定的传动关系工作。因此，箱体类零件的加工质量对机器的工作精度、使用性能和寿命都有直接的影响。

如图 5-51 所示箱体的种类很多，其尺寸大小与结构形式随着机器的结构和箱体在机器中功用的不同有着较大的差异。但从工艺上分析它们仍有许多共同之处，其结构特点如下：

（1）外形基本上是由六个或五个平面组成的封闭式多面体，又分成整体式和组合式两种。

（2）结构形状比较复杂。内部常为空腔，某些部位有"隔墙"，箱体壁薄且厚薄不均。

（3）箱壁上通常都布置有平行孔系或垂直孔系。

（4）箱体上的加工面主要是大量的平面，此外还有许多精度要求较高的轴承支承孔和精度要求较低的紧固用孔。

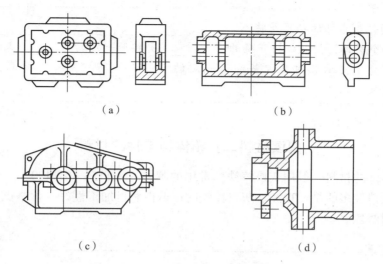

图 5–51 几种常见的箱体类零件简图
(a) 组合机床主轴箱；(b) 车床进给箱；(c) 发离式减速器；(d) 泵壳

2. 箱体类零件的技术要求

1) 孔的精度和表面粗糙度要求

箱体上轴承孔对尺寸精度、形状精度及表面粗糙度都有严格要求，如果达不到这些要求，会使轴承和箱体上的孔配合不好，工作时引起振动和噪声，特别是机床主轴支承孔，还会影响到主轴旋转精度，从而影响机床的加工精度。支承孔的加工等级一般为 IT6～IT7 级，表面粗糙度 Ra 为 1.6～0.8 μm，几何形状精度不超过孔公差的 $\frac{1}{3} \sim \frac{1}{2}$。

2) 孔距精度及相互位置精度要求

箱体上有齿轮啮合关系的相邻孔之间应有一定的孔距尺寸精度及平行度要求，否则会影响齿轮的啮合精度，工作时会产生噪声和振动，影响齿轮寿命。该精度主要取决于传动齿轮副的中心距允差和齿轮啮合精度。箱体上同轴线的孔应有同轴度要求。如果同轴度误差超差，不仅会给箱体装配带来困难，而且会使轴的运转情况恶劣、轴承磨损加剧、温度升高，影响机器的精度和正常运转。

3) 主要平面精度要求

箱体上的主要平面都有形状精度、相互位置精度和粗糙度要求。由于箱体的主要平面大多是装配基面或加工时的定位面，其加工质量直接影响箱体与其他零部件总装时的相对位置和接触刚度，影响箱体加工时的定位精度，故要求箱体主要平面有较高的平面度和较小的表面粗糙度。

4) 孔对装配基层的要求

箱体上支承孔对装配基面有一定的尺寸精度与平行度要求，对端面有垂直度要求。如：车床床头主轴孔到基面的尺寸精度会影响主轴孔与尾架孔的等高性；主轴孔的轴心线对端面不垂直度超差，总装后会引起机床端面跳动等。

❖ 阅读思考

（1）箱体类零件的功用是将_____、_____、_____、_____及其他零部件连成一个整体，使其保持正确的_____，并按照一定的_____工作。

（2）箱体上支承孔对装配基面有一定的_____与_____要求，对端面有_____要求。

阅读材料二：箱体类零件的材料

箱体类零件的材料一般用灰口铸铁，常用的牌号有HT150～HT400，可根据实际需要选用，平常用得较多的是HT200。灰口铸铁的铸造性和可加工性好，价格低廉，具有较好的吸振性和耐磨性。

❖ 视野拓展

箱体类零件的毛坯材料

毛坯为铸铁件，其铸造方法视铸件精度和生产批量而定。单件小批量生产多用木模手工造型，毛坯精度低，加工余量大。有时也采用钢板焊接方式。大批量生产常用金属模机器造型，毛坯精度较高，加工余量可适当减小。

为了消除铸造时形成的内应力，减少变形，保证其加工精度的稳定性，毛坯铸造后要安排人工时效处理。精度要求高或形状复杂的箱体还应在粗加工后多加一次人工时效处理，以消除粗加工造成的内应力，进一步提高加工精度的稳定性。

❖ 阅读思考

（1）灰口铸铁作为箱体类零件的材料有何优势？

（2）箱体类零件人工时效的大致过程有哪些？

阅读材料三：箱体类零件的加工方法

1. 箱体平面的加工

箱体上平面的粗加工和半精加工一般采用铣削或刨削的方法，精加工则采用磨削的方法。在成批大量生产中，常在专用机床上铣削平面。

箱体类零件加工工艺过程

1）铣削加工平面

箱体上的平面可在铣床上进行铣削。常用的铣床有卧式升降台铣床、立式升降台铣床和龙门铣床等。铣床除了用来加工平面外，还能用来加工各种成形面、沟槽等，此外还可在铣床上安装孔加工刀具，如钻头、铰刀、镗刀来加工孔。

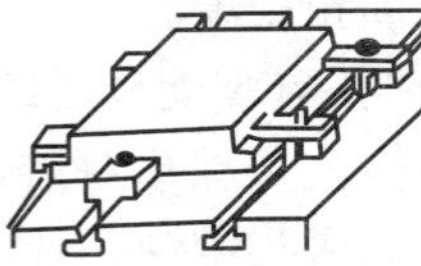

铣削时箱体直接装夹在工作台上，如图5-52所示，其可在卧式铣床上用圆柱铣刀铣削，也可在立式铣床上用端铣刀铣削，如图5-53所示。

图5-52 工件的装夹

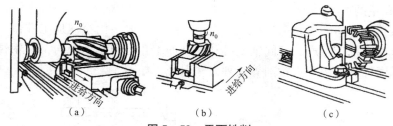

图 5-53 平面铣削

(a) 圆柱铣刀平面铣削；(b) 端铣刀立铣；(c) 端铣刀卧铣

2) 刨削加工平面

平面刨削加工常采用牛头刨床或龙门刨床。刨削加工使用刨刀，刨刀结构简单，机床调整方便，通用性好。在龙门刨床上可以利用几个刀架，在工件一次装夹中完成几个表面的加工，以保证这些表面间的相互位置精度要求。精刨还可代替刮研来精加工箱体平面。精刨后 Ra 值可达 $0.63 \sim 2.5 \ \mu m$，平面度可达 $0.002 \ mm$。

铣削和刨削相比，铣削的生产率高。如果平面通过铣削或刨削后还不能满足要求，则可进行磨削或钳工刮削。平面的粗糙度 Ra 可达 $0.32 \sim 1.25 \ \mu m$。

> ❈ **阅读思考**
>
> 箱体上平面的粗加工和半精加工一般采用_____或_____的方法，精加工则采用_____的方法。平面刨削加工常采用_____或_____等设备。

2. 箱体孔系的加工方法

箱体上一系列有相互位置精度要求的孔的组合称为孔系。孔系可分为平行孔系、同轴孔系和交叉孔系等。

1) 平行孔系的加工

平行孔系是指孔的轴线相互平行的一组孔。平行孔系的主要技术要求是各平行孔轴心线之间、孔轴心线与基准面之间的距离尺寸度和平行度。单件小批量生产中的中小型箱体及大型箱体的平行孔系，一般采用找正法和坐标法来加工；批量较大的中小型箱体则经常采用镗模法加工，如图 5-54 所示。

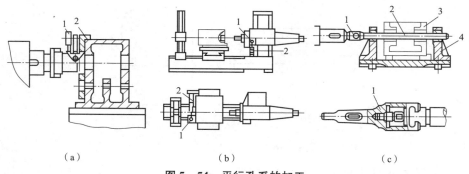

图 5-54 平行孔系的加工

(a) 找正法镗平行孔系；　　　　(b) 坐标法镗平行孔系；
1—百分表；2—样板　　　　　　1—百分表；2—量棒
(c) 镗模法加工孔系
1—浮动接头；2—镗杆；3—工件；4—镗模

2) 同轴孔系的加工

同轴孔系是指有同轴度要求的孔系，在生产中，一般采用镗模加工孔系，其同轴度由镗模保证。单件小批量生产，其同轴度可利用已加工孔系作支承导向，利用镗床后立柱上的导向套支承镗杆，采用掉头镗削等几种方法保证，如图 5-55 所示。

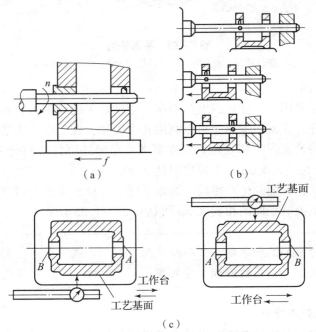

图 5-55 同轴孔系的加工

(a) 用已加工孔导向；(b) 用镗床后立柱上的导向套支承镗杆；(c) 掉头镗削

3) 交叉孔系的加工

交叉孔系的主要技术要求是控制有关孔的垂直度，其在普通镗床上主要靠机床工作台上的 90°对准装置来保证，对准精度需凭经验。对于交叉孔系，可采用心棒与百分表找正的方法加工，以提高对准精度，如图 5-56 所示。

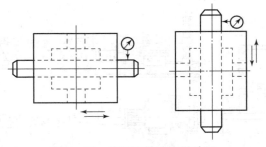

图 5-56 找正法加工交叉孔系

目前，箱体在单件小批量生产中都采用加工中心进行加工，不仅生产效率和加工精度高，而且适用范围广、设备利用率高。

箱体大量生产中广泛采用自动线进行加工，大大提高了劳动生产率、降低了成本、减轻了工人的劳动强度，而且能稳定地保证加工质量。

> ◈ 阅读思考
>
> 箱体孔系有哪几种？各有哪些加工方法？试举例说明各加工方法的特点及其适用性。

问题解决

典型箱体类零件的加工工艺过程：

图 5-57 所示为车床溜板箱箱体零件图，材料为 HT200。表 5-10 介绍了车床溜板箱箱体批量生产时的机械加工工艺过程。

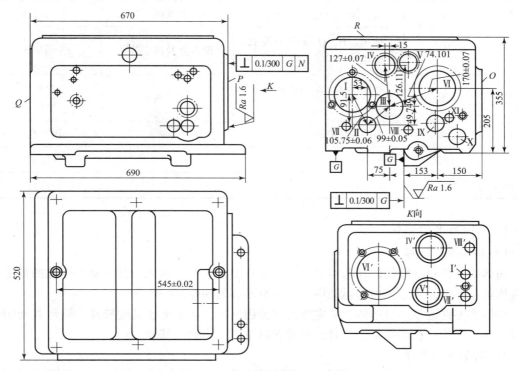

图 5-57 车床溜板箱箱体零件图

表 5-10 车床溜板箱箱体工艺过程

序号	工序名称	工序内容	定位夹紧	设备
1	热处理	人工时效		
2	涂底漆	浸漆约 5 min 后自然晾干		
3	铣	粗铣顶面 R	Ⅵ、Ⅰ轴铸孔	立式铣床
4	钻	钻、扩、铰顶面 R 上两工艺孔，加工其他紧固孔	端面 R、Ⅵ轴孔、内壁一端	摇臂钻床

311

续表

序号	工序名称	工序内容	定位夹紧	设备
5	铣	粗铣 G、N、O、P 及 Q 面	顶面 R 及两工艺孔	龙门铣床
6	磨	磨顶面 R	G 面及 Q 面	平面磨床
7	镗	粗镗纵向孔系	顶面 R 及两工艺孔	组合机床
8	热处理	人工时效		
9	镗	精镗各纵向孔	顶面 R 及两工艺孔	组合机床
10	镗	半精镗、精镗主轴孔	顶面 R 及 Ⅲ、Ⅵ 工艺孔	专用机床
11	钻	钻、铰横向孔及攻螺纹	顶面 R 及两工艺孔	专用机床
12	钻	钻 G、P、Q 各面上的孔、攻螺纹	顶面 R 及两工艺孔	专用机床
13	磨	磨底面 G、N，侧面 O，端面 P、Q	顶面 R 及两工艺孔	组合平面磨床
14	钳	去毛刺、修锐边		钳工台
15	清洗			清洗机
16	检验			检验台

1. 定位基准的选择

1）粗基准的选择

箱体类零件粗基准的选择基本要求：保证各加工面都有加工余量，且主要孔的加工余量应均匀；保证装入箱体内的运动件与箱壁有足够的间隙。

箱体类零件通常是以箱体上的主要孔作为粗基准。如果毛坯精度较高，则可直接用夹具以毛坯孔定位；在小批量生产时，通常先以主要孔为划线基准。

2）精基准的选择

选择精基准时，主要考虑保证加工精度和工件的装夹方便，通常从基准统一原则出发，选择装配基准面作为精基准；或者以一个平面和该平面上的两个孔定位，称为一面两孔定位。

2. 加工工艺过程的安排

箱体类零件安排加工顺序时应遵循下列原则：

（1）基面先行。用作精基准的表面（装配基准面或底面及该面上的两个孔）优先加工。

（2）先粗后精。先安排粗加工，后安排精加工，有利于消除加工过程中的内应力和热变形，也有利于及时发现毛坯缺陷，避免更大的浪费。

（3）先面后孔。加工顺序为先加工平面，以加工好的平面定位，再来加工孔。这样可先以孔为粗基准加工好平面,再以平面为精基准加工孔,既可为孔的加工提供稳定可靠的精基准,又可使孔的加工余量均匀。同时,先加工平面后加工孔,在钻孔时钻头不易引偏,扩孔或铰孔时刀具不易崩刃。

3. 加工阶段的划分

箱体类零件机械加工工艺过程可分为两个阶段:

(1) 基准加工、平面加工和主要孔的粗加工。

(2) 主要孔的精加工。

至于一些次要工序,如油孔、螺纹孔、孔口倒角等分别穿插在此两阶段中适当的时候进行。单件小批量生产时,为了减少安装次数,有时也往往将粗、精加工工序合并在一起,但应采取相应的工艺措施来保证加工精度,如粗加工后松开工件,然后再夹紧工件以消除机械加工应力对工作的影响;粗加工后待工件充分冷却后再精加工以消除热变形对工件的影响;减少切削用量等,以便保证加工精度。

> ❖ 阅读思考
>
> (1) 在箱体类零件机加工过程中如何选择粗基准和精基准?
>
> (2) 在箱体类零件机加工过程中如何安排加工顺序?
>
> (3) 在箱体类零件机加工过程中粗加工和精加工分开的优缺点是什么?

问题解决

箱体类零件的品质检验:

1. 箱体质量分析

1) 镗孔受力变形

(1) 镗杆受力变形。在镗孔过程中,镗刀所受的弹性变形主要是径向变形和镗杆挠性变形,其会影响孔的精度。由于自重的影响,镗削后孔会出现圆柱度误差和圆度误差。

(2) 镗床变形。卧式镗床变形较大,如由于主轴箱结构复杂、主轴悬伸较长、箱体重量较大,故易使重心变位等。卧式镗床的变形主要有主轴自身的变形、主轴轴承变形、平旋盘变形、箱壳变形、镗杆与主轴间接触变形。

> ❖ 加油站
>
> **如何避免或减少上述变形?**
>
> 为了避免或减少上述变形,必须对镗床的设计进行改进,如简化主轴结构,由三层改为二层结构,多采用精度高、刚性好的轴承;加长主轴导向套;选择合适的支承距;加大主轴直径等。在工艺方面,应采用研磨或珩磨方法,以使主轴箱轴承孔有较高的精度和较小的表面粗糙度。

(3) 工件夹紧变形。由于箱体壁薄,所以夹紧力过大或着力点不当都会引起工件变形。有时虽然在加工时检验"合格",可撤去夹紧力后过一段时间再检,就达不到精度要求了。

> ❖ 加油站
>
> **如何保证加工完成放置一段时间后还能满足精度要求呢？**
>
> （1）为了保证精度要求，夹紧力应作用于主要定位基面上，并作用于工件刚性大的地方，例如箱体有肋板的地方。
>
> （2）对于主轴孔的精加工可在其他孔加工完，甚至是在其他零件装配完后再进行，这样可避免在其他零件装配时的变形对主轴孔的影响。
>
> 此外，要使箱体基准面与夹具定位件很好"贴合"且箱体基准面有足够的平面度和较小的表面粗糙度等，以减少夹紧变形。

2）镗孔几何误差

（1）镗杆几何弯曲。镗杆受力变形引起工件误差的特点是靠近镗杆或导向支承的地方工件误差小，远离误差大。这是由镗杆几何弯曲影响所致。

（2）镗杆和导向系统的几何误差。镗杆和镗套的间隙量较大时，圆度误差也大。镗杆及镗套的圆度，轴承座孔的圆度，滚动轴承的滚道圆度，滚动体尺寸及形状偏差都会影响加工孔的圆度。为此，要合理选择镗杆、镗套、滚动轴承及轴承座孔的精度。

（3）工作台送进方向与主轴回转轴线不平行。由于工作台导轨与主轴线有平行度误差，所以，工作台送进方向与主轴回转轴线不会绝对平行，因而加工出来的孔会出现圆度和圆柱度误差。但一般情况下这个影响是很小的。

> ❖ 阅读思考
>
> 在箱体类零件机加工过程中镗孔变形的原因是什么？

2. 箱体的主要检验项目

箱体检验项目主要包括加工表面的表面粗糙度、孔和平面的几何形状精度、孔的尺寸精度、孔系的相互位置精度。

对于普通精度的箱体，表面粗糙度检验是用表面粗糙度样块与加工面相比较，通过目测方法确认。孔的尺寸精度用塞规检验。孔的几何形状精度用内径千分尺或内径百分表检验。

1）直线度的检测

对于精密箱体，用水平仪可测孔母线的直线度，0.02/1 000 的水平仪就有很高的当量灵敏度。用准直仪测量孔母线的直线度，被测时使孔轴心线与准直仪光轴方向平行，当检具沿孔轴线移动时，如孔母线不直，光线经过反射镜反射，则在准直仪上将反映出两倍于平面反射镜的倾角变化，可直接读取误差。如图 5-58 所示。

平面几何形状精度的检验，直线度可用准直仪、水平仪和平尺进行检验，平面度用平台及百分表等相互组合的方式进行检验。

2）孔系相互位置精度的检验

同轴度可用圆度仪检验（见图 5-59）或用三坐标测量装置及 V 形架和带指示表的表架等测量，精度要求不高的同轴度可用检验棒或准直仪检验。孔心距、孔轴心线间的平行度，孔轴心线的垂直度，以及孔轴心线与端面的垂直度都可利用检验棒、千分尺、百分表、直角尺及平台等相互组合来进行检测。

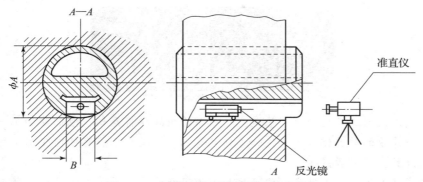

图 5-58　用准直仪测量孔母线的直线度

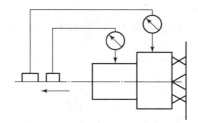

图 5-59　用圆度仪测量同轴度

位置度的合格性还可用综合量规检验。如图 5-60 所示的法兰盘，要求法兰盘上装螺钉用的 4 个孔具有以中心孔为基准的位置度。测量时，将量规的基准测销和固定测销插入零件中，再将活动测销插入其他孔中，如果都能插入零件和量规的对应孔中，就能判断 4 个孔的位置合格。

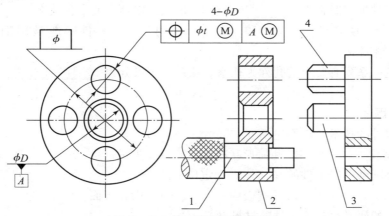

图 5-60　量规检验孔的位置度

1—活动测销；2—被测零件；3—基准测销；4—固定测销

❈ **温馨提示**

随着科学技术的发展，先进的检测手段也越来越多，请查阅和收集这方面的知识，了解一下箱体类零件的检测方法还有哪些，作为课外阅读提示内容。

思政园地

职业精神——家国情怀、追求卓越

 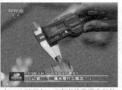

大国工匠曹彦生：为导弹"雕刻"翅膀　　加工出壁厚仅0.03毫米的导弹空气舵

　　在中国航天科工二院的生产基地，一项新的挑战即将开始，他们要加工一批特殊的零件，一斤重的航天铝合金要铣加工到只有三克，而且不能有任何变形，能挑战这个加工精度的，只有曹彦生。

　　凭着多年积累的技术储备，曹彦生加工出了新的产品，一上测试台，所有人都不敢相信，产品误差仅0.02毫米。

　　曹彦生说："最后我做出来，误差就0.02毫米，检验都以为打错了，那应该是干得最成功的一次。"

单元检测

课前检测

一、填空题

1. 轴是用来支承作回转运动的传动零件、传递_____、承受载荷，以及保证装在轴上的零件具有确定的_____和具有一定的_____。
2. 轴类零件加工时常以_____定位，以顶尖或卡盘装夹。
3. 套类零件通常起_____和_____作用。套类零件一般是用钢、_____、_____等材料制成。
4. 箱体上一系列有要求的孔称为孔系。孔系一般可分为_____、_____和_____。

二、选择题

1. 轴类零件的技术要求不包括（　　）
   A. 尺寸精度　　　　B. 几何形状精度　　　C. 重量　　　　D. 表面粗糙度
2. 无心外圆磨削以工件的（　　）为定位面。
   A. 端面　　　　　　B. 外圆表面　　　　　C. 内孔表面
3. 研磨用的研具材料比工件的材料（　　）。
   A. 硬　　　　　　　B. 软　　　　　　　　C. 一样
4. 花键的齿形不包括（　　）。
   A. 矩形　　　　　　B. 三角形　　　　　　C. 圆形　　　　D. 梯齿形
5. 磨削是轴类零件外圆表面（　　）加工的主要方法。
   A. 粗　　　　　　　B. 精　　　　　　　　C. 半精

6. 最常用的钻头是（　　）。
A. 麻花钻　　　　B. 扩孔钻　　　　C. 铰刀　　　　D. 车刀

三、判断题
1. 轴类零件可以支承齿轮。（　　）
2. 套类零件的主要表面为端面。（　　）
3. 箱体零件的加工质量，对箱体部件装配后的精度有着决定性的影响。（　　）

四、综合题
1. 轴类零件有何功用和技术要求？
2. 轴类零件材料和毛坯的选择有何要求？
3. 套类零件有何功用和技术要求？
4. 套类零件材料和毛坯的选择有何要求？
5. 平面类零件有何功用和技术要求？
6. 箱体类零件有何功用和技术要求？

课中检测

一、填空题
1. _____钢是轴类零件的常用材料，它价格便宜，能获得较高的综合_____，淬火后表面硬度可达 45～52HRC。
2. 外圆表面的磨削在外圆磨床上进行时称为_____，在无心磨床上磨削称为_____。
3. 轴类零件的尺寸精度在 IT6 以上，工件表面粗糙度在 0.4 μm 以上，就要采用_____的方法，如超精加工、镜面磨削、_____、_____等。
4. 轴径的检测，最常用的是用钢尺、_____、_____等量具来测量轴径。

二、选择题
1. 内孔的形状精度应控制在孔径公差以内，有些精密轴套控制在孔径公差的（　　），甚至更严。
A、1/2～1/3　　B. 1/3～1/4　　C. 1/4～1/5　　D. 1/5～1/6
2. 扩孔可在一定程度上校正原孔轴线的偏斜，扩孔属于（　　）加工。
A、粗　　　　B. 精　　　　C. 半精
3. 铰孔加工孔的位置精度由铰孔前的（　　）工序保证。
A、预加工　　B. 安装　　　C. 工位　　　D. 工步
4. 一般回旋体零件上的孔，多用车床加工；而箱体类零件上的孔或孔系，则可以在（　　）上加工。
A、车床　　　B. 镗床　　　C. 钻床　　　D. 磨床
5. 交叉孔系的主要技术要求为各孔间的（　　）。
A、平行度　　B. 垂直度　　C. 同轴度　　D. 圆度
6. 如果箱体平面通过铣削后还不能满足要求，这时可进行磨削或（　　）。
A、铣削　　　B. 钳工刮削　C. 刨削　　　D. 铲削

三、判断题
1. 轴类零件的几何形状精度一般应限制在直径公差范围内。（　　）

2. 轴类零件最常用的毛坯是铸件。　　　　　　　　　　　　　　　　（　　）
3. 套类的毛坯选择与其材料、结构、尺寸及生产批量无关。　　　　　（　　）
4. 孔系可分为平行孔系、同轴孔系和交叉孔系。　　　　　　　　　　（　　）

四、综合题

1. 简述轴类零件常用的加工方法？
2. 轴类零件通常品质检验哪些项目？
3. 套类零件的主要工艺问题是指哪些问题？
4. 孔加工的方法有哪些？
5. 从加工工艺角度看，套类零件有哪两种加工顺序？
6. 简述套类零件常用的加工方法？
7. 如何选择平面加工的方法？
8. 简述常用的平面加工方法？
9. 平面类零件通常品质检验有哪些项目？

课后检测

一、填空题

1. 把外圆作为终加工方案，这种方案适用于_____是最重要表面的套类零件加工；把内孔作为终加工方案，这种方案适用于_____是最重要表面的套类零件加工。
2. 套类零件的加工主要是孔的加工，除了在钻床上加工孔，另外孔加工的方法还有_____、_____、_____等方法。
3. 表面粗糙度的测量方法常用：_____、_____、_____和描针法四种。_____是车间常用的方法。
4. 平面的加工方法主要有_____、_____、_____、_____和磨削等。对精度要求很高的平面，可用刮研、研磨等方法进行光整加工。其中，_____与_____是常用的粗加工方法，而_____是常用的精加工方法。
5. 周铣法有逆铣和顺铣两种铣削方式，铣刀主运动方向与进给运动方向之间的一致时称为_____，反之为_____。
6. 箱体上平面的粗加工和半精加工一般采用_____的方法，精加工则采用_____的方法。
7. 箱体检验项目主要包括加工表面的_____、孔和平面的_____、孔的_____、孔系的_____。

二、选择题

1. 箱体大量生产中广泛采用（　　）进行加工，大大提高了劳动生产率，降低了成本，减轻了工人的劳动强度，而且能稳定地保证加工质量。
   A、组合机床　　　　　　　　　　B、专用机床
   C、自动线　　　　　　　　　　　D、加工中心
2. 平行孔系的主要技术要求是各平行孔轴心线之间，孔轴心线与基准面之间的距离尺寸度和（　　）。
   A. 表面粗糙度　　　　　　　　　B. 同轴度
   C. 平行度　　　　　　　　　　　D. 相互位置精度

3. 成批生产中，箱体上同轴孔的同轴度几乎都是由（   ）来保证。
A、车削　　　　　　　B. 铣削　　　　　　　C. 镗模　　　　　　　D. 磨削

三、判断题

1. 按结构形状来分，套筒大体上分为短套筒与长套筒两类。（   ）
2. 先加工平面，后加工孔，是箱体加工的一般规律。（   ）
3. 镗杆受力变形是影响镗孔加工质量的主要原因之一。（   ）

四、综合题

1. 试编制习题图 5 - 1 所示轴类零件成批生产时的加工工艺？

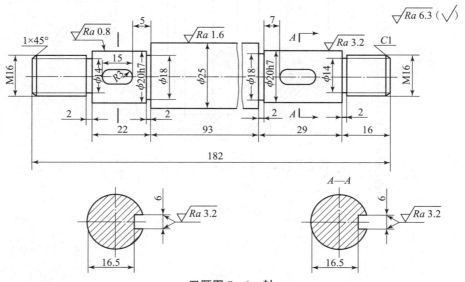

习题图 5 - 1　轴

材料：20 钢；渗碳淬火硬度 60HRC；螺纹部分不渗碳

2. 三角外螺纹的测量方法有哪些？采用哪种方法较为方便？
3. 三批工件在三台车床上加工外圆，加工后经测量分别有如习题图 5 - 2 所示的形状误差：a 为鼓形，b 为鞍形，c 为锥形，分别分析可能产生上述形状误差的主要原因。

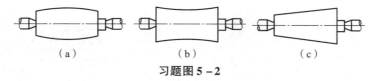

习题图 5 - 2

4. 试编制如习题图 5 - 3 所示套类零件成批生产时的加工工艺？
5. 孔径的测量方法有哪些？孔的形状精度和位置精度如何检测？
6. 简述影响一般机械加工表面粗糙度的因素。
7. 箱体类零件材料和毛坯的选择有何要求？
8. 减速机箱体如何选择定位基准？
9. 箱体类零件安排加工顺序时应遵守哪些原则？
10. 箱体类零件品质检验通常检测哪些项目？

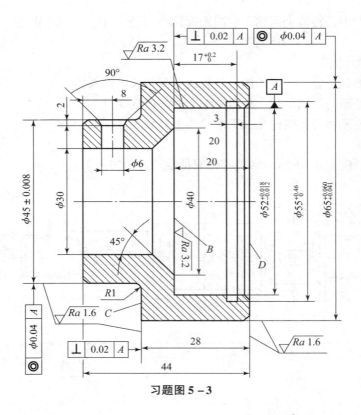

习题图 5-3

参 考 文 献

[1] 朱仁盛. 机械常识［M］. 北京：高等教育出版社，2010.
[2] 王恩海. 钳工技术［M］. 北京：北京理工大学出版社. 2015.
[3] 郭建烨，于超. 机械制造技术基础［M］. 北京：北京航空航天大学出版社. 2016.
[4] 李耀刚. 机械制造技术基础［M］. 武汉：华中科技大学出版社. 2013.
[5] 卞洪元. 机械常识［M］. 北京：机械工业出版社. 2011.
[6] 朱仁盛. 机械制造技术基础［M］. 北京：北京理工大学出版社，2017.
[7] 郭建烨，于超. 机械制造技术基础［M］. 北京：北京航空航天大学出版社. 2016.
[8] 李耀刚. 机械制造技术基础［M］. 武汉：华中科技大学出版社. 2013.
[9] 陈刚，刘迎军. 车工技术［M］. 北京：机械工业出版社，2014.
[10] 陈宏钧. 金属切削操作技能手册［M］. 北京：机械工业出版社. 2013.
[11] 钱可强. 机械制图（多学时）［M］. 北京：机械工业出版社，2016.